MORIN-JEAN

Archéologue, Membre de la Société préhistorique de France
et de la Société des Fouilles archéologiques.

ARCHÉOLOGIE
DE LA GAULE

ET DES PAYS CIRCONVOISINS

DEPUIS LES ORIGINES JUSQU'A CHARLEMAGNE

SUIVIE D'UNE

DESCRIPTION RAISONNÉE DE LA COLLECTION MORIN

AVEC 25 PLANCHES HORS TEXTE

ET 74 FIGURES DANS LE TEXTE

Paris, *FÉLIX ALCAN*, 1908.

MORIN-JEAN

ARCHÉOLOGIE DE LA GAULE

ET DES PAYS CIRCONVOISINS

DEPUIS LES ORIGINES JUSQU'A CHARLEMAGNE

GATIER

ESSAIS DE SYNTHÈSE ARCHÉOLOGIQUE

ARCHÉOLOGIE
DE LA GAULE

ET DES PAYS CIRCONVOISINS

DEPUIS LES ORIGINES JUSQU'A CHARLEMAGNE

SUIVIE D'UNE

DESCRIPTION RAISONNÉE DE LA COLLECTION MORIN

AVEC 390 PIÈCES ET MONUMENTS INÉDITS

PAR

MORIN-JEAN

Archéologue
Membre de la Société préhistorique de France
et de la Société des Fouilles archéologiques.

AVANT-PROPOS PAR DAVID VIOLLIER
Conservateur au Musée national suisse.

Frontispice de GATIER.

_____

PARIS

FÉLIX ALCAN, ÉDITEUR

LIBRAIRIES FÉLIX ALCAN ET GUILLAUMIN RÉUNIES

108, BOULEVARD SAINT-GERMAIN, 108

1908

Zürich, 11 novembre 1907.

CHER MONSIEUR,

J'ai salué avec plaisir votre intention de publier votre collection et je me permets de souhaiter que vous trouviez un grand nombre d'imitateurs parmi vos confrères.

A part quelques grandes collections, la plupart publiées dans des ouvrages de grand luxe, inabordables aux modestes travailleurs, combien y en a-t-il d'autres qui, renfermant cependant des pièces d'un réel intérêt, demeurent inconnues en dehors d'un cercle restreint ?

Que de matériaux utiles sont ainsi perdus.

En publiant votre collection, vous faites donc œuvre utile, non seulement en mettant à la portée de chacun, les pièces rassemblées dans vos vitrines, mais encore en montrant aux collectionneurs comment ils pourraient se rendre utiles à la science.

Vos lecteurs trouveront dans votre travail non seulement la description des nombreux objets qui composent votre collection, mais aussi une reproduction exacte de la plupart d'entre eux, due à votre habile crayon, ce qui permettra d'utiles comparaisons.

En outre, vos résumés fort bien faits, leur donneront une idée parfaitement exacte des résultats obtenus à ce jour dans les différents domaines de l'Archéologie.

Je ne doute donc pas que votre petit livre n'ait le succès qu'il mérite.

Votre bien dévoué,

D. VIOLLIER,

Conservateur au musée national suisse.

PREMIÈRE PARTIE

NOTIONS GÉNÉRALES

INTRODUCTION

« Quaerite et invenietis. »

Notre but, en écrivant ce livre, n'a pas été de faire
l'exégèse détaillée de toutes les antiquités qui se
rencontrent dans notre sol depuis ses premiers
habitants jusqu'au début du haut moyen âge. Ce
serait un travail colossal groupant les monographies
déjà fort nombreuses qui ont été écrites à ce sujet.

Notre cadre est beaucoup moins vaste et nos
intentions plus modestes. Nous voudrions donner
au grand public, aux conservateurs des musées de
province, aux artistes à la recherche de documents
précis et en général à tous ceux qui aiment à scru-
ter l'immense nuit du passé, un manuel très court et
peu coûteux, donnant la solution des plus importantes questions posées par l'Archéologie.

Le texte écrit en gros caractères forme un résumé
sommaire de ce qu'il est essentiel de connaître sur
les antiquités de notre pays.

Le reste, consacré à une description méthodique
de notre collection, forme un complément de rensei-

gnements pour ceux qui désirent plus de détails.
La bibliographie y tient une large place.

Nos dessins sont tous exécutés d'après les originaux ; aucun n'est emprunté à des ouvrages antérieurs. Quelques-uns ont été relevés dans les musées
publics, lors de nos voyages en province et à l'étranger. Les autres, en plus grand nombre, reproduisent
les pièces inédites de notre collection. On les reconnaîtra au numéro placé auprès de chacune d'elles.

La date à fixer aux objets a été une de nos plus
grandes préoccupations.

La chronologie est à l'ordre du jour et la méthode
n'est pas vieille qui consiste à appliquer aux outils
de nos ancêtres les théories d'évolution qui ne
s'étaient fait jour jusqu'alors que dans le domaine
des sciences naturelles.

Les ouvriers du passé ont obéi inconsciemment à
des lois.

Les formes données par eux aux objets suivent
une sorte de déterminisme surprenant, laissant peu
de place au caprice individuel ; c'est une constatation
qui a été d'un grand secours pour la fixation des
époques.

Grâce à la stratigraphie et aux fouilles systéma-
tiques du sol, la chronologie a fait à l'heure présente
de grands progrès.

Il n'en a malheureusement pas été toujours ainsi :
Combien de fois le défaut de méthode scientifique
a-t-il fait perdre pour l'avenir des renseignements
précieux ? Combien trouve-t-on, dans les collections,
d'antiquités n'enseignant rien et qui pourraient tant
nous apprendre si elles avaient été recueillies par

des gens de science au lieu de tomber aux mains d'ignorants ou d'avides spéculateurs ?

Notre collection, il est important de le dire, n'a rien de ces richissimes et précieuses galeries de nos grands amateurs parisiens, c'est surtout une collection d'étude comprenant des séries d'antiquités trouvées en Gaule. On trouvera à la fin du livre des objets étrangers à nos régions. Ils y figurent à titre de comparaison. Les études préhistoriques dans le bassin oriental de la Méditerranée, à Chypre, en Égypte et dans les îles grecques sont très en vogue en ce moment et nous pensons qu'il n'était pas inutile d'en dire quelques mots.

Notre travail est un commencement. Nos séries sont encore pleines de lacunes que nous comptons compléter peu à peu par nos acquisitions futures à la suite desquelles nous publierons de nouvelles notes plus complètes et plus homogènes.

Toute collection d'antiquités doit être envisagée à deux points de vue : l'un scientifique (intérêt historique et documentaire), l'autre artistique (impression et sentiment). C'est avec cette double préoccupation que mon père et moi avons constitué peu à peu la collection qui a servi de base à nos études archéologiques.

Au point de vue scientifique, nous nous sommes attachés à classer les objets, à les localiser dans le temps, à les grouper par séries afin de mettre le visiteur à même de comparer les pièces entre elles.

Au point de vue de l'art, nous envisageons le galbe des objets, leur couleur, leur patine.

Quoi de plus passionnant à cet égard qu'une série

de bronzes préhistoriques, présentant toute la gamme des tons verts depuis les coloris gras et solides jusqu'aux teintes transparentes et satinées.

Pour être authentique aux yeux du collectionneur artiste, un objet peut se passer de titres d'archives ; l'accord mystérieux et infiniment complexe des formes et des patines lui dit tout.

Le collectionneur passionné jouit par les yeux, par les doigts et aussi par l'âme quand il pense à ceux qui ont manié ces objets et, depuis de longs siècles, s'en sont allés à l'inconnu de leur destinée.

Le tableau placé à la fin de notre livre donne une vue d'ensemble des industries qui se sont succédé dans nos régions jusqu'aux approches du moyen âge. On y trouvera les notions essentielles de la chronologie mises au courant des découvertes les plus récentes.

Il est bon de ne pas se méprendre sur le sens des cadres rigides qu'il comporte.

Leur but est de mettre de l'ordre dans les faits que nous connaissons, mais il ne faut pas perdre de vue que, dans la réalité, les civilisations se sont fondues les unes dans les autres sans qu'il y ait souvent entre elles de barrières tangibles [1]. Le néolithique supérieur et l'âge du cuivre que nous avons séparés pour la clarté de l'exposé sont en réalité

---

1. Les archéologues, par leurs patientes recherches, sont parvenus à montrer quand apparaît un type d'outil ; mais il est bien plus difficile de savoir quand il disparaît. En réalité, son existence se prolonge quelquefois longtemps et ce n'est pas toujours un travail facile d'en retrouver la trace après les métamorphoses que le temps lui a fait subir en le rendant souvent presque méconnaissable.

synchroniques ; il en est de même pour le bronze IV et le Hallstatt I.

Rien, pas plus dans la nature que dans le ressort de l'activité humaine, n'agit d'ordinaire par saccades ni par cataclysmes.

En terminant, nous prions nos maîtres éminents, ces messieurs du Musée de Saint-Germain et en général tous ceux qui nous ont si aimablement aidé dans nos recherches, de recevoir ici l'expression de notre plus vive gratitude.

Nous remercions tout spécialement, M. Viollier, de Zürich, de son aimable lettre et M. Gatier de la charmante illustration formant la couverture du volume.

Nous demandons enfin, en présence de notre lourde tâche, toute l'indulgence du lecteur. Nous le prions de lire ces pages avec bienveillance et de ne pas oublier que les questions traitées forment une des parties les plus délicates et les plus complexes de la science anthropologique.

1907.

679

48

124

950

52

807

949

998

MORID-JEAN.

1718

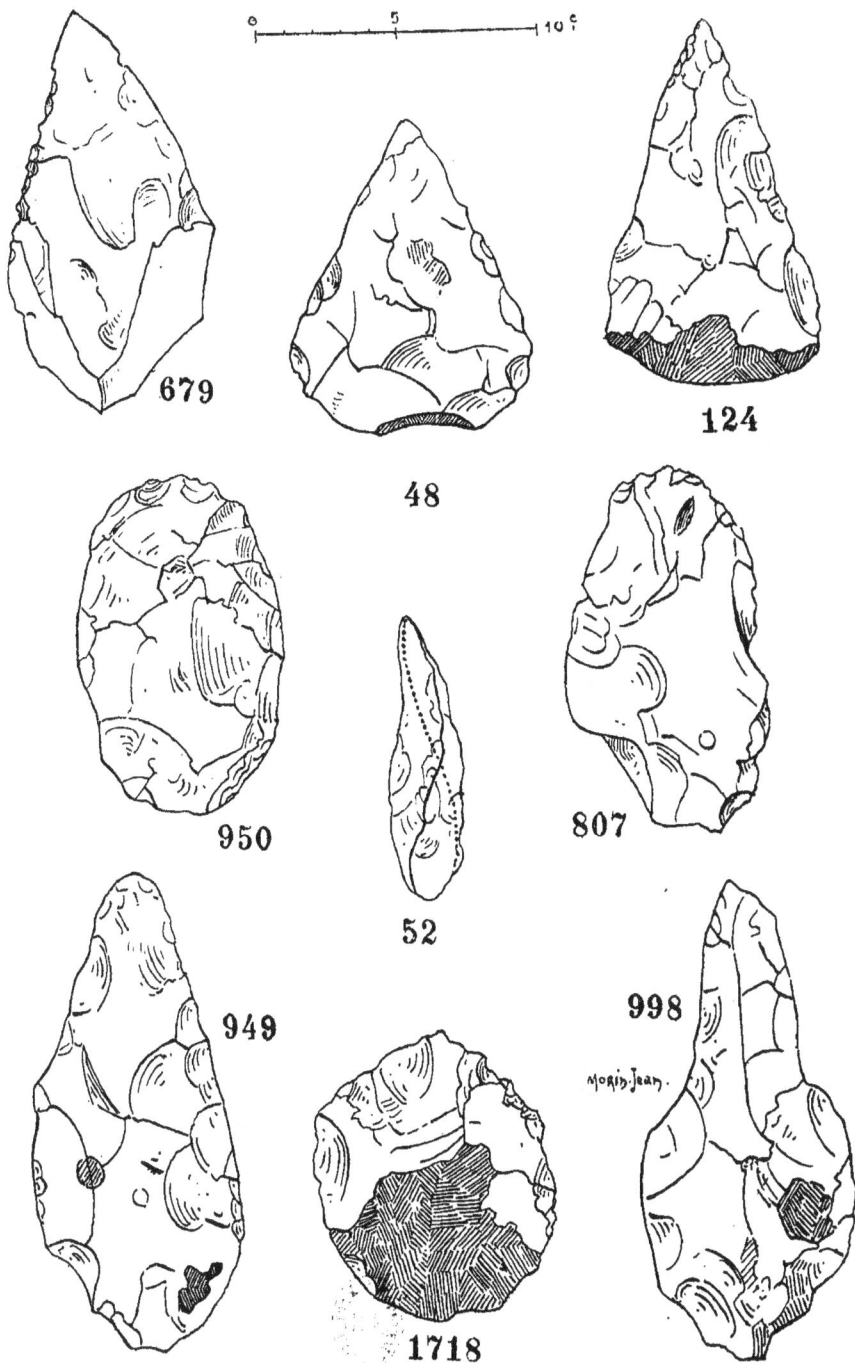

PL. 1. — Quaternaire inférieur. Instruments de silex taillés sur les deux faces.

CHAPITRE PREMIER

QUATERNAIRE OU PALÉOLITHIQUE

l

Quaternaire inférieur.
(Chelléen — Acheuléen — Moustérien.)

La période quaternaire ou pleistocène est caractérisée par le grand développement des glaciers qui envoyèrent leurs moraines jusque dans les vallées les plus basses. On distingue plusieurs extensions glaciaires séparées par des phases interglaciaires pendant lesquelles les glaces ont diminué d'intensité.

Voici le tableau qu'on peut dresser de ces alternances[1] :

1. Première période glaciaire. . . : Fin du Pliocène.
2. Première période interglaciaire. .
3. Deuxième période glaciaire. . .
4. Deuxième période interglaciaire.
5. Troisième période glaciaire. . . Pleistocène.
6. Troisième période interglaciaire.
7. Quatrième période glaciaire. . .
8. Recul définitif des glaciers. . . Transition du Pleistocène à l'holocène.

La première époque fournissant les traces éviden-

---

[1]. Voir les classifications de Penck et H. Obermaïer. *L'Anthropologie*, 1904, p. 25.

tes de l'homme est le début de la seconde période
interglaciaire. En ce qui concerne les phases antérieures, la science ne nous paraît pas encore assez
stable pour prendre parti. La question des éolithes
et du précurseur est à l'ordre du jour ; mais il est

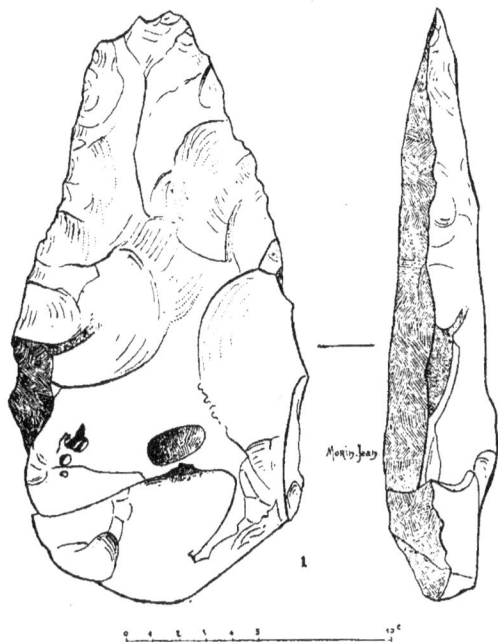

FIG. 1. — Instrument acheuléen de la Dordogne.

bien difficile de savoir pour l'instant comment elle
se terminera.

Le premier outil façonné par l'homme est un
rognon de silex retaillé sur ses deux faces, par percussion[1] (Pl. 1). Il affecte une forme plus ou moins
amygdaloïde (fig. 1) et devait être tenu à la main.

1. Nous verrons plus tard apparaître le procédé de la compression qui
joue un rôle de plus en plus grand à mesure que le travail de la pierre
se perfectionne.

La gangue naturelle du silex a été le plus souvent conservée à la base pour faciliter l'empoignure (Pl. 2). Cet instrument dit *Chelléen* ou *Acheuléen*[1] parce qu'il se trouve en abondance dans les alluvions de Chelles (Seine-et-Marne) et de Saint-Acheul, près Amiens, n'est pas une hache, nom qu'on lui donne quelquefois à tort ; la pointe a généralement peu servi, c'est une sorte de couperet utilisé principalement sur le côté (Pl. 1, n° 679). Il devait servir à plusieurs fins, mais surtout à dépecer le gibier tué à la chasse.

On considère en général les pièces chelléennes comme plus anciennes que les pièces acheuléennes, celles-ci marquant sur les premières un perfectionnement sensible de la taille[2].

Le chelléen correspondrait à un climat chaud et humide, à une période où les fleuves étaient larges et charriaient d'importantes alluvions.

Les ossements des animaux associés aux outils de silex sont ceux de l'hippopotame, de l'éléphant antique [Elephas antiquus] et du rhinocéros de Merck [Rhinoceros Mercki]. La flore est caractérisée par le frêne, l'arbre de Judée, la vigne sauvage et le laurier des Canaries.

Quant à l'homme de ces temps reculés, nous ne le connaissons pas ; on s'amuse trop facilement à faire le portrait physique et moral de ces gens sur qui l'on sait si peu de chose ; se lancer dans de pareilles

---

1. D'Ault du Mesnil. *Revue mensuelle de l'école d'anthropologie*, 15 septembre 1896. Capitan. *Ibids*, 15 novembre 1895.

2. Les outils chelléens et acheuléens sont mélangés dans les alluvions, mais les chelléens sont toujours plus nombreux dans les couches les plus anciennes.

descriptions, c'est tomber dans l'hypothèse et le roman.

A mesure que les pièces chelléennes diminuent et que la proportion des outils acheuléens augmente, le climat se refroidit ; l'hippopotame, l'éléphant antique et le rhinocéros de Merck disparaissent peu à peu pour être remplacés par des animaux à épaisse fourrure : le mammouth [Elephas primigenius] et le rhinocéros à narines cloisonnées [Rhinoceros Tichorhinus].

Aux rognons de silex se joignent d'autres instruments. Ce sont les éclats détachés des rognons, utilisés et retouchés pour divers usages.

Ces outils dits *Moustériens*, du nom d'une grotte de la Dordogne (fig. 2, A), existent déjà dans les couches chelléennes les plus anciennes, mais augmentent en nombre aux approches de la troisième période glaciaire.

La station typique du Moustérien inférieur, celui qui correspond à une faune de Steppes, est la *Micoque*[1] près des Eyzies (Dordogne) (lettre C de la carte, fig. 2).

L'homme de cette époque se nourrissait principalement de chevaux. Il devait se vêtir de peaux de bêtes si l'on en juge par son outillage destiné à racler et à percer.

Au-dessus du Moustérien à faune de steppes, se trouve le Moustérien moyen, à faune froide, dont la station typique est le *Moustier* et qui correspond à

1. Station de la Micoque. *Revue mensuelle de l'École d'anthropologie*, 15 nov. 1896.

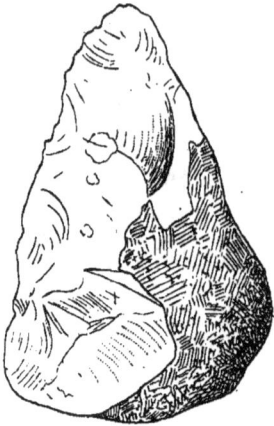

1921

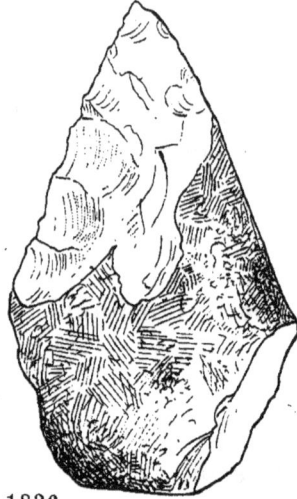

1836

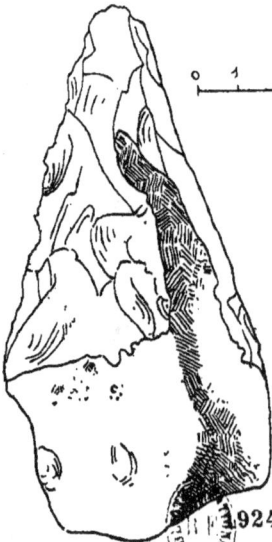

1924

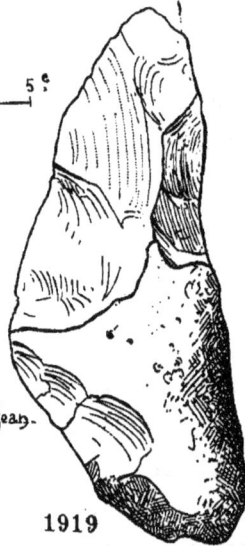

1919

Morin-Jean.

PL. II. — Instruments ayant conservé une grande partie de la
croûte du silex pour faciliter l'empoignure. — Sablières de
Flins et plateaux des environs de Troyes.

la troisième période glaciaire. Le nombre des outils acheuléens diminue de plus en plus et l'on arrive de proche en proche à des stations d'industrie moustérienne pure.

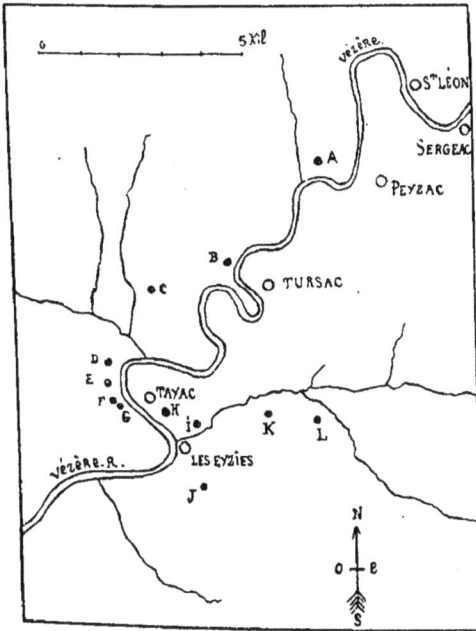

FIG. 2. — Stations quaternaires de la vallée de la Vézère.

A. Le Moustier.	G. Gorge d'enfer.
B. La Madelaine.	H. Cro-Magnon.
C. La Micoque.	I. Les Eyzies.
D. Laugerie haute	J. La Mouthe.
E. Laugerie basse.	K. Fonds-de-Gaume.
F. Oreille d'enfer.	L. Les Combarelles.

On reconnaîtra facilement une pièce moustérienne en ce qu'elle n'est jamais taillée que d'un seul côté, la face inférieure restant lisse. C'est tantôt un simple éclat sans usage déterminé, tantôt une pointe ou un racloir, outil retouché en arc de cercle sur un de ses bords (fig. 3).

Au moustérien à faune froide, le renne [Tarandus

Rangifer] fait son apparition, mais il est encore peu
abondant à cause de l'humidité de l'atmosphère.
Nous avons la chance de posséder de cette époque
des squelettes humains dont la découverte fut faite
suivant la méthode la plus rigoureuse.

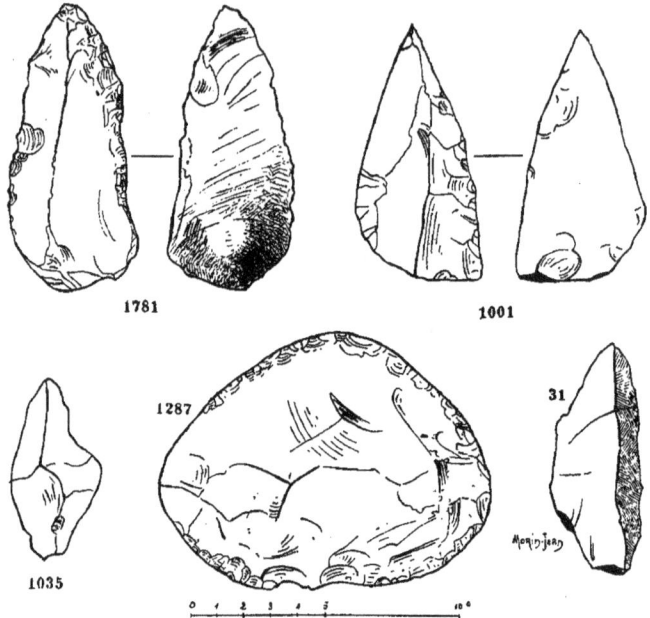

FIG. 3. — Silex moustériens retaillés sur une seule face.

Nous voulons parler des ossements de Spy (Belgique) étudiés par MM. Lohest et de Puydt.

Les caractères ostéologiques déduits de leur examen nous renseignent sur ce que pouvait être
l'homme moustérien. La taille est inférieure à la
moyenne actuelle. Le crâne (fig. 4) est allongé
[Dolichocéphale], à voûte surbaissée [Platycéphalie],
à orbites en lunettes (saillie en bourrelet des arca-
des sourcilières). Il caractérise la race quaternaire

dite *Néanderthaloïde* du nom d'un autre crâne célèbre
découvert en 1856 dans la grotte de Néanderthal
près de Dusseldorf.

Nous préférons néanmoins le nom de race de Spy,
la découverte de Néanderthal n'offrant pas les
mêmes garanties scientifiques.

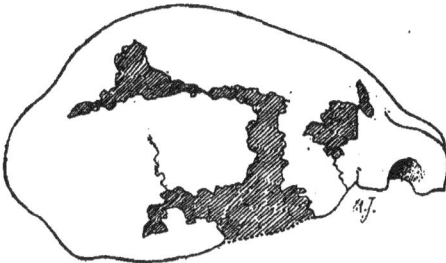

FIG. 4. — Crâne de Spy.

Au-dessus du Moustérien à faune froide, nous
trouvons le Moustérien supérieur qui coïncide avec
le début de la troisième période interglaciaire et un
climat de faune chaude. La station typique est celle
de *Krapina*[1] fouillée par le Dr Kramberger, professeur de géologie à l'Université d'Agram.

Cette station a fourni des ossements humains d'un
type très voisin de celui de Spy.

II

Quaternaire moyen.
(Solutréen.)

Avec la troisième période interglaciaire apparaît

1. Voir *L'anthropologie*, 1905, p. 13.

une nouvelle industrie caractérisée par le gisement d'*Aurignac*[1]. Quelques préhistoriens se sont élevés contre la place assignée à ce gisement[2]. Nous préférons avec MM. Breuil et Rutot le considérer comme Solutréen inférieur et le rattacher à l'étage de la sculpture en ronde-bosse de M. Piette. Le document le plus célèbre de cet étage est une statuette découverte à Brassempouy (Landes). Elle est en ivoire de mammouth et représente une femme d'un très bon modelé.

Fig. 5. — Pointe aurignacienne. Musée de Saint-Germain.

Le développement énorme du tissu graisseux rattache ce type à la race que M. Piette nomme race adipeuse quaternaire.

C'est au Solutréen inférieur qu'apparaît l'industrie de l'os, notamment une pointe à base fendue caractéristique de l'aurignacien (fig. 5).

L'outillage de pierre offre quelques survivances des formes moustériennes associées à des types nouveaux. Nous assistons à la formation de deux outils qui deviendront courants au magdalénien: le grattoir et le burin.

Le grattoir du Solutréen inférieur dérive des racloirs moustériens. On a d'abord le racloir nucléiforme, puis le grattoir Tarté caractérisant les niveaux aurignaciens et enfin le grattoir proprement dit des couches du Solutréen supérieur (fig. 6).

1. La grotte d'Aurignac, découverte en 1852 par un terrassier nommé Bonnemaison, a été étudiée en 1860 par Lartet.

2. Voir *Compte rendu du Congrès préhistorique de Vannes*, 1906, p. 265.

Au début du Solutréen, la faune est encore mous-

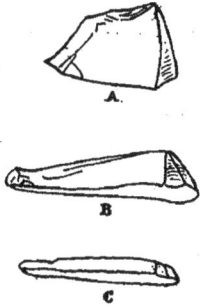

Fig. 6. — Évolution du grattoir quaternaire.

A. Type le plus ancien.
C. Type le plus récent.

térienne. Les mammouths et les rhinocéros sont moins nombreux ; les ours des cavernes [Ursus Spelaeus], les rennes et les chevaux foisonnent.

Le climat devient de plus en plus sec. L'homme alimente le feu de ses foyers avec de la chair et n'emploie le bois que pour l'allumage.

Le Solutréen supérieur correspond à la phase de steppes qui sépare le troisième interglaciaire du quatrième glaciaire.

C'est l'étage du bas-relief de M. Piette. La matière première des artistes change, et le bois de renne (fig. 7) remplace l'ivoire de mammouth.

Les instruments d'os sont des poinçons, des pointes de zagaies, des aiguilles qui servaient à coudre les vêtements.

Les objets de parure sont des coquilles et des dents d'animaux avec trou de suspension (fig. 8).

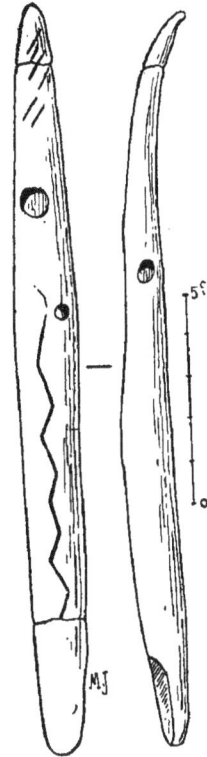

1234

1284

Fig. 7. — Industrie du bois de renne à l'époque solutréenne.

Morin-Jean.

2

Le climat est le même qu'au Moustérien de la Micoque.

Le mammouth et le rhinocéros deviennent de plus en plus rares et les chevaux abondent, notamment à Solutré (Saône-et-Loire), station célèbre qui a donné son nom à tout le quaternaire moyen.

Bien qu'activement fouillé depuis 1866 par MM. Arcelin père, Ducrost et de Ferry, le gisement de Solutré est loin d'être épuisé.

M. Arcelin fils y fait actuellement des recherches méthodiques. Ses résultats sont déjà fort importants et nous avons eu l'honneur et le plaisir de pouvoir

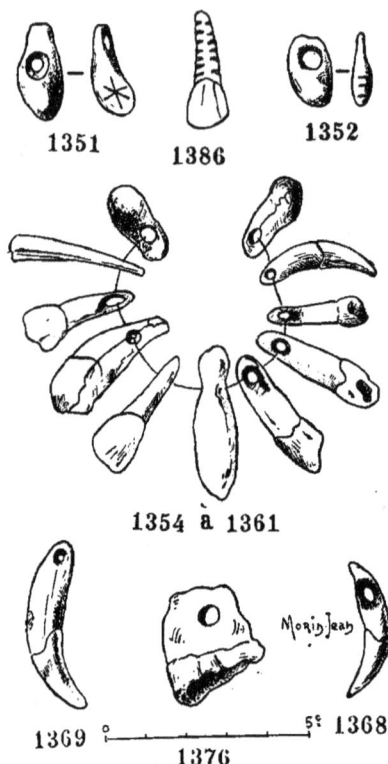

Fig. 8. — Pendeloques solutréennes. Dordogne.

les apprécier, lors de notre visite à Solutré pendant la troisième session du Congrès préhistorique de France (août 1907).

Les feux deviennent exclusivement de chair aux approches du Magdalénien.

Les outils de pierre du quaternaire inférieur

étaient, comme nous l'avons vu, travaillés par percussion.

Ceux du quaternaire moyen sont commencés par
percussion, mais achevés par compression[1].

Les pièces caractéristiques sont:

La pointe en feuille de laurier travaillée sur les deux
faces (fig. 9, n°s 1215 et 1273).

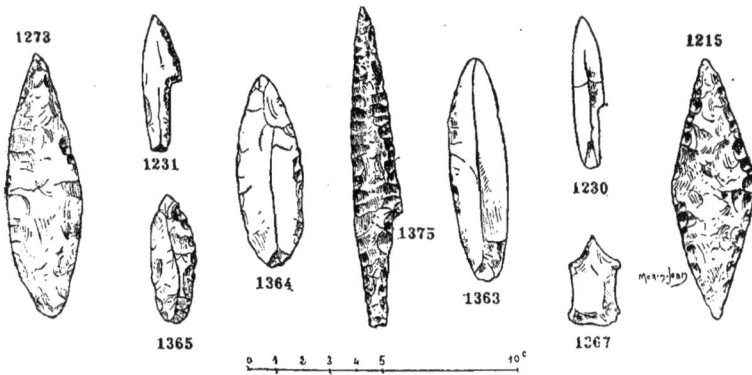

FIG. 9. — Instruments de silex de la période solutréenne.

La pointe en feuille de saule à un cran latéral travaillée sur une seule face (fig. 9, n°s 1230 et 1231),
l'autre face restant complètement lisse comme pour
les outils moustériens.

Le gisement typique de la pointe à cran est Laugerie Haute (fig. 2, D).

1. Les retouches des silex solutréens sont faites obliquement, celles des
silex moustériens, verticalement.

III

Quaternaire supérieur[1].
(Magdalénien et Azylien.)

MAGDALÉNIEN. — La période Magdalénienne tire
son nom de la station de la Madelaine (Dordogne)
(B, fig. 2), explorée par Lartet et Christy.

Elle commence avec la quatrième extension glaciaire.

C'est une période de froid sec avec climat de
steppes. Au renne, qui abonde, sont associés des
animaux de faune arctique, l'antilope Saïga, le Renard
polaire, le bouquetin, la marmotte.

Ajoutons ceux qui formaient avec le renne, le fond
de l'alimentation humaine : le bison, plusieurs espèces de cervidés et le cheval.

Les chasseurs de renne habitaient des sortes de
villages ou groupes de huttes disposées sur les plateaux à l'entrée des cavernes. Celles-ci n'étaient
occupées, semble-t-il, qu'en cas d'attaque, de péril
imminent ou pour y accomplir des rites magiques et
religieux.

La période Magdalénienne comprend deux assises
superposées :

1° Celle des burins obliques et des harpons à un
seul rang de barbelures[2]. C'est l'étage de la gravure

1. Sur les subdivisions chronologiques du quaternaire supérieur voir
l'*Anthropologie*, 1905, p. 511. Abbé Breuil. « Essais sur la stratigraphie
des dépôts de l'âge du renne. » *Congrès de Périgueux.*

2. Sur un classement chronologique des harpons, voir l'*Antropologie*,
t. VI, 1895, p. 283. Piette.

à contours découpés de M. Piette, époque où disparaissent le mammouth et le rhinocéros.

2° Celle des burins droits et des harpons à double rang de barbelures (Pl. 3, n°s 1253 et 1286), qui correspond, dans la classification de M. Piette, à l'étage de la gravure tracée sur une surface unie (Pl. 3, n° 1283).

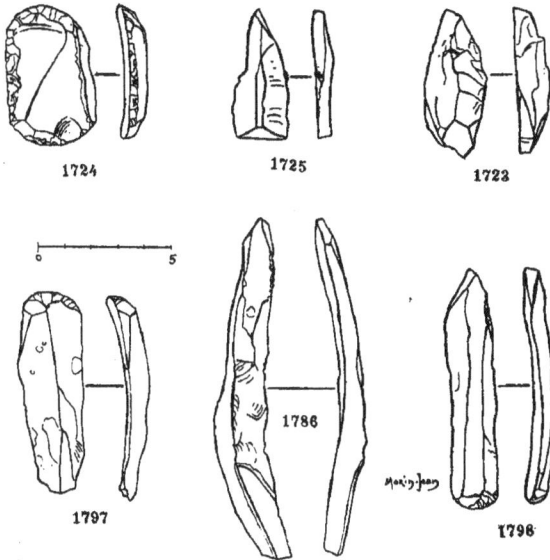

FIG. 10. — Industrie quaternaire. Outillage de silex. Grattoirs et burins.

Avec le quaternaire supérieur l'industrie et l'art des chasseurs de rennes atteignent leur maximum de développement.

L'outillage de pierre (fig. 10) comprend les grattoirs et les burins simples ou doubles, les grattoirs-burins, les lames dites en bec de perroquet, les lames à tranchant latéral abattu, les lames à coches qui ont pu servir à lisser les aiguilles d'os.

Les objets en bois de renne sont de plus en plus perfectionnés.

Le Propulseur est une sorte de levier coudé, de machine à lancer des traits, d'instrument balistique muni d'un crochet[1].

L'usage des bâtons dits « de commandement » (fig. 11), percés d'un ou plusieurs trous, est encore à trouver. Bien des hypothèses ont été proposées à leur sujet. Elles n'ont rien à voir avec la science rigoureuse.

Au point de vue de l'art, nous signalerons les découvertes récentes des décorations pariétaires (gravures et peintures) des Cavernes. L'abbé Breuil est un des archéologues les plus compétents en cette matière[2].

Les grottes ornées les plus célèbres sont celles de Marsoulas[3] (Haute-Garonne), de Fonds-de-Gaume, des Combarelles et de la Mouthe (Dordogne) (fig. 2, K. L. et J.), d'Altamira en Espagne.

Tout dernièrement encore, deux cavernes, celles de *Niaux* (Ariège) et de *Gargas* (Hautes-Pyrénées), livraient aux préhistoriens un nouveau contingent de renseignements précieux. A Niaux on a relevé des figures de mains gauches présentant un, deux ou plusieurs doigts repliés systématiquement. La caverne, d'une longueur d'environ 1400 mètres, a livré

1. Adrien de Mortillet. Propulseurs modernes et préhistoriques. *Revue mensuelle de l'École d'anthropologie*, 1891, p. 241.

2. *L'Anthropologie*, 1905, p. 513. Abbé Breuil. « L'évolution de l'art pictural et de la gravure sur murailles dans les cavernes ornées de l'âge du renne. »

3. *L'Anthropologie*, 1905, p. 432 et suivantes.

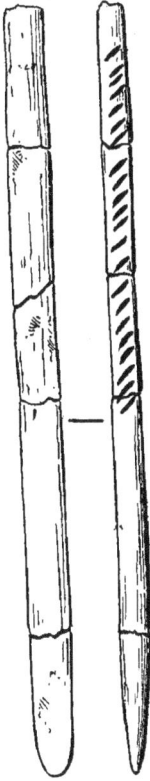

1232

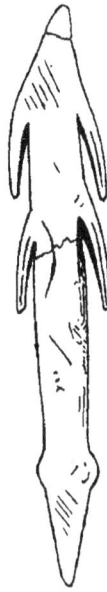

1253

1286

1283

1439

1200

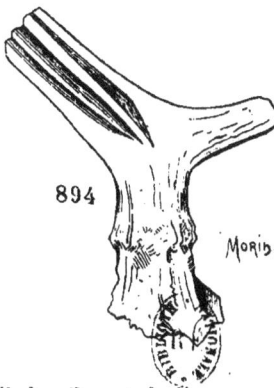

894

MORID Jean

1202

PL. III. — Travail du silex et de l'os au quaternaire supérieur.
Station de la Madelaine.

aux recherches du capitaine Molard des signes peints en rouge qui rappellent ceux des galets coloriés du Mas d'Azil et permettent de dater les décorations de cette grotte de la dernière période des temps quaternaires. Les figures d'animaux, bisons, chevaux, bouquetins et cerfs sont toutes placées à 800 mètres du jour, et n'ont pu être exécutées qu'à l'aide de lampes comme celle découverte dans la grotte de la Mouthe par M. Rivière.

Un grand nombre d'animaux sont représentés percés de flèches. Ce qu'il y a enfin de plus intéressant à signaler, c'est la présence de dessins tracés sur le sol ; les figures se sont bien conservées grâce à l'extrême sécheresse de cette partie de la caverne.

Les gravures pariétaires des grottes sont si enchevêtrées les unes dans les autres qu'il a fallu à l'abbé Breuil un travail de patience inouïe pour parvenir à la classification suivante :

Les figures appartiennent presque toutes au Quaternaire supérieur: elles sont du même style que les gravures sur os de l'époque magdalénienne. Seules les gravures et peintures les plus primitives peuvent remonter au quaternaire moyen.

A. — Ces premières figures sont grossières et traitées en profil absolu. Elles sont profondément gravées à l'aide d'un très gros burin. Les formes sont raides.

B. — Avec une seconde période, l'incision est moins profonde. Les contours deviennent plus souples, le dessin meilleur.

C. — La troisième période marque l'apogée de l'art ; l'incision est très légère ; le dessin d'une extrême souplesse, le réalisme remarquable.

C'est avec cette dernière période que l'on peut faire coïncider ces belles gravures déjà connues depuis longtemps et publiées dans de nombreux ouvrages (renne broutant de Thaïngen (fig. 11), fouilles suisses du Schweizersbild près Schaffhouse[1], rennes gravés sur schiste de la collection de Vibraye[2], rennes bramant et tournant la tête (grotte de Lhortet, Musée de

Fig. 11. — Le renne broutant de Thaïngen, d'après l'original au Rosgarten Museum de Constance.

Saint-Germain[3], mammouth sur ivoire de la Madelaine, Museum de Paris).

En parallèle à la gravure, l'abbé Breuil a établi une chronologie des peintures des cavernes :

A. — Peinture au simple trait noir ou rouge, sans association du procédé de la gravure.

B. — Peintures en silhouettes pleines brunes ou rouges et en pointillé.

C. — Peintures polychromes avec association constante de l'incision.

L'abbé Breuil est en outre parvenu, en ce qui concerne l'art quaternaire, à une conclusion de la plus haute importance. Elle peut se formuler ainsi :

1. Lors d'un voyage à Constance, en 1905, nous sommes allés voir cette pièce au Rosgarten Museum et nous nous sommes convaincus de l'inexactitude des moulages que nous en avons en France.

2. Voir une belle reproduction de ce schiste dans l'*Anthropologie*, t. XVIII, 1907, pl. I.

3. L'*Anthropologie*, 1894.

« Le dessin géométrique est la stylisation de représentations réalistes. »

Le primitif s'est d'abord tourné vers la nature et a

Art quaternaire.
Stylisation de la tête d'équidé.

Stylisation de l'oiseau sur les poteries primitives de Suse.

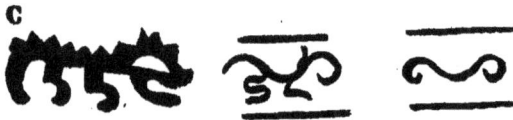

Stylisation de l'alligator en Colombie.

FIG. 12. — Formation du style géométrique chez les peuples primitifs.

copié le plus fidèlement possible les objets qu'il avait sous les yeux ; puis, par des schématisations, des stylisations successives, il est parvenu peu à peu à de véritables signes conventionnels, origine de l'écriture (Pictographie) (fig. 12).

Cette constatation, d'une haute portée philosophique, est applicable à tous les peuples et à toutes les régions[1]. On l'a notamment établie pour l'Égypte,

1. Consulter M. Ed. Pottier, Cours de l'école du Louvre, 1905-06. Leçon du 21 décembre 1905. Semper, *Der styl.*, deux volumes, 1878-79. Holmes. *L'ancien art de la Colombie* : étude sur le dessin préhistorique en Amérique, 1888. Grosse. *Les débuts de l'art, traduction française* de 1902. F. Alcan, éditeur.

l'Assyrie, la Chine, l'Élam (fouilles de la délégation
du ministère de l'instruction publique en Perse,
M. de Morgan), la Grèce, la Colombie, la Polyné-
sie, etc.

Nous avons une idée assez précise de la vie des
chasseurs de rennes. Leurs œuvres d'art, comme
nous venons de le voir, constituent un des traits les
plus importants de leur civilisation.

La religion ou plutôt la magie primitive a dû avoir
une grande part dans la formation de cet art[1]. Il est
très plausible que les cavernes aient été décorées
pour des raisons cérémonielles : les foyers trouvés
au pied des parois seraient, dans ce cas, des restes
de repas magiques.

La race qui paraît dominer à l'époque magdalénienne est toute différente de celle signalée dans les
étages du quaternaire inférieur. Elle se rapproche
bien plus du type actuel : la capacité crânienne est
considérable, le front haut, les bourrelets sourci-
liers peu accentués.

C'est la race dite de Cro-Magnon, station célèbre
fouillée en 1868 par Louis Lartet, fils d'Édouard
Lartet (fig. 2, H).

Le crâne de vieillard, découvert dans cet abri, a
été très discuté. Quelques préhistoriens ont voulu le
rejeter au Néolithique ; mais les trouvailles récentes
semblent leur donner tort. Des vestiges humains se
rattachant directement aux ossements de Cro-Magnon
ont été rencontrés à Laugerie-Basse[2] (fouilles de

1. S. Reinach. *Cultes, mytes et religions*, t. I, Paris, Leroux.
2. Cartailhac. Squelette de Laugerie-Basse. *Matériaux*, 2e série, t. VII,
p. 224.

M. Massénat en 1872) (fig. 2, E), à Menton (fouilles de M. Émile Rivière dans la caverne du Cavillon, 26 mars 1872), fouilles plus récentes de l'abbé de Villeneuve dans la grotte des enfants à Grimaldi[1].

Les rites funéraires sont déjà de plusieurs sortes à l'époque Magdalénienne.

Tantôt les défunts sont déposés dans des fosses assez profondes; d'autres fois dans des espèces de *cistes* : une pierre horizontale maintenue par deux ou

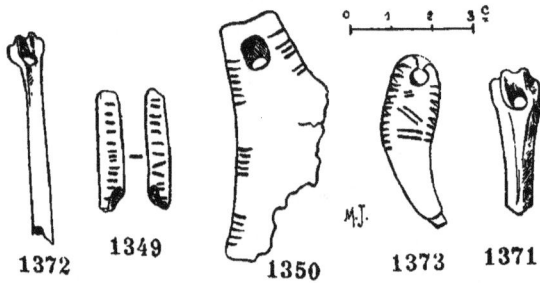

Fig. 13. — Pendeloques et os gravés du gisement de Laugerie basse.

trois pierres verticales recouvre une partie seulement du cadavre.

Le mobilier funéraire comprend des provisions de nourriture (coquilles comestibles), des outils de pierre et d'os, des objets de parure (fig. 13).

Les morts sont souvent ensevelis dans une couche de fer oligiste qui a coloré en rouge le squelette et les objets l'accompagnant.

Rien ne permet de dire qu'on procédait au décharnement des cadavres.

1. *L'Anthropologie*, 1906, p. 295.

AZYLIEN[1]. — A la fin de la période Magdalénienne, la température se relève. Une grande humidité survient, rend les cavernes inhabitables et chasse le renne de nos contrées. C'est à M. Piette que nous devons de connaître cette période de la fin des temps quaternaires appelée autrefois, faute de documents, l'*hiatus*[2].

Le nom d'Azylienne lui est généralement donné ; il vient de la station du Mas d'Azyl sur les bords de l'Arize (Ariège).

Le cerf remplace le renne.

L'art disparaît.

L'outillage de pierre comprend des types magdaléniens auxquels se joignent des types nouveaux (très petits grattoirs circulaires et quadrangulaires).

FIG. 14. — Harpons en bois de cerf de l'époque azylienne.

A. Couche inférieure.
B. Couche supérieure.

Les harpons, très différents de ceux de la Madelaine, sont en corne de cerf, plats et à large fût ; la base est percée d'un trou, rond pendant la première partie des temps azyliens, allongé à la fin de la période (fig. 14).

Le harpon du Mas d'Azyl se retrouve en Écosse, dans les cavernes d'*Oban*[3].

Les couches azyliennes sont aussi caractérisées par des *galets coloriés* avec des ocres (fig. 15).

Les peintures qui les ornent[4] sont des signes gra-

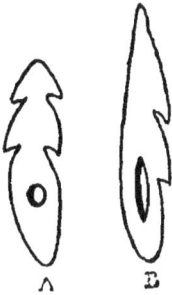

---

1. Piette. L'*Anthropologie*, t. VI, p. 283 ; t. VII, p. 125 et 635.
2. Gabriel de Mortillet. *Le Préhistorique*, p. 479 et suiv.
3. M. Boule. L'*Anthropologie*, 1896, t. VII, p. 319.
4. Planche en couleurs de galets coloriés dans l'*Anthropologie*, t. II, 1891, p. 273.

phiques (bandes, taches rondes, croix, cercles, spirales, etc...). Y aurait-il là un embryon d'écriture?

Un abaissement sensible des
côtes de France s'est fait sentir
à l'époque azylienne. Le Pas
de Calais s'est ouvert et a sé-
paré pour l'avenir deux pays
qui, pendant les temps quaternaires, n'en avaient formé
qu'un seul[1]. La poterie et
l'agriculture font leur apparition à cette époque.

FIG. 15. — Galets coloriés
de l'époque Azylienne.

Les foyers, entretenus avec du bois, montrent la
reprise de la végétation arborescente.

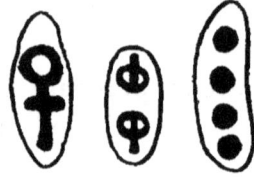

1. Les alluvions des rivières du Sud de l'Angleterre contiennent les
mêmes instruments que celles de Chelles et de Saint-Acheul.

CHAPITRE II

NÉOLITHIQUE

I

Néolithique inférieur.
(Arisien. — Kjökkenmöddinger. — Campignyen.)

Le Néolithique inférieur débute, du moins dans les Pyrénées[1], par une assise que M. Piette a dénommé *Arisienne* du nom de la rivière qui passe au Mas d'Azyl (Ariège).

Cette assise repose directement au-dessus de celle à galets coloriés et harpons plats et au-dessous de celle à haches polies. Elle forme donc l'étage de transition entre la fin du quaternaire et les temps proprement néolithiques

Elle contient de nombreuses coquilles de l'*helix*

---

1. Dans le nord de l'Europe, la géologie a permis d'établir pour le néolithique inférieur, la chronologie suivante: 1º Période des Tourbières (dépôts du Magle Mose et de Calbe) Lac à *ancilus fluviatilis*. Forêts de *pins* — ossements d'*Élan* — Tranchets rares — Harpons nombreux, pointes à cran analogues à celles du Solutréen. Villages construits sur des radeaux. Synchrone avec l'*Arisien* et le Tardenoisien (microlithes).

2º Période des Kjökkenmöddinger. Mer à *littorines* plus chaude et plus étendue qu'aujourd'hui. Forêts de *chênes*. Tranchets nombreux. Synchrone avec le *Flénusien* (Rutot) et le début du *Campignyen*.

3º Période actuelle Recul de la mer. Forêts de *hêtres*. Apparition de quelques haches polies. Synchrone avec la fin du Campignyen et les débuts du Robenhausien.

nemoralis, escargot dont se nourrissaient les hommes de cette époque et dont la présence indique une période de grande humidité.

On y trouve aussi des fruits (prunes, glands, noix, noisettes), des noyaux de prunelle [1], des tessons de poterie ; quelques outils de silex, bref les vestiges d'une vie assez misérable.

Sur les bords de la mer, le néolithique inférieur est caractérisé par des dunes composées de rejets de cuisine.

Ces amas de débris étant très importants en Danemark, on leur donne un peu partout le nom danois de *Kjökkenmöddinger* qui signifie littéralement *amas de rebuts de cuisine.*

Les Kjökkenmöddinger du Danemark ont été étudiés avec grand soin par MM. Steenstrup, Worsaæ et Forchhammer [2] qui sont parvenus, grâce à un examen minutieux des moindres débris, à découvrir que l'homme n'avait encore domestiqué qu'un animal, le chien [3] ; qu'il se nourrissait surtout de mollusques (huîtres, moules, coques et littorines) ; qu'il cultivait quelques céréales ; qu'il extrayait le sel d'une plante marine, la *Zostera marina* ; qu'il ignorait le polissage de la pierre.

Des Kjökkenmöddinger ont été signalés en France [4].

---

1. La prunelle servait peut-être alors à préparer une sorte de boisson.

2. Sur les Kjökkenmöddinger danois, consulter John Lübbock. « L'homme préhistorique » traduction française. Paris, 1876, p. 204 à 227.

3. *Canis familiaris palustris* d'origine probablement méridionale.

4. On en a étudié en Bretagne (M. du Chatelier), aux environs d'Hyères (Var), à l'embouchure du Tage, au Brésil, au Japon, en Australie.

Ceux de Wissant, dans le Pas-de-Calais, ont été fouillés en 1874 par Lejeune. Nous avons étudié au musée archéologique de Calais les objets qu'on y a trouvés. L'un des foyers est reconstitué dans la salle préhistorique. Il est composé d'amas de cendres, de charbon, de pierres craquelées au feu, de coquilles, d'arêtes de poissons, d'ossements divers fendus et brisés, de silex taillés et de fragments d'une grossière poterie.

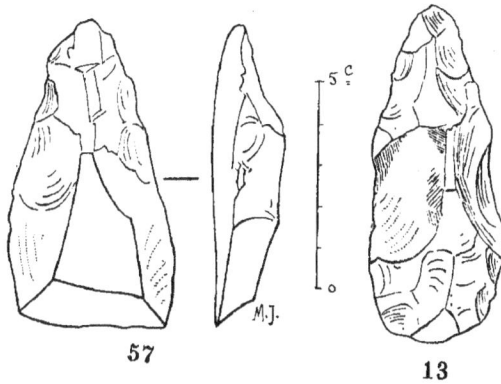

FIG. 16. — Industrie du silex au Néolithique inférieur.
57. Tranchet. — 13. Hache taillée.

L'instrument typique du Néolithique inférieur est le *tranchet* (fig. 16, n° 57), petit outil de silex de forme triangulaire ou trapézoïdale extrait d'un éclat rond dont on abattait les côtés ou d'une lame prise sur le travers ; le bord coupant de l'éclat ou de la lame formant le *taillant* de l'instrument.

Les tranchets sont très nombreux au Danemark, dans les stations belges à ciel ouvert[1], enfin dans

1. Mont-Rouge (Westoutre), Mont-Kemmel, Mont-Noir (Musée Gruuthuuse à Bruges) (Salle préhistorique).

beaucoup de localités françaises, notamment à Wissant et au *Campigny* près de Blangy-sur-Bresle
(Seine-Inférieure), station fouillée pour la première
fois par les frères de Morgan, alors tout jeunes, et
dont l'un devait devenir le célèbre explorateur du
Tell de Suse. M. Ph. Salmon a choisi cette localité
pour désigner sous son nom tout le néolithique

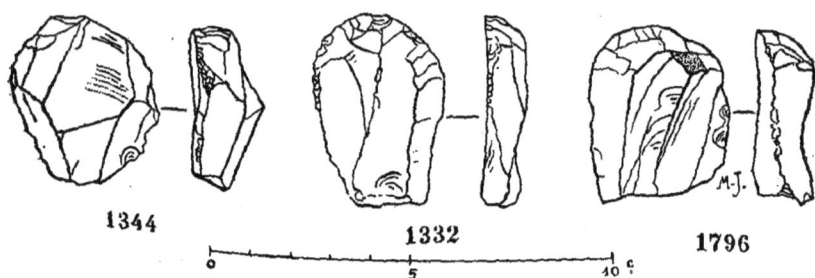

FIG. 17. — Grattoirs néolithiques.

inférieur. Les fonds de cabanes du Campigny[1]
offrent les vestiges d'une civilisation très analogue à celle des Kjökkenmöddinger. Les haches
de silex de ce gisement sont taillées et non polies
(fig. 16, n° 13). Elles sont associées à des grattoirs
(fig. 17, n° 1796) plus épais que ceux des couches quaternaires et généralement circulaires, à
des percuteurs arrondis avec lesquels on débitait
les rognons de silex, à des poinçons façonnés dans
des os de capridés refendus dans le sens de la longueur.

---

1. Le Campignyen. « Fouille d'un fond de cabane au Campigny » par
MM. d'Ault du Mesnil, Salmon et Capitan.

MORIN-JEAN.

II

Néolithique moyen.

(Robenhausien.)

Le Néolithique moyen s'appelle aussi période
Robenhausienne, nom tiré de la station lacustre de
Robenhausen (Suisse) où l'époque est bien représen-
tée et à peu près sans mélange.

Le silex n'est plus la seule matière première

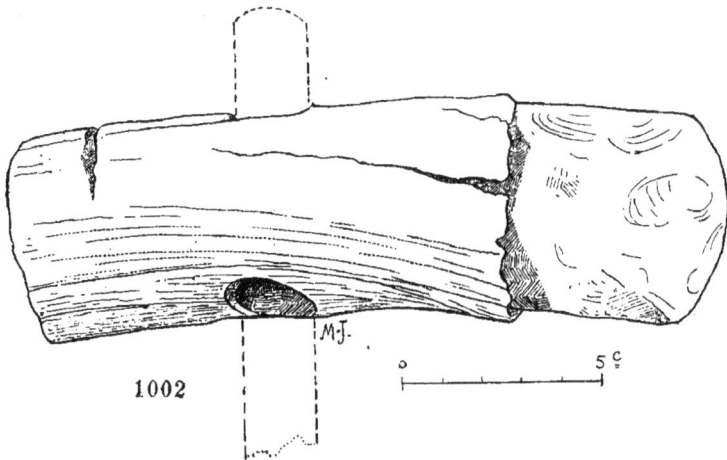

1002

Fig. 18. — Hache de silex emmanchée dans une gaine
en corne de cerf. Somme.

employée pour la fabrication des haches On lui adjoint
d'autres roches telles que la Diorite[1], la Saussurite
ou Jade de Saussure[2], la serpentine[3], la quartzite[4].

1. Mélange grenu d'amphibole hornblende et de feldspath triclinique.
2. Roche principalement formée d'épidote.
3. Silicate de magnésie hydraté.
4. Grains de quartz agglutinés par un ciment siliceux.

Comme au néolithique inférieur, un grand nombre de haches sont taillées, mais avec plus de régularité et de finesse... D'autres ont été polies[1] par frottement sur des blocs de pierre siliceuse appelés *Polissoirs*[2].

Ces polissoirs se reconnaissent aux rainures plus ou moins profondes creusées à l'usage.

Les haches néolithiques étaient emmanchées (fig. 18) : aussi ne polissait-on, la plupart du temps, que le tranchant ; la crosse restait rugueuse pour mieux adhérer à son manche.

L'outillage de silex du néolithique moyen est très varié : ce sont des scies, des gouges, des ciseaux (fig. 19), des grattoirs, des couteaux, des poignards, des pointes de flèches (fig. 20) non plus à un seul cran comme à l'époque Solutréenne, mais à deux barbelures symétriquement réparties de chaque côté d'un pédoncule.

Ces pointes ne sont jamais polies.

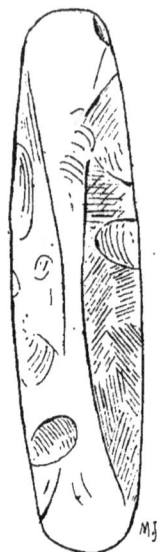

1814

FIG. 19. — Ciseau néolithique, environs de Vernon.

1. Les cailloux roulés des rivières ont pu donner aux peuplades néolithiques l'idée de polir leurs outils.

2. Parmi ces polissoirs, les uns étaient portatifs (n° 1895 de notre collection), les autres atteignaient de grandes proportions comme les spécimens transportés dans la cour du Musée de Troyes. L'un d'eux, couvert de cuvettes et de rainures, mesure 2^m,60 sur 1^m,30.

L'arc était connu. On en a retrouvé un à Robenhausen même. Il est exposé au musée de Zürich[1].

Le Grand Pressigny (Indre-et-Loire) semble avoir
été un centre important pour le débitage du silex.
Les *Nuclei* ou rognons, d'où l'on a détaché des
lames, y sont souvent de très grande taille ; leur

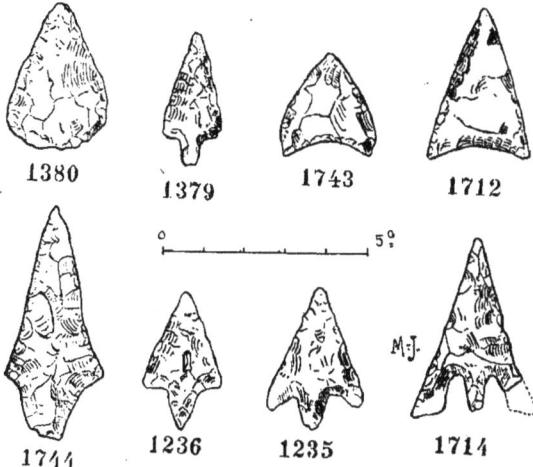

FIG. 20. — Pointes de flèches néolithiques.

patine, d'un jaune caractéristique, permet de les
reconnaître facilement.

La recherche du silex se présentait sous l'aspect
de véritables exploitations minières. On creusait à
cet effet des puits quelquefois très profonds.

On voit au musée d'histoire naturelle de Bruxelles
le squelette d'un mineur néolithique victime d'un
éboulis produit par une poche de sable dans la
galerie souterraine où il travaillait. Il a encore à côté
de lui l'andouiller de cerf qui lui servait de pioche.

1. On peut en voir une reproduction dans le musée préhistorique de
Mortillet, pl. XLIX, nᵒ 523.

Le bois des cervidés est très employé à l'époque néolithique; on en fait des marteaux (Pl. 5, n° 1073), des pics, des harpons à double rang de barbelures (Pl. 5, n° 1314) descendants des harpons plats du Mas d'Azil, des pointes de flèches (Pl. 5,

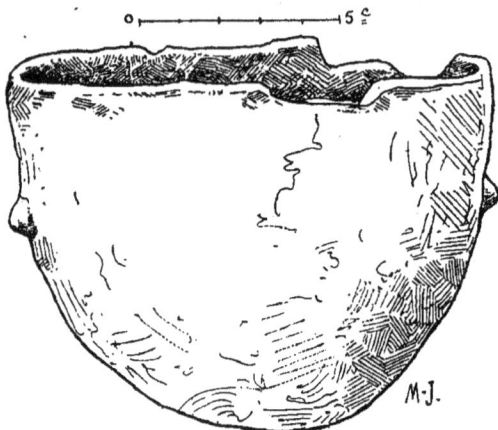

FIG. 21. — Poterie néolithique des environs de Vernon.

n° 1080), des manches d'outils, des écuelles et des lampes[1].

La poterie néolithique est toujours montée à la main (fig. 21). Le tour est inconnu. La terre souvent peu cuite, dans des fours mal clos, est fumigée dans toute la profondeur de sa masse.

C'est une argile grossière, mal épurée, à laquelle on a mêlé des grains de pierre ou des fragments

1. On peut voir au musée Rollin, à Autun, une lampe creusée dans une meule d'andouiller. Une autre, très analogue, a été trouvée dans la palafitte de Concise (Lac de Neufchâtel). Elle est dessinée dans le musée préhistorique de Mortillet, pl. LXI, n° 661.

de coquilles concassées pour lui donner plus de
résistance.

Les vases, d'abord arrondis, à l'imitation de certains fruits, n'ont été que plus tard munis d'un fond
plat ou d'un pied.

La panse est tantôt lisse, tantôt ornée d'un décor
rudimentaire obtenu soit en imprimant les doigts,
soit en serrant une corde sur la pâte encore molle.

D'autres fois, on incisait la terre à l'aide d'une sorte
de burin ou d'ébauchoir.

C'est au néolithique moyen que nous devons placer
l'invention de l'anse. Elle a pour ancêtre le mamelon
percé d'un trou pour passer une ficelle.

Nous avons pu relever, d'après des fragments
provenant du plateau de Saint-Saturnin (Savoie) et
conservés au musée de Chambéry, tous les intermé-
diaires entre le mamelon et l'anse proprement dite.

Les anses des poteries primitives sont, en règle
générale, établies dans un plan vertical. Cette
remarque peut avoir son utilité dans le classement
de la céramique archaïque. L'anse horizontale est
d'invention plus récente. M. Pottier a fait cette
constatation pour la coupe grecque munie d'anses
verticales aux périodes Crétoise (2000 à 1500 av.
J.-C.) et Mycénienne (1500 à 1000) et d'anses horizontales à l'époque classique.

Les premières *palafittes* ou stations lacustres
remontent au début du Néolithique moyen. Il fallait
déjà être très consommé dans l'art de la charpente
pour édifier ces cités sur pilotis. Leurs habitants
étaient à la fois chasseurs, pêcheurs, agriculteurs et
pasteurs. Ils creusaient des embarcations dans des

100   1010   1389   21

1600   89   1011

102   97   1007

Morin-Jean.

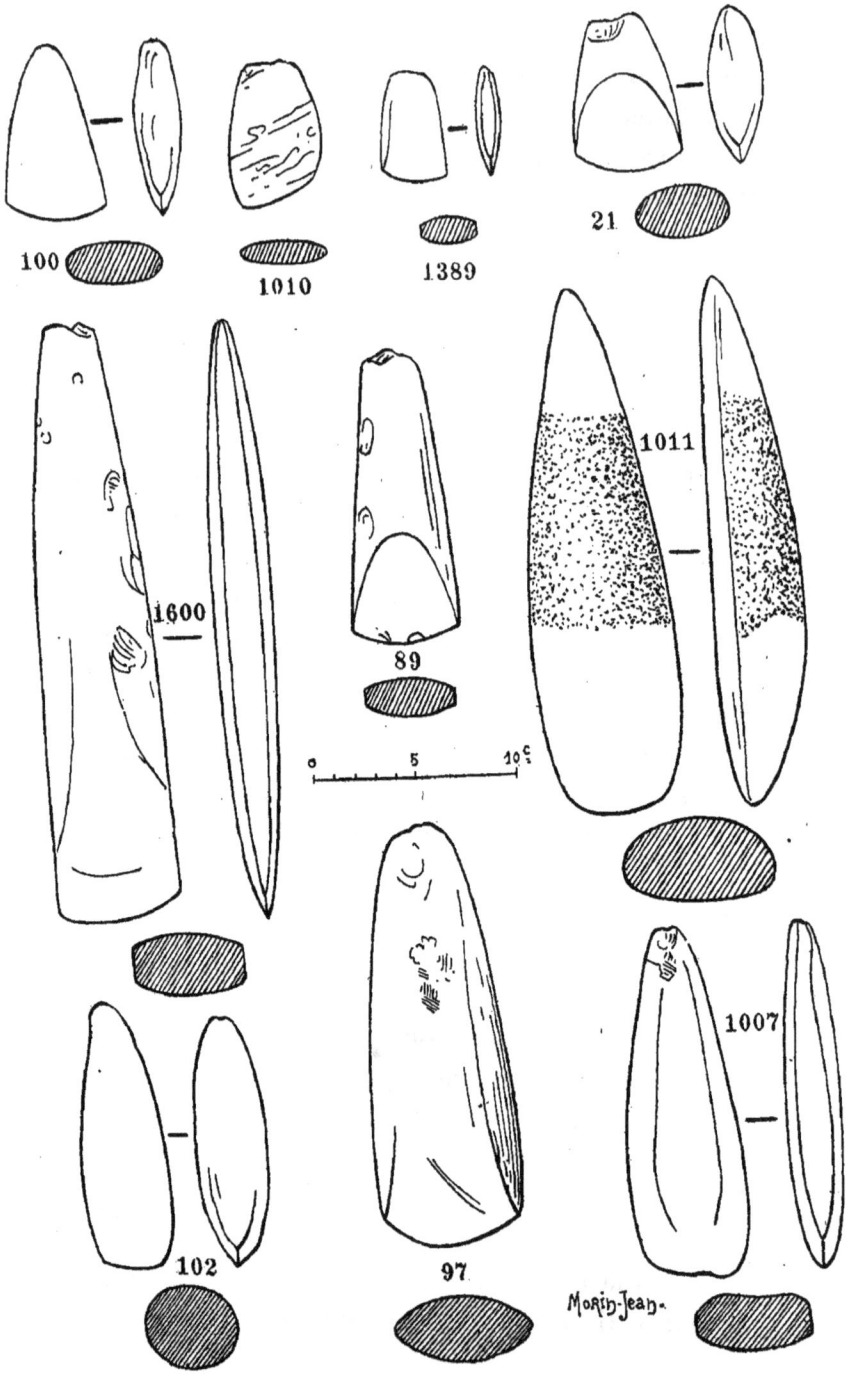

Pl. IV. — Haches polies.

troncs d'arbres, fabriquaient des filets de pêche, des tissus, des objets de vannerie, broyaient le grain entre deux pierres pour obtenir de la farine qui servait ensuite à faire du pain.

Les femmes filaient le lin, témoin les fusaioles qu'on retrouve en grande quantité.

Les animaux domestiques étaient le chien, le bœuf, le mouton, la chèvre et le porc.

Les rites funéraires du néolithique moyen sont variés. Les morts sont inhumés tantôt dans des cavernes, tantôt en pleine terre.

Les découvertes d'ossements humains néolithiques ne sont pas rares et les crânes abondent dans les collections.

Un squelette entier a été découvert en 1876 par Lejeune, dans la sépulture d'Escalles (Pas-de-Calais); les os et le mobilier funéraire ont été reconstitués au musée de Calais dans la même position que lors de la trouvaille.

Comme on pourra le voir sur le croquis (fig. 22), le corps est dans le décubitus gauche, les membres repliés sur eux-mêmes. Près de la tête, qui repose sur une large pierre de couleur blanchâtre (A) est une hache en silex poli (B). Le reste du mobilier comprend un vase de terre (C) et des ossements d'animaux (D) derniers vestiges, soit d'un repas funéraire, soit de la nourriture déposée dans la tombe pour l'alimentation du mort.

La position repliée du cadavre n'est pas un fait isolé. On la rencontre couramment non seulement au néolithique, mais même antérieurement (squelette replié de l'homme de Menton) et dans des régions

très diverses [Kjökkenmoddinger de l'embouchure
du Tage, tombes de l'île de Syros (Grèce), d'El
Amrah (Egypte) et sépultures préhistoriques du
Pérou].

Il y a donc là l'observation d'un rite qui demande
à être expliqué.

On pense assez généralement qu'il s'agit d'une

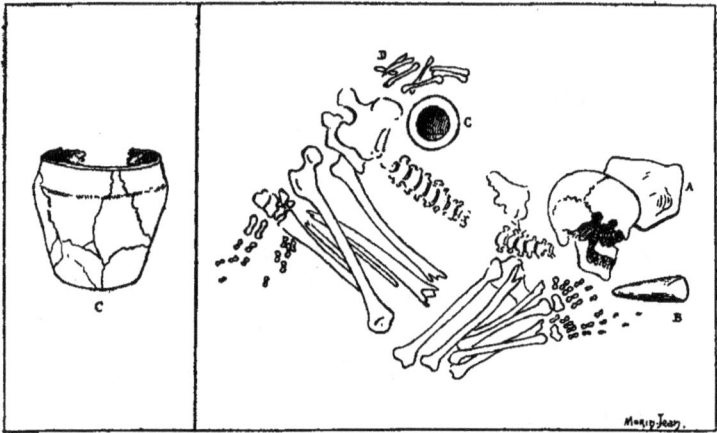

Fig. 22. — Sépulture néolithique d'Escalles (Pas-de-Calais).

A. Pierre blanchâtre. — B. Hache polie. — C. Vase de terre grisâtre.
D. Ossements d'animaux.

pratique destinée à protéger les survivants des
revenants. Cette solution nous semble raisonnable
dans l'état actuel de nos connaissances.

Tous les primitifs ont cru en effet que le mort conti-
nuait à vivre dans son tombeau et pour cette raison on
l'entourait d'un mobilier quelquefois très complet[1].

L'ancêtre, enseveli sous le foyer même de l'habi-

1. Sur les usages funéraires, consulter un ouvrage de M. Rohde,
intitulé Psyche.

tation, devenait un dieu capable de protéger la famille ou de se venger d'elle[1].

Si sa bonté était immense, en revanche sa haine était terrible et c'est pour s'en garder, pour diminuer sa puissance, que son corps était replié sur lui-même et solidement attaché.

III

Néolithique supérieur.
(Carnacéen[2].)

Le Néolithique supérieur se distingue par une industrie plus développée qu'aux périodes précédentes. Les haches sont entièrement polies (Pl. 4); leur galbe atteint une grande perfection : quelques-unes s'emmanchaient comme nos marteaux et sont traversées à cet effet d'un trou circulaire percé peut-être à l'aide d'un roseau mis en rotation (Pl. 5, n° 1759).

Les matières employées sont souvent des roches rares et chatoyantes venues de loin par la voie du commerce : néphrite[3], jadéïte, chloromelanite, éclogite[4].

On utilisait souvent les haches détériorées en leur retaillant un tranchant tantôt poli, quelquefois sans aucune trace de polissage (fig. 23).

Au néolithique supérieur on commence à construire

1. Salomon Reinach. *Cultes, mythes et religions*, t. I, p. 316.
2. Nom tiré du village de Carnac (Morbihan), centre d'une des régions les plus riches en Mégalithes.
3. Jade. Trémolite compacte.
4. Mélange de grenat et d'actinote à texture granitoïde.

les Terramares italiennes[1], sortes de palafittes à pilotage terrestre, spéciales à l'Italie du Nord. Les objets qu'on y rencontre rappellent ceux des stations lacustres, tout en conservant un caractère très régional. La poterie à anse lunulée y est très fréquente[2].

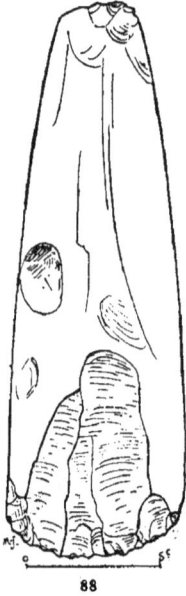

Les monuments mégalithiques, ces dolmens et ces menhirs dont la terre classique est la Bretagne, caractérisent aussi le néolithique supérieur et se rencontrent en maintes régions : en Corse[3], en Portugal, en Crimée, au Caucase, en Suède, en Afrique, dans l'Inde, au Japon, au Pérou.

Fig. 23. — Hache polie dont le tranchant a été retaillé.

Le Dolmen (de *Daul* = table et *men* = pierre) est une chambre (fig. 24) constituée par une ou plusieurs grandes dalles horizontales · posées sur des supports verticaux[4]. La chambre est elle-même le plus ordinairement accompagnée d'un couloir d'accès appelé *allée couverte*. Le tout est recouvert d'un

---

1. Terramare vient de *Terra marna* : terre marneuse. Voir les travaux de Luigi Pigorini dans le *Bulettino di Paletnologia Italiana*. Consulter aussi : *Revue de l'histoire des Religions*, t. 28, p. 157, et t. 34, p. 336.

2. Sur la céramique des Terramares, consulter Ed. Pottier. *Catalog. des Vases du Louvre*, première partie, p. 289 et suiv.

3. Les monuments mégalithiques de la Corse sont beaucoup moins frustes que ceux de Bretagne.

4. Les vides laissés par les irrégularités des supports étaient comblés avec des pierrailles aujourd'hui disparues.

monticule de pierrailles nommé *Galgal* ou *tumulus*.

Le *Dolmen* est un *ossuaire* où les os des morts étaient déposés après un premier ensevelissement ; les squelettes sont souvent incomplets et les débris

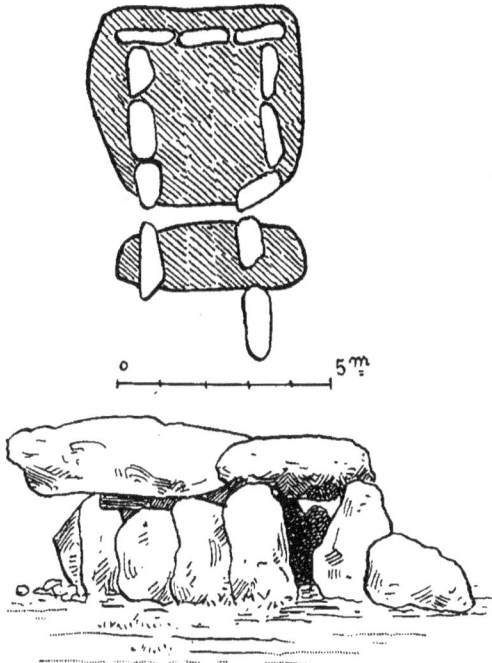

Fig. 24. — Plan et élévation du dolmen de Crucuno, à Plouharnel (Morbihan).

pêle-mêle. Seuls les crânes sont quelquefois dispo-sés avec ordre le long des parois.

Le mobilier funéraire comprend des provisions de toute nature, des poteries souvent ornées et d'un travail plus perfectionné qu'au néolithique moyen, bien que toujours montées à la main[1] (fig. 25), des

---

1. Sur la poterie Dolmenique, consulter Édouard Fourdrignier. *Con-grès préhistorique de Vannes*, 1906, p. 304 à 324.

haches polies, intentionnellement brisées lors des funérailles, des objets de parure (bracelets de jadéïte, pendeloques et grains de Callaïs).

A côté des sépultures dolméniques, il faut signaler les *Cistes* et les *grottes artificielles* étudiées avec soin en Champagne par M. le baron de Baye. On a trouvé dans ces grottes, sur les parois des chambres, la grossière figuration d'une femme que quelques archéologues considèrent comme le « fétiche féminin » commun à tous les peuples primitifs (poteries d'Hissarlik grossièrement façonnées en figure féminine — Vases du Pérou — Statuettes archaïques de Chypre, etc...).

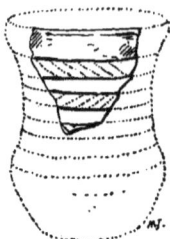

1708

Fig. 25. — Fragment d'un vase en forme de tulipe. Dolmen de Port-Blanc (Morbihan).

Les pierres formant les parois des dolmens sont parfois ornées de signes sur le sens desquels on n'est pas fixé : ce sont des figurations de haches, des ondes concentriques que M. Abel Maître, ancien directeur des ateliers du musée de Saint-Germain, croyait pouvoir expliquer par les lignes que forme la peau à l'extrémité des doigts.

Le *Menhir* (de *Men* = pierre et *hir* = longue) ou pierre levée, ou encore *pierre fiche*, est un bloc planté en terre, variant beaucoup dans ses dimensions. On en voit en Bretagne qui ne dépassent pas un mètre, tandis que celui de *Locmariaquer*, aujourd'hui brisé en trois morceaux, mesure 21 mètres et pèse 250 000 kilogs. Les menhirs sont souvent groupés. Le plus célèbre de ces groupements est l'alignement de Ker-Mario qui s'étend à perte de vue sur la côte sud de Bretagne, non loin du village de Carnac. Il comprend 855 menhirs disposés sur 11 lignes parallèles dans un espace de 1000 mètres.

Pendant longtemps, les archéologues ont fait descendre à une époque trop basse la date des monuments mégalithiques. Ils croyaient qu'ils avaient été érigés par les Druides pour accomplir leurs sacrifices. C'est une grave erreur à laquelle Henri Martin n'a pas échappé dans son histoire de France.

Aujourd'hui, la plupart des savants sont d'accord pour rattacher les menhirs au culte général et universel de la pierre ou *Litholâtrie*. C'est la figuration du dieu sous sa forme la plus brutale et la plus archaïque.

La preuve en est fournie par les menhirs anthropoïdes qui ont été postérieurement taillés en forme de divinités païennes.

Sur celui de Kernuz, actuellement conservé dans la propriété de M. P. du Châtelier, un des archéologues les plus compétents de Bretagne, on voit l'image d'Hercule brandissant sa massue, et de Mercure tenant son caducée.

Quelques menhirs, comme les *Koudourrous* de l'ancienne Chaldée[1], ont pu servir de bornes limites.

De nos jours encore ces pierres debout font l'objet de nombreuses superstitions.

M. Louis Revon, ancien conservateur du musée

---

1. *Mémoires de la délégation en Perse*, publiés sous la direction de Jacques de Morgan. E. Leroux, éditeur.

d'Annecy, s'était attaché à recueillir les légendes
savoisiennes concernant les mégalithes et les blocs
erratiques. Les fées ou *fayes* jouent un grand rôle
dans ces histoires [1].

Beaucoup de menhirs ont disparu ; mais le souvenir de quelques-uns d'entre eux perce encore dans
l'étymologie de bien des localités françaises ; c'est
ainsi qu'à Paris nous avons la rue Pierre-Levée, et
le quartier du Gros-Caillou. Ailleurs, Pierrefitte,
Hautepierre, Grande-Borne, Pierre-Pointe.

IV

Antiquités lacustres de l'âge de la pierre [2].

Les stations lacustres de l'âge de la pierre sont
plus riches et plus nombreuses dans l'est de la
Suisse que dans l'ouest. Une visite au Rosgarten
Museum de Constance suffira pour s'en convaincre.
On n'y voit guère d'objets en bronze, mais par contre, on y trouve une quantité de haches de pierre
toutes semblables, donnant au musée un aspect
général très monotone ; elles sont tellement serrées
dans les vitrines qu'elles chevauchent les unes sur

1. Voici la plus courante : Lorsqu'on avait porté du lait au menhir, on
en rapportait son pot tout plein de pièces d'or. Un jour, pour devenir plus
riche, une vieille avare se servit d'un vaste baquet. Les fées, qui voulaient
la tenter, ne lui donnèrent en échange de son lait que des feuilles de
tremble. Furieuse et se trouvant dupée, la vieille jeta en route le con-
tenu du baquet ; mais, quel ne fut pas son désappointement quand, ren-
trée chez elle, elle vit se transformer en une pistole, une feuille restée,
par hasard, collée au fond du récipient.
2. Voir Pl. 5.

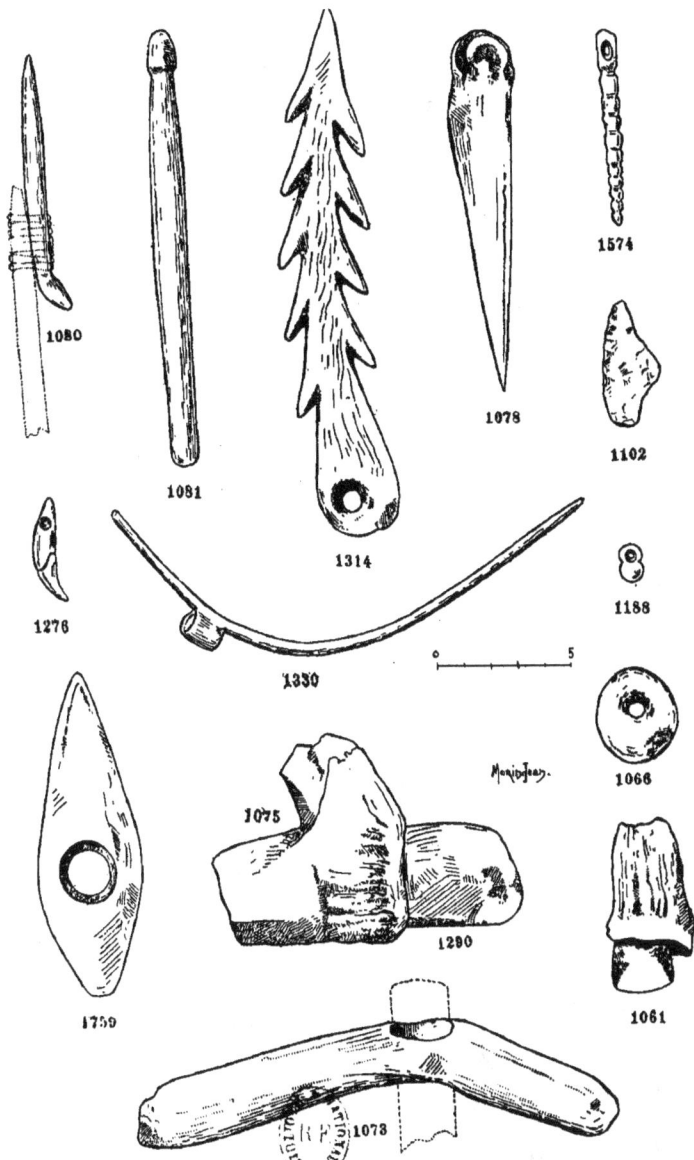

1080 1081 1314 1078 1574 1102 1188 1276 1330 1066 1759 1075 1290 1061 1073

PL. V. — Antiquités lacustres néolithiques du Jura français
et de la Suisse occidentale.

les autres. Presque toutes sont en diorite et appartiennent au type équarri sur les côtés et à polissage incomplet soigné surtout vers le tranchant.

Elles ont été trouvées dans les palafittes du lac de Constance (Bodman, Rauenegg, Altnau, Hinterhausen, Wangen, Dingelsdorf, etc...).

Dans la région du lac de Zürich, les stations néolithiques l'emportent aussi sur les autres. Celle de *Meilen* est restée historiquement célèbre, car elle a été la première découverte, en 1853, et a fourni les éléments des importants travaux du Dr Ferdinand Keller.

A 15 kilomètres de là, dans la direction du Nord-Est, se trouve une autre station fameuse dont il a déjà été question, celle de *Robenhausen* [1], non loin du petit lac de Pfäffikon.

Dans l'ouest de la Suisse, les palafittes contiennent souvent des objets de l'âge de la pierre mêlés à des outils de métal. Cela prouve que les populations primitives de la région n'ont pas disparu à la fin des temps néolithiques et ont modifié leur industrie après la découverte des métaux.

C'est ainsi qu'à Locras (fig. 26-7), localité des bords du lac de Bienne [2], d'où viennent en plus grande partie nos antiquités lacustres de l'âge de la pierre, on trouve deux stations juxtaposées : l'une typique du Néolithique (Locras ancien), l'autre de l'âge du cuivre (Locras nouveau). La cité de Mœrigen (fig. 26-5) sur le même lac a été aussi successivement occupée par les populations du néolithique et de l'âge du bronze.

1. Gabriel de Mortillet. *Le Préhistorique*, p. 485.
2. Sur les palafittes du lac de Bienne, consulter un article avec carte de Th. Ischer dans la revue *L'homme préhistorique*, août 1907, p. 247.

En France, des stations lacustres de l'âge de **la**

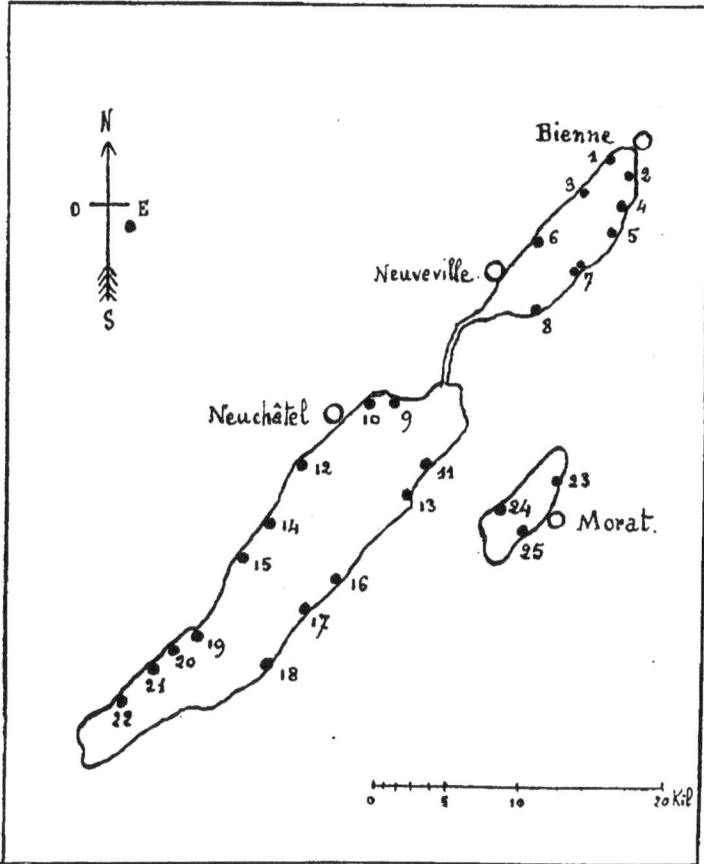

FIG. 26. — Topographie des palafittes de la Suisse occidentale
(Lacs de Neuchâtel, de Bienne et de Morat).

1. Vingelz. — 2. Nidau. — 3. Wingreis. — 4. Latrigen. — 5. Mœrigen. — 6. Chavannes. — 7. Locras. — 8. Fenil. — 9. Saint-Blaise. — 10 Hauterive. — 11. Cudrefin. — 12. Auvernier. — 13. Champmartin. — 14. Cortaillod. — 15. Bevaix. — 16. Chevroux. — 17. Forel. — 18. Estavayer. — 19. Lance. — 20. Concise. — 21. Onnens. — 22. Corcelettes. — 23. Montilier. — 24. Guévaux. — 25. Greng.

pierre ont été fouillées aux lacs de Clairvaux[1] et de

1. *L'homme préhistorique*, fév. 1905, p. 44.

Chalain[1] dans le Jura, au lac de Genève (Thonon), au lac d'Annecy [palafittes du port d'Annecy (fig. 39 A) et d'Angon (fig. 39 E).]

Dans les palafittes néolithiques, les pilotis sont plus gros que dans celles de l'âge du bronze et plus rapprochés du rivage.

Gross divise l'âge de la pierre en Suisse, en deux périodes :

1° *Le néolithique ancien* (Station typique *Chavannes*, sur le lac de Bienne, fig. 26-6) caractérisé par des haches de petites dimensions et mal polies, par une poterie grossière et non ornée.

2° *Le néolithique récent* (Station typique *Robenhausen*) caractérisé par des haches plus grandes et mieux polies, une poterie plus fine et décorée.

Gross place ensuite l'âge du cuivre pendant lequel l'outillage de pierre atteint son maximum de perfection et enfin l'âge du bronze, pour lequel il n'admet pas de subdivisions.

Les objets lacustres sortent peu des régions où ils ont été trouvés. Ils sont rares chez les antiquaires de Paris. En Suisse, on en trouve davantage, mais nous devons prévenir l'amateur qu'il se glisse souvent des pièces fausses. C'est ainsi qu'à Genève, nous avons trouvé des manches de haches taillés dans de vieux pieds de table et des outils emmanchés dans des gaines de carton-pâte.

1. *L'homme préhistorique*, oct. 1904, p. 326.

CHAPITRE III

AGES DU CUIVRE ET DU BRONZE

I

Age du Cuivre.
(2500 à 2000 av. J.-C.)

Entre 3000 et 2500 environ av. J.-C. la métallurgie s'introduit dans nos régions sous forme de timides essais en cuivre pur. De minuscules poignards triangulaires (Pl. 6, A-B)[1] et des petits boutons s'associent dans les dolmens, au mobilier de pierre qui se distingue à peine de celui de la période précédente.

La sépulture dolménique est encore à la mode jusqu'aux approches de l'âge du bronze, mais l'incinération y remplace l'inhumation. C'est un indice de déplacement de races et d'invasions. La crémation est le rite funéraire des races les moins civilisées[2]. C'est une coutume qui a pour but de supprimer le mort afin d'éviter ses mauvaises influences. On cherche à se mettre à l'abri des revenants. Nous avons déjà vu cette préoccupation hanter les gens

1. Le poignard figuré en B est au musée de Boulogne-sur-Mer. Il a été trouvé en 1863 à Hervelinghen.

2. Les peuples anciens les plus cultivés, comme les Égyptiens, ne brûlaient pas les morts.

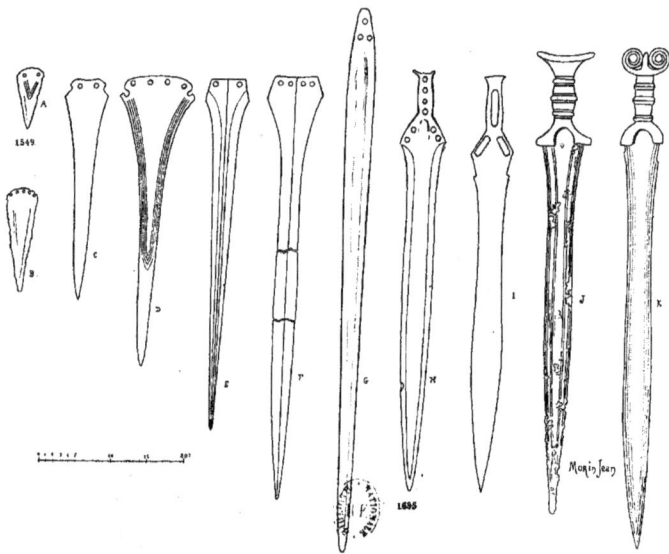

Pl. VI. — Évolution du poignard et de l'épée aux âges du cuivre et du bronze.
A, B. Age du cuivre. — C. Bronze I. — D, E. Bronze II. — F, G. Bronze III. — H, I, J. Bronze IV.
K. Bronze IV et Hallstatt I.

de l'âge de la pierre. La littérature archaïque est tout imprégnée de cette métaphysique. Les morts inhumés sont redoutables et se vengent; tels Agamemnon et Clytemnestre dans les poèmes homériques. Par contre, ceux qu'on a brûlés sont impuissants après leur mort et leur ombre réclame l'appui des vivants pour exercer sur terre leur vengeance.

On est assez d'accord aujourd'hui pour placer la découverte du cuivre dans le bassin oriental de la Méditerranée, à Chypre et dans l'archipel Égéen, où les poignards sont identiques à ceux de nos dolmens à incinération.

Le poignard à soie effilée formant crochet à l'extrémité (fig. 69, n° 1705) est un type essentiellement chypriote qui s'est répandu, à l'état sporadique, en Hongrie, en Suisse et même en France, notamment à Tirancourt (Somme)[1].

L'outillage de pierre joue encore un rôle considérable pendant tout l'âge du cuivre. Ce sont de belles haches longues et plates en pierres dures et rares ; de gros grains de Callaïs[2], des pointes de flèches très finement retouchées et d'un facies tout spécial : les barbelures sont presque verticales et plus longues que le pédoncule.

Les premières haches de cuivre (fig. 27) sont faites à l'imitation des haches de pierre. Elles sont plates, à tranchant d'abord peu évasé, puis s'élargissant de plus en plus pour des raisons d'économie de matière.

1. Revue l'*Anthropologie*, année 1905, p. 371, fig. 1.
2. Cazalis de Fondouce. *Matériaux*, t. 16, p. 166. « La Callaïs dans l'Europe occidentale. »

Le mobilier de l'âge du cuivre, étudié en Bretagne par M. du Châtelier, en
Suisse par le Dr Gross, comprend aussi quelques perles
d'or, des pendeloques en
corne de cerf polie, des doubles haches de cuivre[1] percées au centre d'un trou circulaire et façonnées à l'imitation des marteaux de pierre
du néolithique supérieur, des
poteries de formes diverses ;
la plus répandue, surtout
dans les dolmens bretons, était
déjà en usage au néolithique
supérieur : c'est une sorte de tulipe ornée de zones
horizontales hachurées de lignes obliques poin-
tillées (fig. 25).

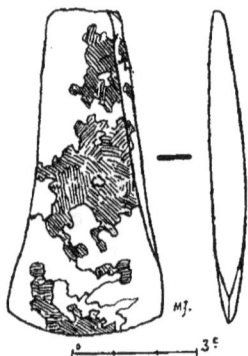

FIG. 27. — Hache plate de
l'âge du cuivre ; trouvée
à Saint-Pierre d'Albigny.
Musée de Chambéry.

II

Age du Bronze.

(2000 à 800 av. J.-C.)

BRONZE I.

(2000 à 1850 av. J.-C.)[2]

La première période du bronze se distingue à
peine de l'âge du cuivre.

L'incinération diminue peu à peu en faveur de
l'inhumation, ce qui semble indiquer que les enva-

---

1. Gross. « Les Protohelvètes », pl. X, n° 1.
2. Ces dates sont conformes à la chronologie adoptée par M. Montelius.

hisseurs barbares se sont fondus dans les anciennes
populations dont ils ont peu à peu adopté les cou-
tumes.

Les dolmens sont remplacés par des chambres en
pierres appareil-
lées surmontées
d'un tertre ou *tu-*
mulus. Les tombes
contiennent des
vases à quatre
anses très utiles
comme repères
archéologiques et
dont on pourra voir
un dessin (fig. 28)
d'après un croquis
relevé au musée de
Vannes. C'est une
forme spéciale aux

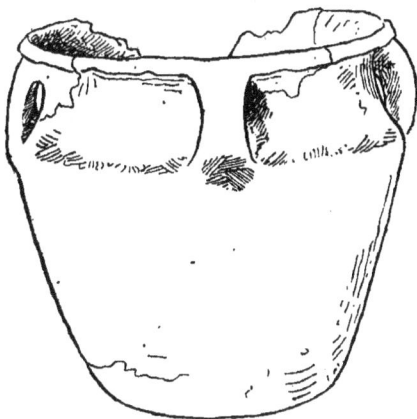

Fig. 28. — Vase typique des sépultures
des bronze I et bronze II. — Mané Ru-
mentur à Carnac. Musée de Vannes.
Haut. : 0^m,140.

âges I et II du bronze et qu'on retrouve dans les
sépultures de la même époque à Troie, en Sicile,
en Sardaigne et en Bohême.

Les poignards de l'âge du bronze I (Pl. 6, C)[1]
sont courts, triangulaires, à trous de rivets et très
pauvres en étain. Ils s'allongent un peu à la fin de la
période.

Les haches sont plates ou munies de bords droits
à peine visibles (Pl. 7, A). Leur tranchant s'évase
de plus en plus.

---

1. Celui-ci a été trouvé dans la Seine à Villeneuve-Saint-Georges et
est conservé au musée de Saint-Germain.

Bronze II.
(1850 à 1550 av. J.-C.)

Le rite funéraire dominant de cette période est l'inhumation. On trouve dans les sépultures les vases à quatre anses décrits plus haut auxquels s'adjoignent des formes nouvelles.

Les poignards s'allongent (Pl. 6, D[1]) et nous amènent peu à peu au type d'épée courte d'environ cinquante centimètres, à lame effilée, à talon élargi, percé de deux ou quatre trous de rivets. La figure E (Pl. 6) représente une de ces armes trouvée à Auxonne (Côte-d'Or) et conservée au musée de Saint-Germain.

Les haches de l'âge du bronze II sont à bords droits (Pl. 7, C), c'est-à-dire à saillies latérales de hauteur variable, descendant quelquefois très près du tranchant et donnant à la coupe de l'outil l'aspect d'un fer à T.

L'évasement progressif du tranchant s'obtient au moyen du martelage et arrive à donner le type connu sous le nom de *spatuliforme*[2].

A la fin de la période, on voit se former un indice de talon (Pl. 7, C).

Les bracelets de l'âge du bronze II sont, nous dit M. Montelius, pleins, ouverts et à bouts effilés, les épingles d'allure très simple.

Ce sont là d'excellents renseignements dont il est

---

1. Celui-ci a été trouvé dans la Seine à Villeneuve-Saint-Georges et est conservé au musée de Saint-Germain.

2. Gross. « Les Protohelvètes », pl. XIII, n° 7.

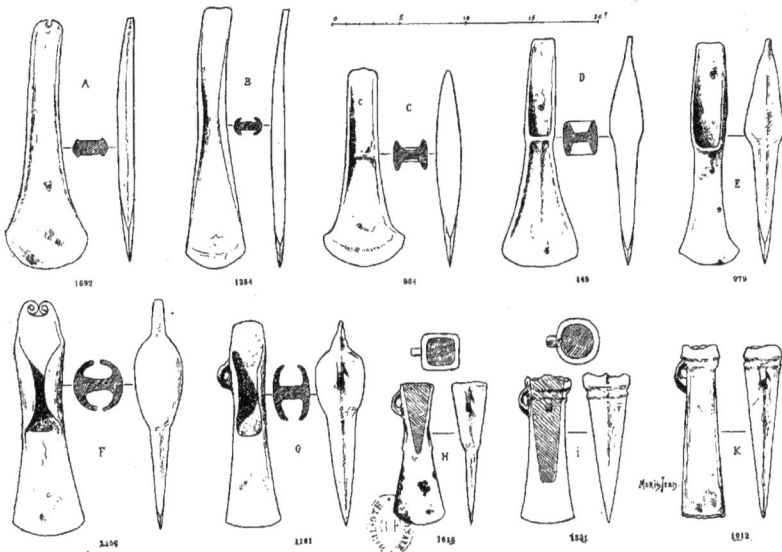

PL. VII. — Évolution de la hache à l'âge du bronze.

A. Bronze I. — B, C. Bronze II. — D, E. Bronze III. — F, G, H, I. Bronze IV. — K. Hache votive.

toujours bon de profiter, mais il ne faut pas oublier
que les objets de parure sont des guides moins sûrs
que les armes pour fixer la date des sépultures.

Certaines formes en effet ont pu se conserver
longtemps et sans le moindre inconvénient pour tous
les objets d'ornementation, tandis que, pour assurer
leur existence, les peuples anciens ont été obligés,
comme on le fait actuellement encore, de modifier
sans cesse leur armement au fur et à mesure des
progrès accomplis.

Voilà pourquoi les armes sont les meilleurs guides
chronologiques et, lorsqu'on fouille le sol, il ne faut
jamais négliger de les recueillir, même à l'état de
fragments.

BRONZE III.
(1550 à 1200 av. J.-C.)

On continue à inhumer les morts dans des chambres de pierres appareillées,
mais on ne trouve plus de
vases à quatre anses. Les
poteries funéraires sont
d'un type différent avec décor formé de creux profonds
dans lesquels on a coulé
de la pâte blanchâtre.

L'épée à large talon plat,
dérivée du poignard, atteint
jusqu'à 55 centimètres de
long comme dans le spé-

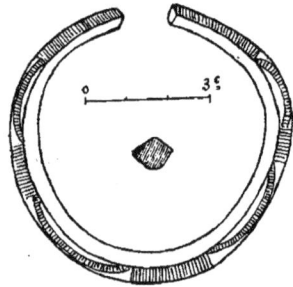

890

FIG. 29. — Bracelet de l'âge
du bronze. Saint-Nom-la-
Bretèche.

cimen (Pl. 6, F) du musée d'Anvers. La lame se
renfle au milieu et devient pistilliforme. C'est

aussi à l'âge du bronze III qu'il faut rattacher

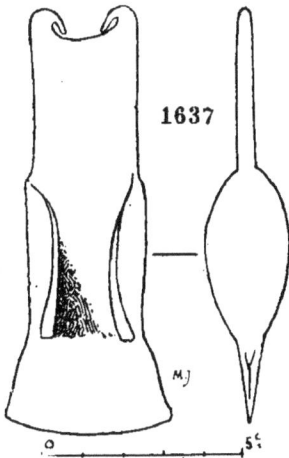

Fig. 30. — Hache de bronze à ailerons dont le tranchant a été raccourci à l'usage. — Bohême.

cette grande épée (Pl. 6, G), trouvée à Lotten et conservée au musée de Zurich. Son facies caractéristique la rattache au type dit de *Courtavent,* nom d'une sépulture célèbre de l'époque du bronze. Elle mesure 72 centimètres de long, a ses tranchants sensiblement parallèles et se rétrécit au talon au lieu de s'évaser comme les précédentes.

Les haches du bronze III sont à talons (Pl. 7, D et E), c'est-à-dire munies, de chaque côté des plats

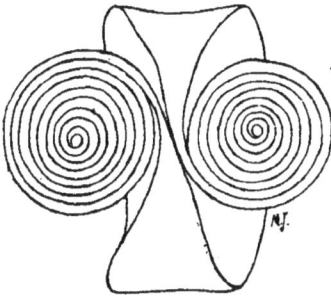

Fig. 31. — Brassard typique des sépultures du Bronze III. Musée de Mayence.

d'une sorte de butoir, soit rectiligne comme dans le spécimen D, soit incurvé comme dans le spécimen E, destiné à consolider l'emmanchure.

A la fin de la période, nous voyons apparaître le type de hache à ailerons courts (Pl. 7, F).

Ces ailerons ne sont autres que les saillies latérales des haches à bords droits que nous voyons déjà se replier dans le spécimen B (Pl. 7), et qui se développent jusqu'à former autour du manche une sorte de douille incomplètement fermée.

Un objet très caractéristique des sépultures du bronze III et qu'on a longtemps cru du premier âge du fer est le bracelet dessiné (fig. 31) d'après un spécimen du musée de Mayence. C'est un ruban de bronze plat dont les extrémités s'enroulent en spirale. On trouve aussi dans les tombes de grandes et longues épingles du type dit à collerettes ; elles devaient servir de fibule pour fermer le vêtement.

BRONZE IV.
(1200 à 800 av. J.-C.)

Nous conformant à la classification adoptée par M. Déchelette[1] conservateur du musée de Roanne,

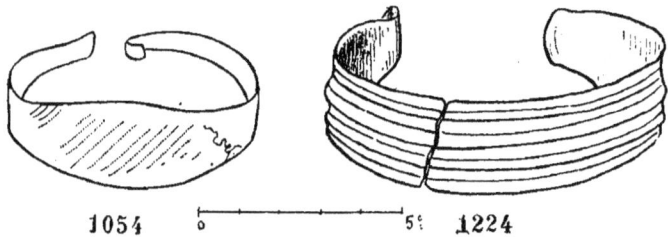

1054   1224

FIG. 32. — Bracelets rubanés.

nous avons groupé en une seule les périodes IV et V de M. Montelius.

A l'âge du bronze IV, des changements s'opèrent dans les rites funéraires.

L'incinération détrône à nouveau l'inhumation.

Les cités lacustres arrivent au maximum de leur

[1]. *L'Anthropologie*, 1906, p. 321.

développement ; elles disparaissent vers le ix⁰ siècle, à la fin de la période, avant que le fer soit devenu métal courant dans la fabrication des armes et des outils.

Les poteries du bronze IV sont très variées dans leurs formes et dans leur décor.

La plupart sont montées à la main ; pourtant, au lac du Bourget on en trouve de si régulières que rien ne s'oppose à faire remonter à cette époque l'invention du tour à potier.

1309
FIG. 33.
Fragment d'une épée de bronze à quatre rivets. Fouilles du Rhône près Genève.

La terre, beaucoup mieux épurée qu'aux périodes précédentes est quelquefois très fine, et la surface du vase a été lustrée, ce qui lui donne un éclat doux fort agréable.

A la fin de l'âge du bronze apparaît une fabrication qui deviendra courante au premier âge du fer. Nous voulons parler de la céramique polychrome dont les couleurs sont limitées par un dessin géométrique incisé.

Le lac du Bourget est riche en poteries de ce genre.

L'épée du bronze IV (Pl. 6, H) a la lame en feuille d'iris ornée de nervures longitudinales ; la poignée, au lieu de former, comme aux âges précédents, un simple talon pincé (fig. 33) au bas d'une fusée rapportée, se prolonge en une soie plate sur laquelle on fixait, de part et d'autre, des plaques de corne, d'os ou de bois.

C'est un progrès qui donne beaucoup de solidité à l'ensemble de l'arme.

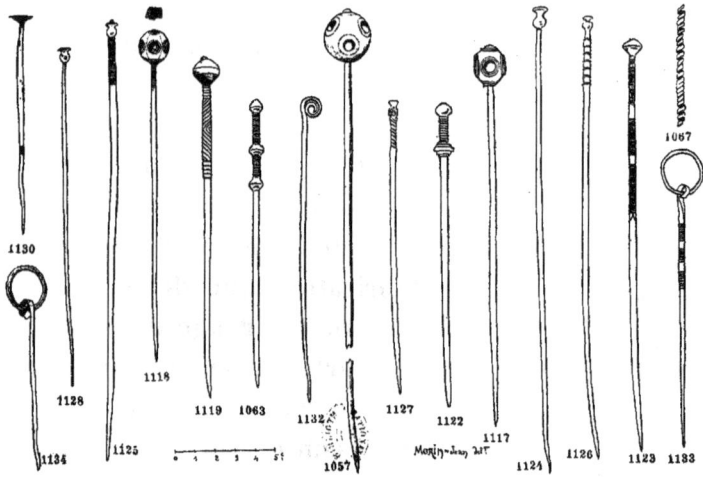

1130

1128

1118

1119 1063

1132

1057

1127

1122

1117

1124

1126

1123 1133

1125

1134

1067

Morin-Jean del.

PL. VIII. — Épingles de l'àge du bronze. — Palafittes du lac de Neuchàtel.

Les crans que possède à sa base la lame
de l'épée I (Pl. 6)[1] se rencontrent fréquemment à l'âge du bronze IV. On n'est pas
encore bien fixé sur leur signification.

Un nouveau type, celui de Mœrigen,
apparaît vers le milieu de la période.

La lame et la poignée sont fondues
d'une seule pièce. Voici une de ces épées
qui montre que les fabricants étaient
maîtres de leur art (Pl. 6, J). Elle mesure
62 centimètres de longueur ; provient
d'un tumulus de la forêt de Lorsch et est
conservée au musée de Darmstadt. Le
pommeau est concave, la fusée ornée de
bagues saillantes qu'on peut considérer
comme la survivance décorative des liens
qui servaient à fixer les anciennes poignées rapportées[2].

En synchronisme avec le type de Mœrigen, on place le type à antennes dessiné
en K (Pl. 6), d'après un spécimen de l'Allemagne du Sud exposé au musée de Hansver.
Cette épée, dont le pommeau se termine
par deux branches tordues en spirales,
sera encore en usage pendant la première
période du premier âge du fer.

FIG. 34. — Grande épingle de bronze de la grotte de Cumignosc.

1. Elle a été trouvée dans la Seine à Rouen. Musée de
Saint-Germain, n° 17991.
2. En industrie et en art, les anciens, tout en ap-
portant des idées neuves, ont respecté les traditions
antérieures. Ils ont obéi à la fois à deux principes qui
semblent à tort contradictoires : le traditionalisme et l'évolutionisme.

Les plus longues épées de l'âge du bronze dépassent rarement 60 à 70 centimètres. Nous n'en connaissons qu'une de taille tout à fait exceptionnelle ; elle est au musée de Mâcon et mesure plus d'un mètre.

Les haches du bronze IV sont d'abord à ailerons allongés (Pl. 7, G), puis à douille (P. 7, H-I). Les plus anciennes haches à douille portent encore sur leurs plats des courbes, survivance décorative des ailerons.

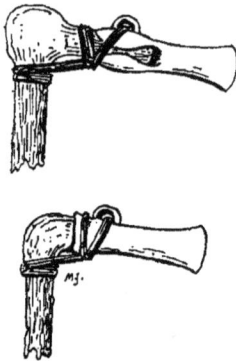

Fig. 35. — Dispositif probable des liens dans l'emmanchement des haches à anneau.

La hache votive figurée en K (Pl. 7) n'était point faite pour l'usage ; la douille, au lieu d'être peu profonde et de laisser au bas de l'outil une partie pleine destinée à être martelée, s'étend jusqu'à l'extrémité inférieure qui a conservé les bavures produites par la jonction des deux portions du moule.

On pense que ces haches avaient un sens religieux et la coutume d'en déposer dans les tombeaux a dû se prolonger, par tradition, à une époque où les haches d'usage avaient été remplacées déjà depuis longtemps par les outils de fer.

Les haches à ailerons et à douille étaient pourvues de manches coudés, choisis dans du bois dur, du cornouiller ou du frêne par exemple ; l'anneau latéral servait à maintenir les liens destinés à assujétir la monture (fig. 35). On a trouvé à Mœrigen, une hache encore munie de son manche ; l'anneau est placé en

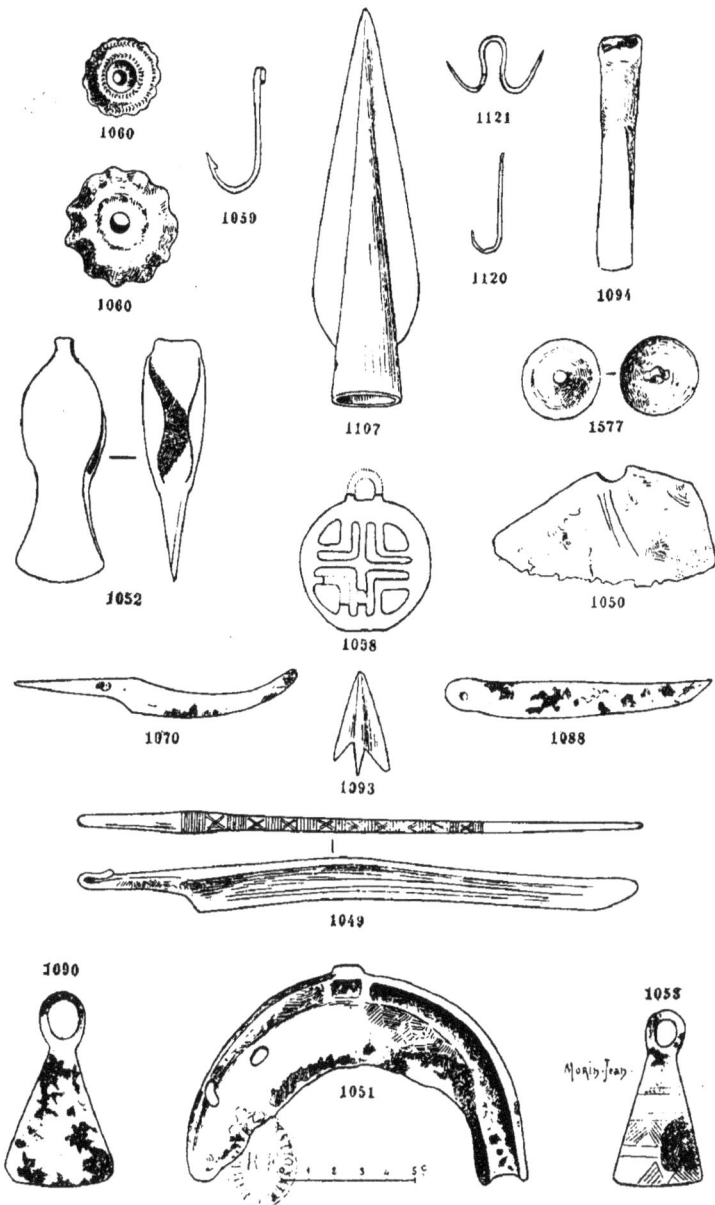

Pl. IX. — Antiquités lacustres de l'âge du bronze.
Palafittes du lac de Neuchâtel.

dehors et non en dedans du coude formé par l'emmanchure comme on le croyait autrefois.

Deux pièces du musée de Salzbourg montrent l'anneau dans la même position jouant simplement le rôle de cran d'arrêt ; dans la situation inverse, le lien en porte à faux se romprait fatalement sur la partie coupante de la boucle.

Le bracelet le plus répandu à l'âge du bronze IV est un gros bourrelet creux terminé par des oreillettes plus ou moins développées (fig. 36, n° 1062).

Les épingles sont variées ; une des formes les plus caractéristiques est dite *Céphalaire* à cause de son énorme tête ronde

1062

FIG. 36. — Bracelet à oreillettes de l'âge du Bronze IV. Lac de Neuchâtel.

percée de vacuoles qu'on ornait de minces feuilles d'or collées avec de la résine de bouleau. Ce type abonde au lac de Neufchâtel (Pl. 8, n°ˢ *1117-1118-1057*). A Thonon, sur le lac de Genève[1], on en a trouvé aussi, mais en moins grand nombre ; le lac du Bourget n'en a fourni qu'une seule[2].

La *fibule* ou agrafe qui sert à fixer (figere) le manteau apparaît dans la dernière phase de l'âge du bronze. C'est d'abord une épingle simplement re-

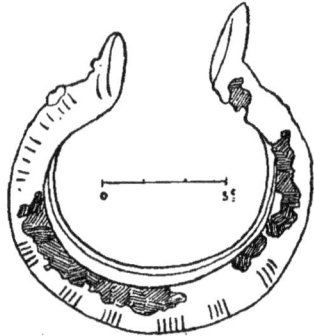

1. « La Haute-Savoie avant les Romains », par Louis Revon. Annecy, 1878.

2. Musée de Chambéry (Savoie), n° 2372. Station de Gresine.

courbée[1], puis un fil de bronze arqué terminé à l'un
des bouts par une agrafe, à l'autre par un ardillon
enroulé sur lui-même pour former ressort[2].

Nous verrons plus loin comment cette fibule a
évolué aux âges du fer.

Le type primitif est très allongé et le ressort n'a
qu'un seul enroulement; on le trouve en très petite
quantité dans les lacs de la Suisse occidentale, dans

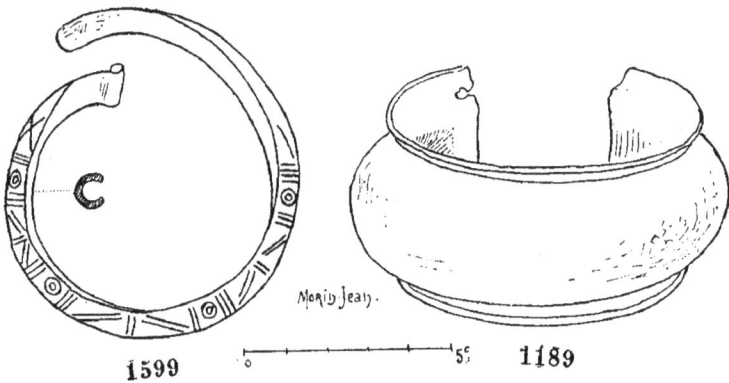

1599   1189

FIG. 37. — Bracelets de la fin de l'âge du bronze.

les terramares de l'Italie et jusqu'à Mycènes en
Grèce.

Tout à fait à la fin de l'âge du bronze, nous voyons
apparaître un type de fibule formé d'un fil de bronze
enroulé en double spirale[3] (Pl. 12, n° 654).

On le trouve en Grèce, en Allemagne, en Scandi-

1. Gross. « Les Protohelvètes, » pl. XVIII, n° 66.
2. Sur la fibule, voir *Dictionnaire des antiquités* de M. Saglio à l'article : « Fibula ».
3. C'est le type en lunettes des Anglais. *Guide au British Museum*,
Ironage, 1905, p. 36, fig. 28.

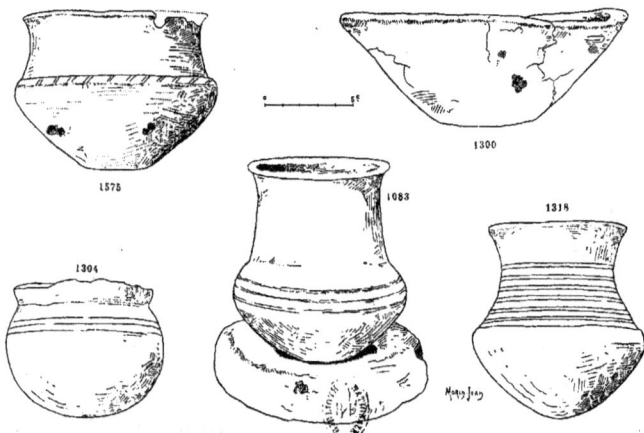

Pl. X. — Poteries lacustres de l'âge du bronze.

navie, non seulement à la période du bronze IV mais
aussi pendant la première époque Hallstattienne.

Le fer apparaît à l'âge du bronze IV mais à l'état
sporadique et comme métal précieux. On l'incrustait
en petites lamelles dans les poignées d'épées (Gross.
Les Protohelvètes, p. 28).

III

Antiquités lacustres de l'âge du bronze[1].

Les antiquités qu'on recueille dans les lacs sont
susceptibles d'appartenir à
des époques très diverses.
Tout s'y trouve mélangé et
aucune étude de strati-
graphie n'y est possible.
C'est ainsi qu'à côté d'objets proprement lacustres
le Dr Gross a recueilli à
Mœrigen une fibule de la
tène II, postérieure de six
siècles aux dernières pa-

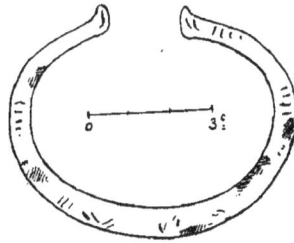

1055

Fig. 38. — Bracelet typique des
stations lacustres de la Suisse
occidentale.

lafittes, à Hauterive une fibule de la seconde période
hallstattienne qu'on peut faire remonter au 7e siècle
av. J.-C., alors que depuis le ixe les stations lacustres
avaient disparu. Au musée de Chambéry, c'est encore
plus grave ; on y voit figurer, au milieu des objets de
l'âge du bronze, une cloche à bestiaux caractéristique des temps gallo-romains. Il serait utile, pour

1. Voir Pl. 9 et 10.

éviter les confusions, de retirer ces objets du milieu
où ils se trouvent fourvoyés.

Les stations lacustres de l'âge du bronze ont été
très florissantes dans l'ouest de la Suisse ; elles

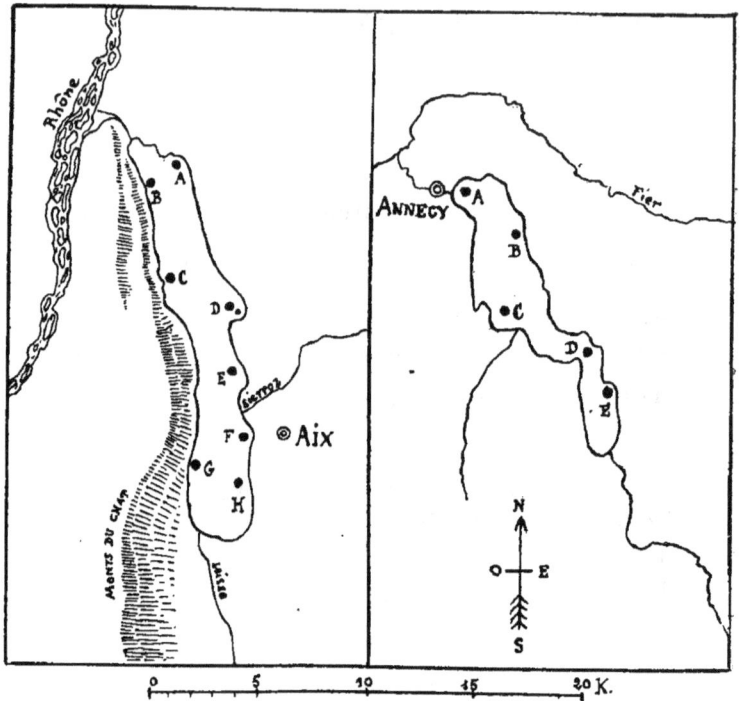

FIG. 39. — Palafittes de la Savoie.

Lac du Bourget. A. Châtillon. — B. Conjux. — C. Hautecombe. — D. Grésine.
E. Mémard. — F. Saut de la Pucelle. — G. Charpignat. — H. Fiollets.
Lac d'Annecy. A. Annecy. — B. Vieugy. — C. Châtillon. — D. Roselet. — E. Angon.

abondent aux lacs de Neufchâtel, de Bienne et de
Morat (fig. 26). A Morges, sur le lac Léman plusieurs
époques ont été signalées.

La station des Roseaux remonte à l'âge du cuivre
et aux premières périodes de l'époque du bronze
tandis que la Grande Station date de la fin.

Les antiquités du lac du Bourget[1] (Pl. 11) peuvent être datées du bronze IV.

La plupart ont un facies plus italien que suisse. On y trouve en effet des poteries identiques à celles du lac de Varèse, des plats d'un travail semblable à ceux de la tourbière de Lagozza près Gallarate (province de Milan), des pointes de flèches d'un type italien absolument inconnu en Suisse[2].

Enfin, la majorité des poteries se rattachent au type de Golasecca, nécropole de l'Italie du Nord étudiée par M. Montelius[3].

Une céramique spéciale, décorée de minces lames d'étain, apparaît à la fin de l'âge du bronze. Le lac du Bourget en a fourni d'assez nombreux exemplaires conservés au musée de Chambéry.

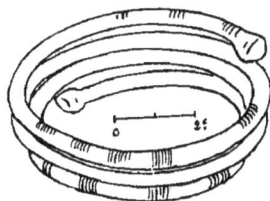

1582

Fig. 40. — Bracelet de bronze des Palafittes du lac du Bourget.

Les objets en étain pur sont extrêmement rares dans les palafittes. On pouvait en voir il y a quelques années toute une série au musée de Lausanne, un des plus riches en antiquités lacustres ; mais c'étaient des faux fabriqués par un individu qui les

1. L. Rabut, Mémoires de la *Société savoisienne d'histoire et d'archéologie*, 1864-1867.

André Perrin. *Étude préhistorique sur la Savoie*, 1870.

E. Chantre. *L'âge du bronze dans le bassin du Rhône*. Lyon, 1876.

Robert Munro. *The Lake-Dwellings of Europe*. Londres, 1890.

Pour la topographie des palafittes du lac du Bourget, voir fig. 39.

2. Montelius. *Civil. primit. de l'Italie*, pl. III, n° 20. *Station de Bodio sur le lac de Varèse*.

3. *La Civilisat. primit. de l'Italie*, pl. 43, n° 8.

vendait très cher, profitant de la maladie de l'ancien conservateur, M. A. Colomb. Hâtons-nous de dire que le nouveau conservateur, M. Schenk, dès son arrivée en fonction en 1901, s'est empressé de les faire disparaître des vitrines où ils étaient exposés.

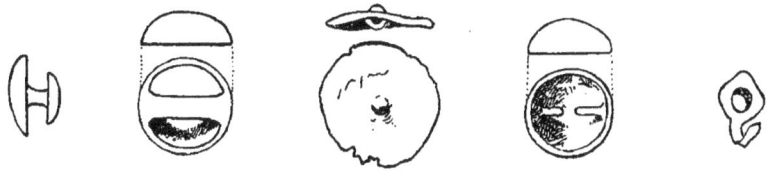

1591

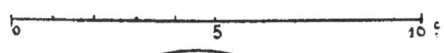

0   5   10 ͨ

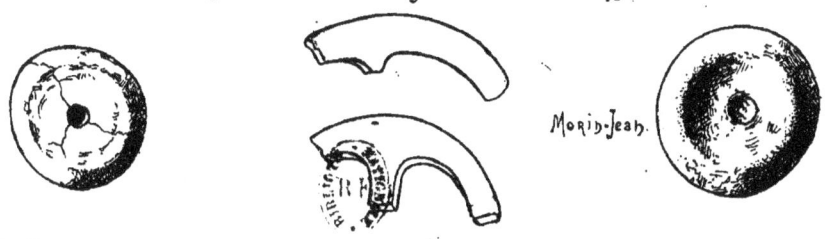

Morin-Jean.

Pᴌ. XI. — Lac du Bourget. Station de Grésine. Fouille du 24 septembre 1906.

CHAPITRE IV

AGES DU FER

I

Premier âge du fer (Période Hallstattienne)
(800 à 450 av. J.-C.)

La période Hallstattienne tire son nom de la
nécropole de Hallstatt[1] où plus de mille sépultures ont été fouillées[2]. L'importance de ce cimetière est due à la richesse du pays en sel gemme,
produit d'autant plus précieux dans l'antiquité qu'on
ne savait pas encore extraire le chlorure de sodium
de l'eau de mer. Les tombes de Hallstatt ont fourni
des armes de bronze et de fer en proportions égales,
des objets de fabrication indigène et quelques-uns
d'importation hellénique.

L'incinération était alors le rite funéraire des gens
riches ; l'inhumation celui des classes plus humbles.
Quelques tombes, comme celle de la figure 41, sont
mixtes, la partie supérieure du corps seule ayant été
incinérée.

L'ambre était connu des peuplades Hallstattiennes ;

---

1. Hallstatt (province de Salzbourg, Basse-Autriche) est la ville du sel :
Stadt = ville et *Hall* = saline.

2. Von Sacken. *Das Grabfeld von Hallstadt und dessen Alterthümer.*
Vienne, 1868.

on en fabriquait des perles de colliers et des ornements de fibules. Voici (fig. 42), d'après un croquis pris au musée de Bruxelles, une fibule de bronze ornée d'un gros morceau d'ambre jaune.

Les tombes ne contiennent jamais ni corail, ni monnaies[1].

Les *Torques* ou parures de cou, en bronze ou en or, se trouvent indistinctement dans les sépultures d'hommes et de femmes.

A la période Hallstattienne se développe cette céramique polychrome que nous avons vu apparaître à la fin de l'âge du bronze ; les couleurs employées sont le noir et le rouge. Les musées de Mayence et de Zürich en possèdent de fort beaux spécimens.

Les objets d'importation hellénique ont été trouvés dans les sépultures à incinération, c'est-à-dire dans les tombes de ces riches guerriers qui se sont abattus sans doute en

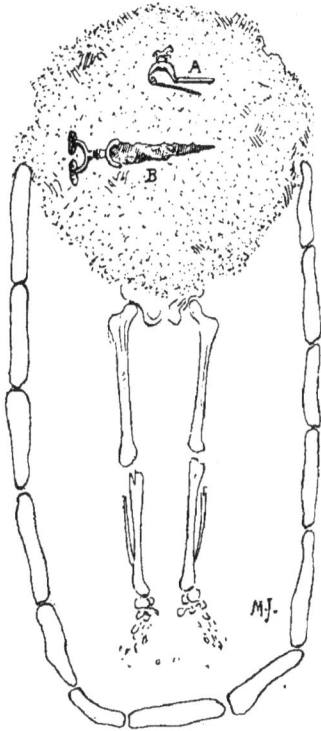

Fig. 41. — Reconstitution d'une sépulture du Halstatt III. — La partie inférieure du corps est inhumée, la partie supérieure incinérée. 550 environ av. J.-C.

A. Fibule de bronze ornée d'un cheval.
B. Poignard à antennes (lame de fer, poignée de bronze).

1. Édouard Fourdrignier. *L'Age du fer* (conférence faite le 10 avril 1904 au musée de Saint-Germain).

farouches conquérants sur une population plus civilisée. C'est une première édition de ce qui se produira plus tard, au v⁰ siècle de notre ère quand les hordes germaniques envahiront le sol gallo-romain. Les objets grecs des tombes Hallstattiennes sont des bassins de bronze avec leurs trépieds de fer. Celui du tumulus de Sainte-Colombe, en Bourgogne (Musée de Châtillon), est identique aux trépieds trouvés en Grèce, sur l'emplacement du temple d'Olympie.

Les Tumuli ont aussi fourni de nombreuses œnochoés de travail hellénique, pourvues d'une anse caractéristique plus ou moins ouvragée. La pl. 12, n° 698, représente une de ces anses de bronze trouvée en Franche-Comté.

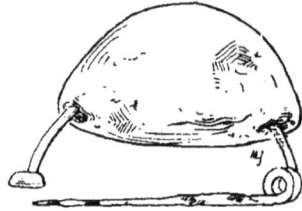

Fig. 42. — Fibule hallstattienne de bronze ornée d'un gros morceau d'ambre jaune, Musée de Bruxelles. Salle IX, n° 1385.

On a cru longtemps que ces objets grecs avaient été rapportés par les Gaulois, comme trophées de guerre, à la suite de leurs expéditions du iii⁰ siècle av. J.-C.

Un magnifique vase, découvert en 1851 à Græchwyl (canton de Berne) et dont le musée de Saint-Germain possède un excellent moulage, a obligé les savants à modifier sur ce point leur manière de voir.

L'ornement décorant le col de ce vase représente un sujet très connu dans la céramique grecque : c'est une déesse de style archaïque, à ailes recoquillées, tenant des animaux dans ses mains, coiffée d'un diadème que surmonte un oiseau, et accostée de lions assis.

Or les vases sur lesquels nous trouvons repré-

sentée, à peu près de la même façon, cette déesse de
la nature, cette Artemis primitive, sont faciles à
dater. Ils se rattachent par la technique aux vases
du Dipylon, dont le décor a évolué en subissant les
influences orientales, et il est impossible de les faire
descendre plus bas qu'aux dernières années du VIIe
siècle, c'est-à-dire bien avant les expéditions gauloises dont les auteurs anciens font mention. Il est
donc fort probable que ces objets sont arrivés par le
commerce dans l'occident de l'Europe.

L'origine, le foyer initial de l'industrie du fer se
place en Europe centrale ; aussi cette région est-elle
fort riche en sépultures hallstattiennes. En France,
la distribution des tombes du premier âge du fer
suit une ligne oblique partant de l'extrême nord-est
pour aboutir aux Pyrénées, en passant par l'Alsace[1],
la Franche-Comté[2], le Jura[3], la Côte-d'Or[4], le Berry
(environs de Bourges), le Tarn.

Les formes successives des épées et des fibules
ont permis de diviser le premier âge du fer en trois
périodes :

Le Hallstatt   I, de 800 à 700 environ av. J.-C.
Le Hallstatt II, de 700 à 550   —
Le Hallstatt III, de 550 à 450   —

Les sépultures du Hallstatt I se distinguent à

1. Plaques estampées de la forêt de Haguenau.
2. Fouilles des Tumuli du Doubs : Alaise, Flagey, Fertans, Refranche.
Voir Musée de Besançon. Consulter A. Castan. Mémoires de la Société
d'Émulation du Doubs. *Les Tombelles d'Alaise*, 1858-1864.
3. Tumuli de Chilly, Clucy, Condes.
4. Tumuli de Magny-Lambert, Monceau-Laurent, Montrichard, Sainte-
Colombe. Consulter E. Flouest. *Notes pour servir à l'étude de la haute
antiquité en Bourgogne*, 1872-1876.

peine de celles des derniers temps de l'âge du bronze. L'épée est en bronze, à lame en feuille d'iris et à soie plate percée de trous de rivets. Le type à pommeau à spirales du bronze IV est encore en usage. Vers la fin de la période, la pointe de la lame se modifie pour donner un angle obtus et l'extrémité de la soie s'orne d'un pommeau en tronc de cône.

L'épée A (Pl. 13) est construite sur ce modèle ; elle provient des environs de Besançon et est conservée à Saint-Germain. Son fourreau se terminait par une bouterolle de bronze du type dit à ailettes, caractéristique du premier âge du fer.

Le type d'épée de bronze B (Pl. 13) a été en usage pendant tout le Hallstatt II. C'est un spécimen du musée de Mayence. A la même époque apparaît la grande épée de fer qui est plus longue que celle de bronze, mais copiée sur le même modèle.

Celle-ci (C, Pl. 13), exposée au musée de Saint-Germain, mesure environ un mètre et provient du tumulus de Sainte-Montaine, dans le Cher.

Cette autre (D, Pl. 13) est du musée de Mayence. La lame, toujours en feuille d'iris, portait des filets saillants qui ont disparu sous la rouille ; la poignée est en ivoire et garnie d'ornements d'ambre, de forme triangulaire et en dents de loup. Elle représente bien le beau type d'épée celtique du VIIe siècle avant notre ère, et il est fâcheux de la voir figurer avec ses détails les plus infimes dans la main des soldats de Clovis sur les panneaux décoratifs de Joseph Blanc au Panthéon. L'art de cette toile n'en est pas moins puissant, mais il n'aurait sûrement

rien perdu à serrer d'un peu plus près, qu'à dix siècles de distance, la chronologie.

Avec le Hallstatt III, nous voyons apparaître un
court poignard dont le type se conservera jusqu'au
milieu du second âge du fer. La lame est en fer. La
poignée (E, Pl. 13), en bronze, habille une soie
effilée d'un type tout différent de celle des épées de
bronze. Ce spécimen figure au musée de Mayence.
Le pommeau est formé de deux branches recourbées
en l'air se terminant chacune par un disque plat.
Les quillons sont rabattus sur la lame, dans une
direction inverse.

C'est à ce type qu'on doit rattacher les poignards
anthropoïdes dont la poignée figure un bonhomme
aux bras et jambes écartés[1]. Celui-ci (Pl. 13, G) a été
trouvé à Salon, dans l'Aube et fait partie de la collection Morel exposée aujourd'hui au British Museum.

Les fourreaux des épées à branches terminales et
des poignards anthropoïdes sont en bronze et leur
bouterolle a déjà la forme que nous retrouverons au
commencement de l'époque de la Tène à l'extrémité
des fourreaux de fer. Elle dérive de la bouterolle
Hallstattienne ; mais les ailettes au lieu d'être libres,
sont terminées par des liens qui les rattachent à une
bague passée autour du fourreau ; comme on pourra
le voir dans le spécimen F (Pl. 13), trouvé dans le
département de la Marne[2].

---

1. Sur les poignards Anthropoïdes, consulter S. Reinach. « La sculpture en Europe avant les influences gréco-romaines » dans l'*Anthropologie* de 1895, t. VI, p. 18 et suivantes.

2. L'usage des poignards anthropoïdes s'est certainement continué
jusqu'au milieu du second âge du fer si l'on en juge par la bouterolle de

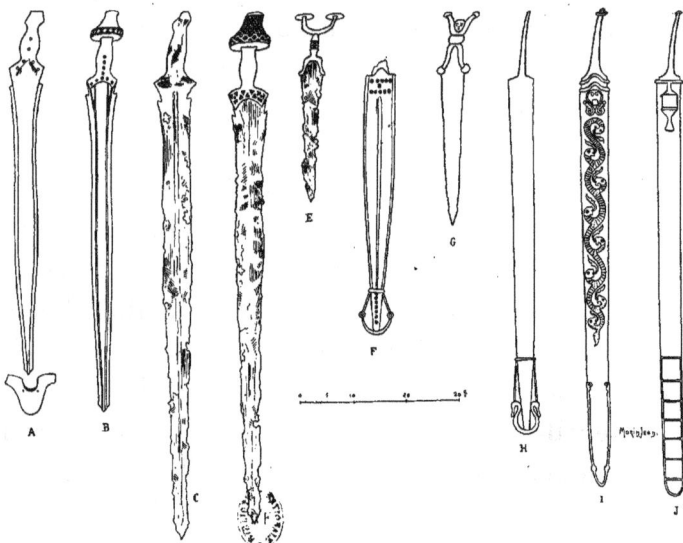

Pl. XIII. — Évolution de l'épée aux âges du fer.

A. Épée de bronze vers 700 av. J.-C. Hallstatt I. — B, C, D. Épées de bronze et de fer vers 600. Hallstatt II. — E, F, G. Poignards vers 500. Hallstatt III. — H. Épée de fer vers 400. Tène I. — I. Épée de fer vers 250. Tène II. — J. Épée gauloise du temps de César. Tène III.

La fibule, dont nous avons vu apparaître les premiers types à la fin de l'âge du bronze, est très répandue à partir de la période Hallstattienne. Son évolution est d'un intérêt considérable.

C'est à M. Montelius (la civilisation primitive de l'Italie) que nous devons de posséder un classement méthodique des fibules, qui, depuis, sont devenues les fossiles conducteurs dans la chronologie des mobiliers funéraires. La présence d'une fibule dans une tombe permet de dater la sépulture à 50 ans près.

Au premier âge du fer, le ressort des fibules est toujours unilatéral, formant généralement deux tours d'un seul côté (Pl. 14, A, B, C, D). Au second, il est plus compliqué et s'enroule en double spire de chaque côté de l'arc (Pl. 14, E, F, G, H).

L'évolution qui s'est produite dans la forme des fibules porte d'une part sur l'arc et d'autre part sur l'agrafe.

1° L'arc, d'abord plein, s'enfle légèrement vers le centre (A, Pl. 14), Hallstatt I. Ce renflement devient de plus en plus fort et donne au Hallstatt II (Pl. 14, B) le type sangsuïforme souvent pourvu d'un décor géométrique incisé. Au Hallstatt III, le corps devient énorme (Pl. 12, n° 1873). Il est généralement creux (Pl. 15, n° 1608) pour éviter un poids trop considérable et s'orne de boutons saillants (Pl. 15, n° 701) ou de figure d'animaux (chevaux, oiseaux) comme on peut le voir sur le spécimen de la

leurs fourreaux qui est souvent du type de la Tène II [Spécimens de la *Collection Ritter* de Neuchâtel, et du musée de Saint-Germain, n° 31046, Terson, près Saintes (Charente-Inférieure) et n° 14626, Mouriès (Bouches-du-Rhône)].

sépulture (fig. 41), où le type apparaît en synchronisme avec les poignards à branches terminales.

2° L'agrafe est simple et de dimension relative-
ment courte au Hallstatt I (A, Pl. 14), puis elle s'allonge au Hallstatt II (B, Pl. 14) et se décore d'un
bouton terminal, (C, Pl. 14) qui se relève légèrement
pour donner au Hallstatt III, à l'époque que quelques archéologues nomment étrusque, la fibule du
type de la Certosa (Pl. 14, D).

La fibule sangsuïforme se trouve surtout dans
l'Italie du nord, dans ces sépultures de la vallée du
Pô étudiées par MM. Reinach et Bertrand[1]. On la
rencontre aussi dans les nécropoles du Tessin (Castione, Castaneda, Giubiasco)[2].

En synchronisme avec la fibule sangsuïforme ou
à gros corps creux dite en barque (a navicella) on
trouve le type serpentiforme (Pl. 12, n° 1740), le
type à bâtonnets et le type à antennes (Pl. 12,
n° 1604).

Dans la vallée du Danube, on rencontre la fibule
en forme de croissant avec pendeloques suspendues
par des chaînes[3]. C'est un type très rare en Italie. En
Grèce, la navicella est rare ; le corps de la fibule est
resté mince, mais par contre, l'agrafe se développe
considérablement et prend la forme d'une plaque
carrée ornée de sujets identiques à ceux des vases
grecs dits du Dipylon. Ce sont des combinaisons

1. *Les Celtes dans les vallées du Pô et du Danube.* Paris, 1894.

2. David Viollier. *Le Cimetière préhistorique de Giubiasco* (Tirage à
part de l'indicateur d'antiquités Suisses, n° 2. 1906).

3. British Museum. *A Guide to the Antiquitiés of the Early Iron Age,*
1905, p. 36, fig. 28, n° 4.

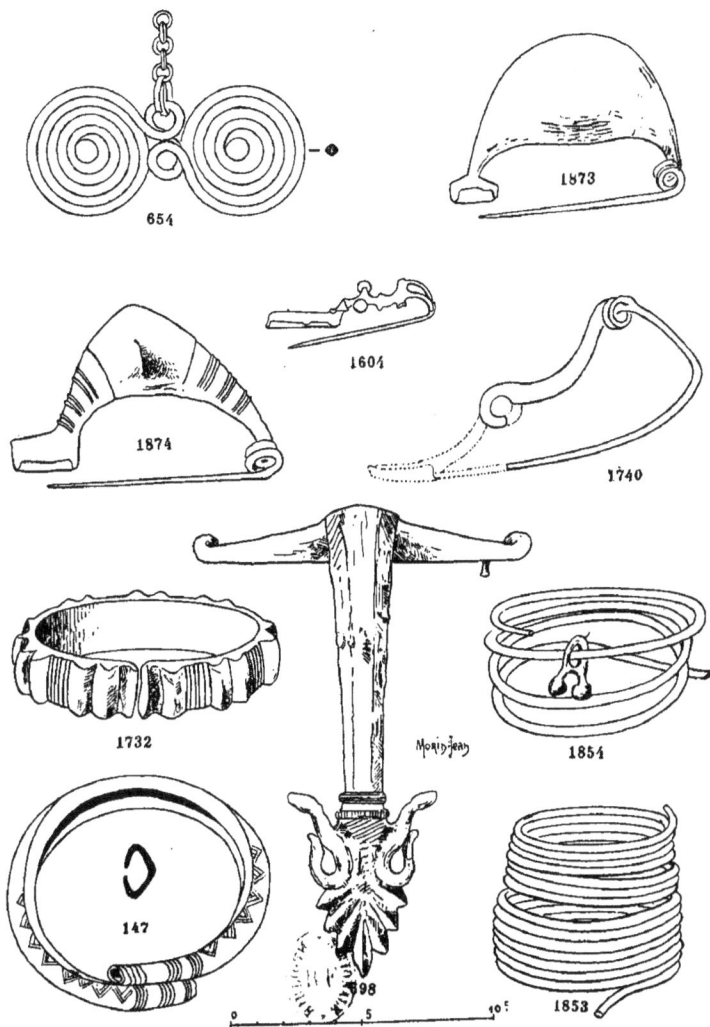

654

1873

1604

1874

1740

1732

1854

147

98

1853

MoripJean

PL. XII. — Objets de bronze de la période Hallstattienne.

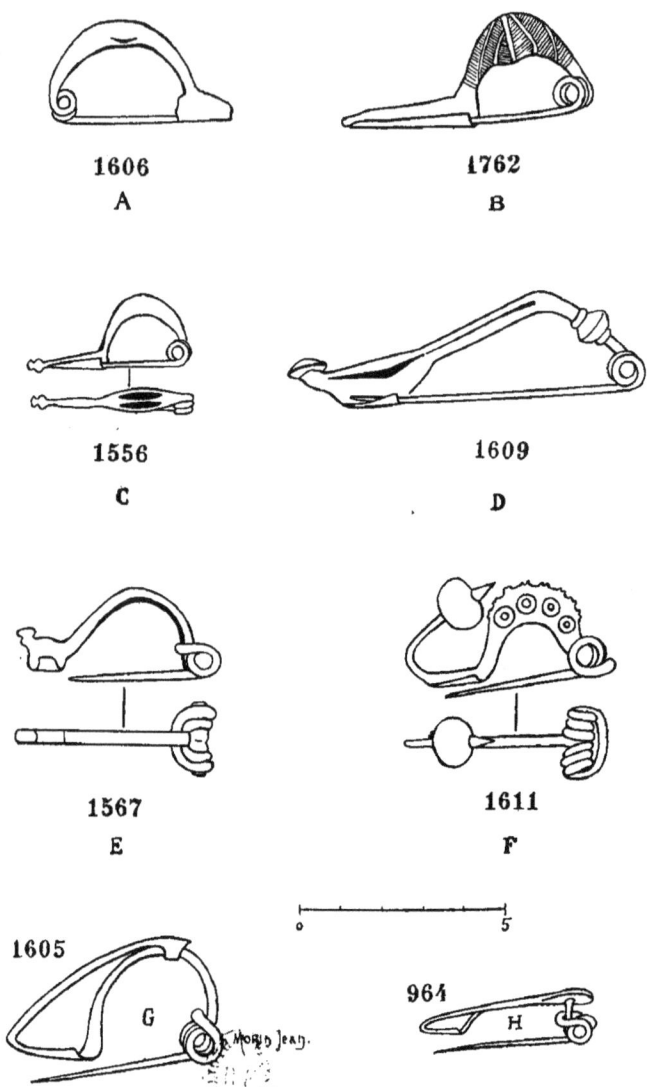

1606
A

1762
B

1556
C

1609
D

1567
E

1611
F

1605
G

964
H

Pl. XIV. — Évolution de la fibule aux âges du fer.

A. Hallstatt I. Agrafe simple. — B. Hallstatt II. Agrafe allongée. — C. Hallstatt II et III. Agrafe à bouton terminal. — D. Hallstatt III. Type de la Certosa (bouton terminal relevé). — E. Début Tène I. Type Certosa avec ressort double. — F. Tène I. Agrafe à bouton terminal fortement relevé sur l'arc. — G. Tène II. Agrafe baguée. — H. Tène III. Disparition de la bague.

géométriques, des méandres, des lignes croisées encadrant des scènes réalistes sans influence orientale, oiseaux, chevaux, cavaliers, fantassins, le tout est mélangé et traité en silhouette rigide. C'est la fibule dorienne des VIIIᵉ et VIIᵉ s. av. notre ère.

Dans l'Italie du sud, l'agrafe s'est développée d'une façon assez spéciale ; c'est un disque plat, d'abord spiralé, puis uni, de plus en plus grand et souvent orné d'un décor géométrique gravé[1].

Le type dit en *timbale*[2] qu'on trouve assez souvent dans la vallée du Rhin est synchrone des fibules de la Certosa et peut être daté des environs du Vᵉ siècle. L'agrafe est munie d'un bouton terminal et l'arc surmonté d'un petit capuchon ou timbre creux ressemblant à un umbo de bouclier.

On n'en finirait pas si l'on voulait énumérer tous les objets récoltés dans les tombes du premier âge du fer. Ce sont des Torques, des bracelets formés d'un fil de bronze disposé en spirale à nombreux tours (Pl. 12, nᵒˢ 1853 et 1854), des rasoirs analogues à ceux des stations lacustres, des cistes à cordons, des situles de bronze en forme de seau tronconique à couvercle.

Le décor dont ces situles sont généralement pourvues est pour nous d'un grand intérêt ; l'influence hellénique y est manifeste et les sujets représentés évoquent le souvenir de la céramique ionienne des

1. British Museum. *A Guide to the Antiquitiés of the Early Iron Age,* 1905, p. 32, fig. 26, série *a.*
2. British Museum. *A Guide to the Antiquitiés of the Early Iron Age,* 1905, p. 36, fig. 28, nᵒ 7.

VIIe et VIe siècles avant notre ère. Ce sont les mêmes
zones de bouquetins passant, les lions ailés affron-
tés de chaque côté d'une plante sacrée, vieux motif
emprunté à l'antique Chaldée.

Sur la situle de la Certosa, entre autres représentations, deux hommes transportent un gibier sus-
pendu par les pattes à une longue perche dont les
extrémités reposent sur leurs épaules ; c'est un sujet
familier à la céramique grecque archaïque et qu'on
pourra voir figuré sans la moindre variante sur un
col d'amphore découvert à Chypre et conservé au
musée du Louvre (céramique grecque, salle A des
origines comparées)[1].

Sur la situle de Watsch, le décorateur a adopté le
système grec des zones superposées remplies d'animaux et de personnages de petite taille se détachant
sur un fond encombré d'ornements parasites ; les
artistes primitifs ont l'horreur du vide. Des files de
petits guerriers dissimulés derrière de grands bou-
cliers ronds sont les mêmes sur la situle de la Certosa que sur un petit aryballe corinthien de notre
collection remontant au VIe siècle.

Le décor des situles se retrouve dans les sépultures hallstattiennes sur les plaques estampées, les
ceinturons et une foule de menus objets qu'il faut
toujours recueillir avec soin. Les fouilles sont rarement exécutées comme il faudrait.

Bien des chercheurs sont négociants avant tout :
archéologues si cela ne les gêne pas. Ils ramassent

---

1. Voir la description de cet objet dans le *Catalogue des vases grecs du
Louvre* par M. Ed. Pottier. Chypre, n° 153, p. 111. Vases de la 3e période (entre VIIe et Ve siècle).

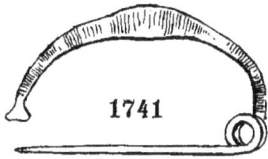

1741

701

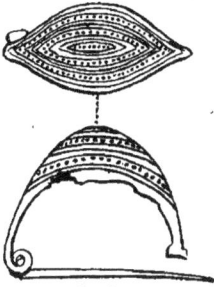

1209

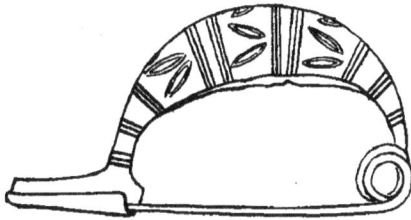

1608

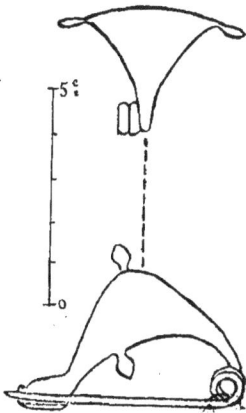

1601

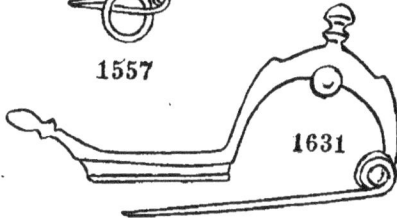

1557

1631

1607

1561

Morin-Jean. del.ᵗ

PL. XV. — Fibules hallstattiennes de l'Italie du Nord.

ce dont ils peuvent tirer un sérieux bénéfice et aban-
donnent sur place ce qui est sans valeur vénale.
C'est ainsi que les ossements, les crânes, les fragments de toute espèce en fer et en bronze sont perdus les trois quarts du temps.

En archéologie le moindre tesson peut avoir
beaucoup d'importance et tenir sa place dans une
vitrine à côté des œuvres d'art les plus riches, détail
qu'il n'est pas inutile de faire remarquer aux collectionneurs portés exclusivement vers les objets précieux et les pièces de choix.

II

Second âge du fer (La Tène).

(45o à 5o av. J.-C.)

Les modifications survenues dans l'état industriel et social des populations de la Gaule vers
le milieu du ve siècle ont eu leur cause dans l'invasion de nouvelles races.

Les nouveaux venus inhumaient leurs morts sans
accompagnement de tertre artificiel ou tumulus. Les
tombes, très nombreuses dans la Champagne, contiennent un mobilier important accusant une civilisation assez avancée. Les guerriers étaient souvent
ensevelis sur leur char de guerre dont on retrouve
les bandes de roues en fer et les moyeux en bronze.
Entre les jambes repose le casque dont la forme
conique est caractéristique ; le reste du mobilier
comprend des armes, des fibules, des vases de terre

et de bronze[1], des mors de chevaux qui semblent indiquer la survivance d'un usage plus ancien consistant à ensevelir les chevaux eux-mêmes. Cette coutume a dû disparaître de bonne heure devant l'énormité d'une dépense aussi inutile.

La décoration du métal consiste en cabochons de corail, industrie essentiellement gauloise qui prépare l'ornementation mérovingienne.

Le corail[2] venait des îles d'Hyères appelées *Stœchades* par Ammien Marcellin. Peut-être ces îles n'étaient-elles qu'un entrepôt de la matière première extraite sur les côtes d'Algérie.

Tous les visiteurs du musée de Saint-Germain connaissent la sépulture à char exposée dans la salle IX et découverte le 9 avril 1876 par M. Édouard Fourdrignier au lieu dit la Gorge Meillet, à Somme-Tourbe (Marne)[3]. La sépulture est double, mais le squelette inhumé à la partie supérieure n'est pas comme on l'a cru longtemps celui du conducteur du char. C'est un autre guerrier, datant d'une période plus basse (La Tène II), ce qui se reconnaît à la bouterolle de son épée. Il y a un écart de plus de cent ans entre les deux sépultures. Comme en Grèce le char de guerre avait pour but de transporter rapidement le guerrier d'un point à un autre du champ

1. Les tombes de la Marne fournissent des œnochoés de bronze du même type que celles des sépultures Hallstattiennes, mais on n'y rencontre plus ni trépieds, ni rasoirs, ni cistes à cordons.

2. S. Reinach. « Le corail dans l'industrie celtique. » *Revue Celtique.* 1899.

3. E. Fourdrignier. Double sépulture gauloise de la gorge Meillet. Études sur les chars et les casques dans la Marne. 1878. Double sépulture à char, casques, phalères. Dans *Celtica*, t. II. Paris-Londres, 1903.

de bataille. Les chevaux étaient encore trop petits
pour être montés ; ce n'est que plus tard, vers le
ɪɪᵉ siècle av. J.-C. que se formera la cavalerie gauloise.

La première période du second âge du fer, caractérisée, comme nous l'avons vu, par l'inhumation,
l'emploi du char de guerre et du corail, se nomme

FIG. 43. — Céramique du second âge du fer. Types marniens.
Musée de Saint-Germain.
A. Saint-Étienne-au-Temple. — B. Suippes.

marnienne[1] du nom du département le plus riche en
sépultures de cette époque. La céramique (fig. 43)
est d'un type tout spécial ; les poteries sont tournées et cuites dans un four bien clos ; la couverte
est ordinairement noire ; les formes dominantes
sont anguleuses, carénées et sans anses (Pl. 16).
Nous en retrouverons une lointaine survivance aux
derniers temps de la Gaule romaine, dans certains
verres du Nord de la France (Pl. 20, nᵒ 1 022). Les
ornements sont en creux et quelquefois incrustés de

1. Léon Morel. *Album des cimetières de la Marne*, 1ʳᵉ livr. 1876.

pâte blanche : ce sont des cercles, des points, des
méandres et des grecques.

L'ornement en S figuré sur un fragment de poterie du cimetière des Varilles (Marne) reparaîtra plus
tard à l'époque mérovingienne.

Les Torques ou colliers à boutons (fig. 44 et 46) ne

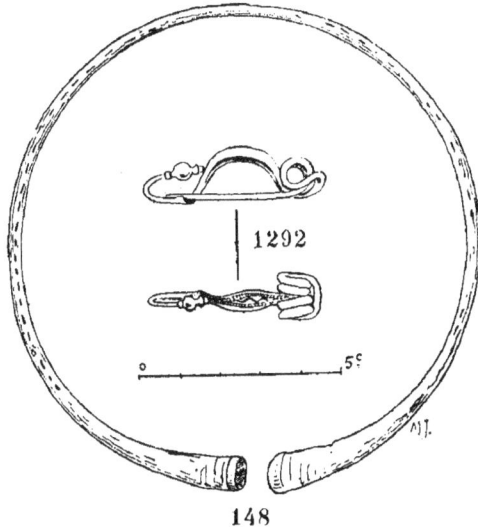

148

FIG. 44. — Sépultures marniennes à inhumation.
Torques et fibule de bronze ; type Tène I.

se trouvent à l'époque marnienne que dans les tombes féminines, alors qu'au premier âge du fer, on
les rencontrait indistinctement dans les sépultures
des deux sexes.

La civilisation marnienne n'a pas été limitée à la
Champagne ; son aire géographique est très étendue. On la retrouve aux environs de Paris (sépulture
à char de Nanterre), en Angleterre[1], en Suisse, en

1. British Museum. *A Guide to the Antiquities of the Early Iron Age.* 1905.

Allemagne, en Italie, au Tyrol, en Bohême et même
en Bosnie ; ce qui nous prouve matériellement et en
dehors des textes anciens, que les Gaulois ont poussé
fort loin dans l'Est leurs expéditions belliqueuses.

Dès la fin du IVe siècle av. J.-C. la civilisation
marnienne est sur son déclin. De nouvelles infiltra-
tions germaniques rendent les
mœurs plus rudes. On ne trouve
plus de chars de guerre, plus
d'œnochoés de travail grec et
l'incinération détrône encore
une fois le rite funéraire de
l'inhumation. Le corail devient
rare en Gaule parce qu'il était
recherché des Indiens et des
Romains qui l'achetaient très
cher aux Grecs d'Alexandrie.
Il disparaît donc de l'orne-

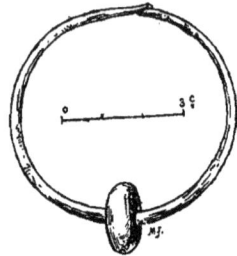

1303

FIG. 45. — Sépultures
gauloises de la vallée du
Tessin. Boucle d'oreille.

mentation pour faire place à l'émaillage, industrie
bien nationale qui ne tomba pas en désuétude après
la conquête de César. M. Bulliot[1], dans ses fouilles
commencées en 1862, dans l'ancienne ville de
Bibracte, sur le mont Beuvray, non loin d'Autun, a
retrouvé des ateliers d'émailleurs gaulois remontant
à la dernière période du second âge du fer. L'importance des objets trouvés dans cette localité a fait
donner le nom de Beuvraysienne à cette époque.

C'est alors que les villes gauloises se sont forti-
fiées pour résister non aux Romains dont il n'était

---

1. J.-G. Bulliot. *Mémoire sur l'émaillerie gauloise à l'oppidum du Mont-
Beuvray.* Paris, 1872.

pas encore question mais aux invasions des Cimbres que Marius battit en 101 avant notre ère.

Les remparts mi-partie de pierre et de bois ont subsisté jusqu'à nos jours à *Landunum* (Côte-d'Or), à *Murcens* (Lot), à *Bibracte* (Autun), où l'on a pu examiner la construction en détail[1].

La monnaie fait son apparition en Gaule, au IIIe siècle, sous forme de pièces d'or à l'imitation des statères de Philippe de Macédoine (382-336)[2].

Seule la ville de Marseille battait monnaie depuis le VIe siècle av. J.-C. Les premiers types massaliotes n'ont pas de légende ; on y voit un lion, un griffon ou un phoque[3] de style grec archaïque[4].

A partir du IIe siècle, les monnaies gauloises sont très nombreuses ; celles dont la légende est en lettres grecques sont antérieures à l'année 125 ; celles à légende latine lui sont postérieures. Les monnaies d'argent sont souvent copiées sur les deniers de la République Romaine[5].

1. Voir une reconstitution du rempart de Murcens au musée de Saint-Germain. L'appareil est le même que dans les murs d'Avaricum décrits par César. *De Bello Gallico,* liv. VII, chap. XXIII.

A. de Caumont. *Abécédaire d'Archéologie.* Caen, 1870.

2. Le peuple des Arvernes est le premier qui se livra à ces imitations.

3. Sur les monnaies de Marseille et de la Gaule en général, consulter *Manuel de Numismatique ancienne* par A. de Barthelemy. Paris, Roret, 1890, p. 103 et suivantes.

4. D'importantes antiquités de la Grèce archaïque ont été trouvées à Marseille. Nous avons vu au musée de Lyon une Aphrodite de marbre blanc trouvée au XVIIIe siècle dans la rue des Consuls. Le sourire éginetique, le calathos, la chevelure, la draperie permettent de la dater du VIe siècle. Voir *Catalogue du musée de Lyon,* p. 197 avec figure.

5. Voir sur la numismatique gauloise un ouvrage très complet de H. de la Tour. *Atlas de monnaies gauloises.* Paris, 1892, in-fol. de 55 pages.

La station de la *Tène*[1] située au Nord du lac de Neuchâtel remonte au second âge du fer, et, malgré son emplacement, n'a rien de commun avec les palafittes.

C'est une sorte de Blockhaus helvète, un dépôt d'armes où l'on a retrouvé des épées dans un tel état de conservation qu'on peut les tirer encore de leurs fourreaux.

Les fouilles de la Tène opérées aux alentours de l'année 1880 par Vouga d'abord et par Borel ensuite[2] ont été reprises tout dernièrement avec beaucoup d'activité.

Les objets se rattachent à toutes les périodes du second âge du fer et on peut y suivre l'évolution des formes d'outils depuis le début de la période marnienne jusqu'à César. C'est l'évolution de l'épée et de la fibule qui nous intéresse le plus. On distingue à cet égard trois étapes successives :

La Tène   I (450 à 300 av. J.-C.) correspond au Marnien.
La Tène II (300 à 200 av. J.-C.) période de transition.
La Tène III (200 à 50 av. J.-C.) correspond au Beuvraysien.

ÉVOLUTION TYPOLOGIQUE DE L'ÉPÉE. — Voici une épée de la Tène I (Pl. 13, H). C'est une arme des environs du Ve siècle trouvée à Suippes (Marne) et exposée au musée de Saint-Germain. La soie est d'un type nouveau, très rare à l'âge du bronze et à l'époque hallstattienne. Au lieu d'être plate et percée de trous de rivets, c'est une simple tige qu'on

1. Gross. *La Tène*. Paris, 1886.
2. Voir revue *L'homme préhistorique*, août 1907, p. 225 et suivantes.

habillait d'une fusée aujourd'hui disparue. La lame
n'est plus en feuille d'iris, mais droite, à bords sensiblement parallèles ; le fourreau est en fer, toutes
choses qui accusent un parti pris nouveau de construction ; seule, la bouterolle de bronze est du même
type qu'au Hallstatt III. Les ailettes sont repliées
sur elles-mêmes en tête de canard et reliées par
deux fils de bronze à une bague fixée au fourreau.

A la tène II, l'épée est sensiblement la même,
mais la bouterolle a évolué comme on pourra le
constater sur ce spécimen richement gravé du
musée de Genève (Pl. 13, I). Au lieu d'être,
comme auparavant, complètement indépendante
du fourreau, elle l'encastre et y adhère. Elle n'est
plus en bronze mais en fer ; les deux petites saillies
qu'elle forme dans le bas sont la survivance décorative des ailettes de la période précédente et les deux
longues branches qui les surmontent sont le souvenir des fils qui rattachaient ces ailettes au fourreau. Dans les sépultures de la Champagne, les fourreaux de la Tène II sont souvent ornés de rondelles
plates en fer (Pl. 17, n° 1963). C'est un type représenté au musée de Reims par de nombreux spécimens.

Les épées du type de la Tène II sont connues depuis longtemps ; mais l'époque de leur fabrication
(iiiᵉ siècle av. J.-C.) est restée jusqu'à nos jours
indécise. Sans reculer plus loin que l'année 1890
nous trouvons un ouvrage fort bien écrit de M. Maindron[1] où une épée de la Tiéfenau avec sa bouterolle.

1. *Les Armes*, p. 127, fig. 104.

1946

1950

1947

1951

1949

1952

1948

Morin-Jean.

5   10 c

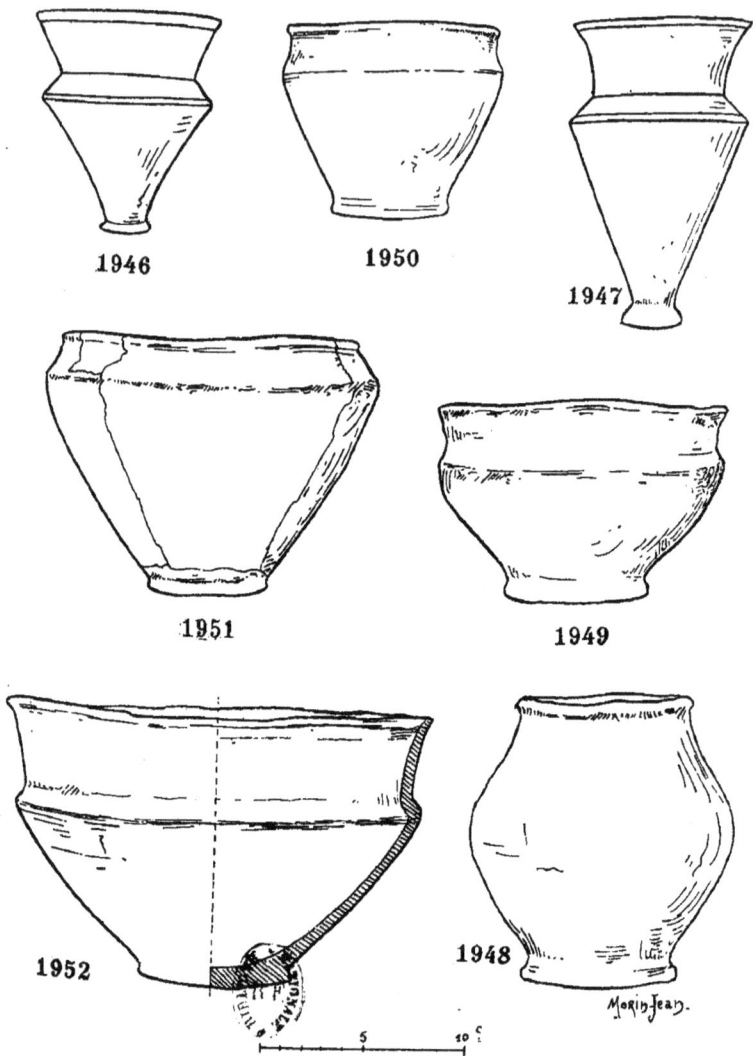

P<small>L</small>. XVI. — Poteries gauloises de la Marne provenant de la collection
Édouard Fourdrignier.

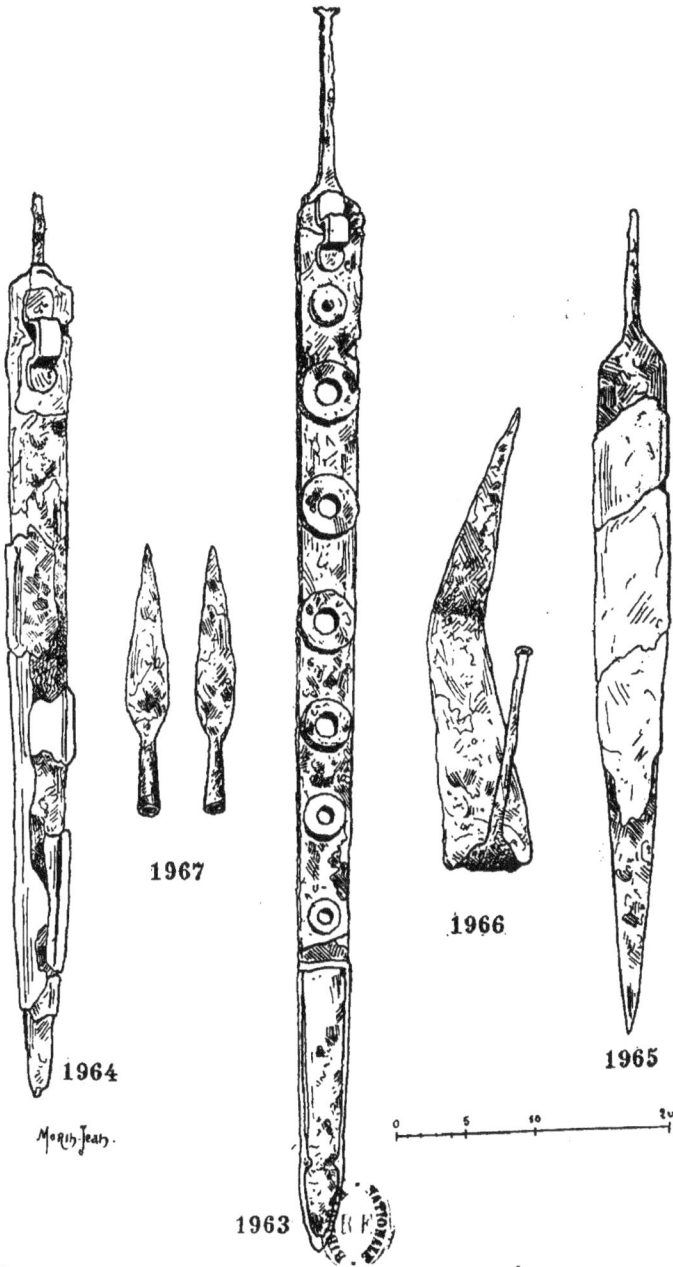

1967

1964

Morih Jean.

1963

1966

1965

0   5   10   20

PL. XVII. — Armes gauloises provenant de la collection Édouard Fourdrignier.

(Tène II) figure au chapitre de la Gaule mérovingienne.

Avec la Tène III, nous arrivons au type d'épée dont se servirent les Gaulois qui combattirent César[1]. La bouterolle (voir le spécimen découvert à Alise (Côte-d'Or) (Pl. 13, J) s'est encore modifiée ; elle fait de plus en plus corps avec le fourreau ; la survivance des ailettes a complètement disparu. On n'a plus que deux longues tiges, recourbées en U à la partie inférieure, reliées par des filets transversaux et destinées à renforcer le bas du fourreau.

Les épées du second âge du fer trouvées dans les tombeaux sont souvent repliées sur elles-mêmes. En voici une provenant de la collection Fourdrignier (Pl. 17, n° 1966). Citons aussi celles des tombes de l'Alsace reproduites dans la grande publication de Max de Ring[2]. On pliait même les pointes de lance[3].

C'est un rite uniquement funéraire dont le sens nous échappe et qui a induit en erreur les historiens de l'antiquité, voire même ceux des temps modernes. On a cru que le fer gaulois était mou et se tordait au premier choc alors qu'il était au contraire excellent[4]. Il y avait à la Tène une importante fabrique qui semble avoir été fort achalandée si l'on en juge par

1. Voir de Reffye. « Les Armes d'Alesia. » *Revue archéologique de* 1864, p. 337.

2. *Strasbourg*, 1865, pl. IX, n° 3 et pl. IV, n° 2. Une de ces lames forme le 8, pl, X, n° 1.

3. Même publication, pl. X, n° 2.

4. Consulter sur la question un article extrêmement documenté de M. Reinach. « L'Épée de Brennus » dans *l'Anthropologie de* 1906, p. 343.

le produit des fouilles. Peut-être même fournis‑
sait-elle des épées aux Grecs et aux Romains qui

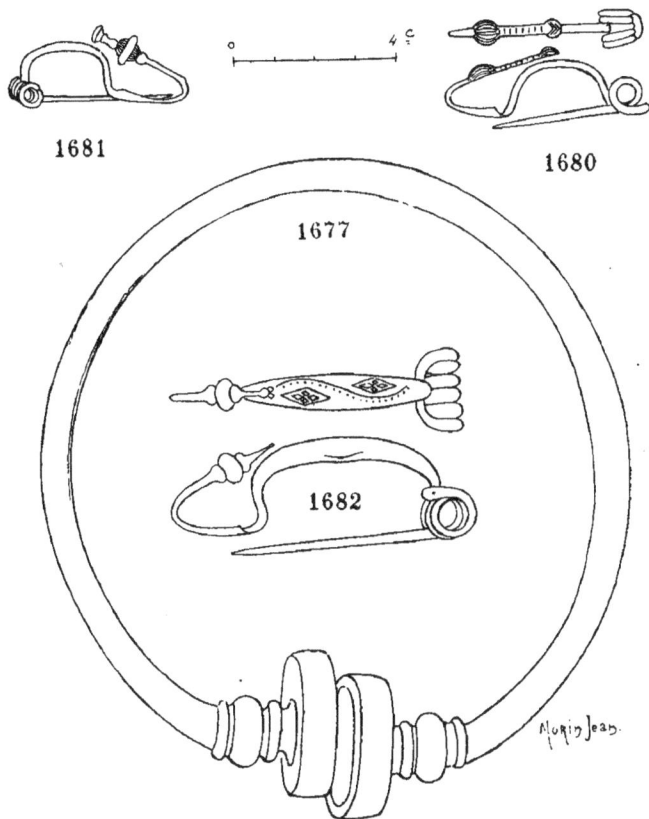

1681

1680

1677

1682

FIG. 46. — Torques et fibules de bronze des tombes de Fèrebrianges
(Marne). Type Tène I.

lui ont été si peu reconnaissants dans les écrits de
leurs auteurs[1].

ÉVOLUTION DE LA FIBULE. — A l'époque Hallstattienne, la fibule était toujours en bronze. Au second
âge du fer, elle est tantôt en bronze, tantôt en fer.

1. Polybe, Plutarque, Polyen.

A l'époque Marnienne (Tène I) le bouton terminal de l'agrafe que nous avons vu se dresser légèrement dans le type étrusque de la Certosa se relève
franchement sur l'arc sans y adhérer (fig. 46, n°
1682), c'est le type courant des tombes à char. Il
est plus ou moins ornementé et souvent garni de
plaquettes de corail. Le spécimen
(fig. 47) montre un type (Tène I) très
tardif.

En Suisse, le type de la Tène I
offre un facies assez particulier (F,
Pl. 14).

Au IIIᵉ siècle (Tène II) le bouton
terminal de l'agrafe se bague sur l'arc
(G, Pl. 14) et forme une boucle fermée. La station de la Tène a fourni
de beaux exemplaires de ce type[1].
Ils sont en fer et le ressort se développe de chaque côté de l'arc en un
grand nombre de spires.

Enfin, pendant la période Beuvraysienne (Tène III) (H, Pl. 14) la bague
disparaît. La boucle elle-même ne

FIG. 47. — Fibule
de bronze à orne-
ments de corail.
Second âge du
fer. Musée de
Boulogne - sur -
Mer.

tarde pas à diminuer et à se transformer en une
plaque plus ou moins ajourée. L'émail remplace
le corail dans les incrustations et le ressort est en
partie caché par une enveloppe ou couvre-ressort
de plus en plus important à mesure qu'on approche
de la période Gallo-Romaine.

1. Le musée de Genève en possède une riche série.

CHAPITRE V

LA GAULE ROMAINE
(5o av. J.-C. à 4o6 après.)

I

On entend par époque gallo-romaine, la période qui s'étend depuis la guerre de Jules César (59 à 5o av. J.-C.) jusqu'à la grande invasion barbare de 4o6 après J.-C. La défaite de Vercingétorix à Alésia marque la fin de la Gaule indépendante. L'année 52 est une date capitale dans notre histoire et le territoire d'Alésia une région historique des plus importantes.

Il y avait là une place forte de premier ordre située sur le mont *Auxois* (Côte d'Or) au-dessus du village actuel d'Alise-Sainte-Reine[1].

Les fossés que creusa César pour investir cette place ont été retrouvés par le capitaine Stoffel et fouillés sous les ordres de Napoléon III.

L'emplacement d'Alésia a été longtemps contesté, mais à la suite de travaux récents la discussion est définitivement close en faveur du mont Auxois.

Le commandant Espérandieu, directeur des fouil-

1. Le Duc d'Aumale. *Alésia*. Étude sur la septième campagne de César.

A

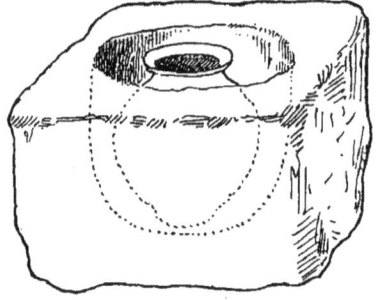

B

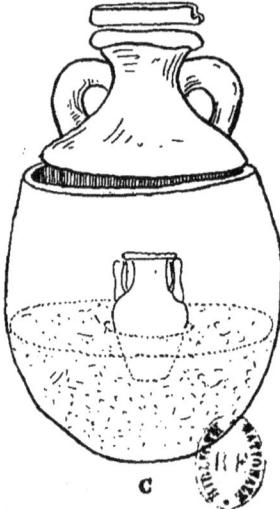

C

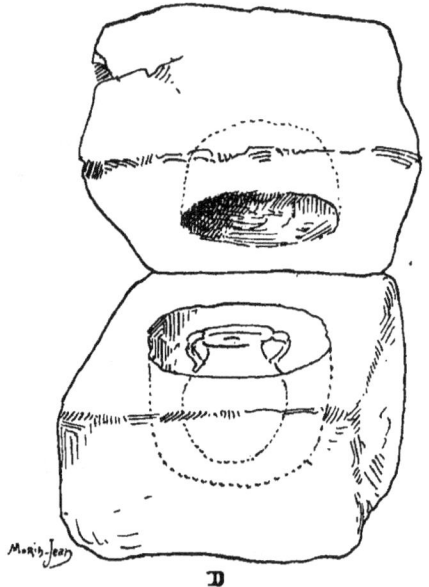

D

Pʟ. XVIII. — Position des urnes dans les tombes à incinération du cimetière
gallo-romain des Dunes, près Poitiers.
Croquis d'après les reconstitutions du R. P. Camille de la Croix.

les, a ouvert, à l'occasion de la troisième session du Congrès Préhistorique de France, une tranchée où l'on voit très nettement la coupe des deux fossés creusés par César.

C'est un témoin irrécusable du siège qui décida du sort des Gaules[1].

Jusqu'à ces dernières années le plateau d'Alésia était resté intact. On s'était contenté d'y mettre une statue de Vercingétorix dans une pose un peu théâtrale et habillé plus à la façon d'un Franc qu'à la manière d'un Arverne[2].

Grâce à l'activité de la Société des sciences historiques et naturelles de Semur et à l'ardeur du C[t] Espérandieu, des travaux importants ont été commencés et poursuivis avec persévérance au sommet du plateau[3].

Les monuments mis à découvert indiquent un centre important ainsi que les menus objets exposés au petit musée d'Alise-Sainte-Reine[4].

Citons en passant un peson de balance figurant un silène, de travail grec, un seau cerclé de fer, une flûte de Pan en sapin, de laquelle on a pu tirer des sons, des poteries rouges sigillées d'un très beau travail.

Les ruines romaines sont très nombreuses en France et elles témoignent d'une période de prospé-

1. L. Berthoud, membre de la Société des sciences de Semur. *Le siège d'Alésia.*

2. L'épée sur laquelle il s'appuie est un beau modèle de l'âge du bronze alors qu'il eût fallu la grande épée de fer du type de la Tène III.

3. L. Matruchot. *L'importance des fouilles d'Alésia.*

4. Les fouilles ont fourni au commandant Espérandieu trois assises de constructions correspondant à trois civilisations successives.

rité que la Gaule n'avait pas connue jusque-là. Les Romains construisirent sur notre sol une quantité de temples, de thermes, de théâtres, d'arènes dont quelques-uns sont encore de nos jours très bien conservés[1].

Ils firent des routes solidement construites[2] aux abords desquelles les fouilles sont souvent très fructueuses.

Les villes conservèrent leurs noms gaulois (*Bona* = source ; *Dunum* = colline ; *Magus* = bourgade ; *Ritum* = gué, etc.) auxquels on ajouta celui de César ou d'Auguste. Exemples : Julio*bona* = Lillebonne ; Augusto*bona* = Troyes ; Augusto*dunum* = Autun ; Julio*magus* = Angers ; Augusto*ritum* = Limoges.

Au IVe siècle l'usage de désigner les villes par leur ancien nom se perdit[3] et on leur donna celui du peuple dont elles étaient la capitale. C'est ainsi qu'au lieu de dire *Samarobriva*, on dit *Civitas Ambianorum*, la ville des Ambianes, Amiens.

On peut signaler le même chan-

Fig. 48. — Travail du bronze dans la Gaule romaine. Simpulum à manche orné d'une tête de canard. Arles.

1882

1. De Caumont. *Cours d'antiquités monumentales.* Paris, 1831.

2. Sur les voies romaines, consulter A. de Caumont. *Abécédaire d'Archéologie.* « L'ère gallo-romaine », p. 29 et suiv.

3. De Caumont. *Abécédaire d'Archéologie.* « L'ère gallo-romaine » p. 28.

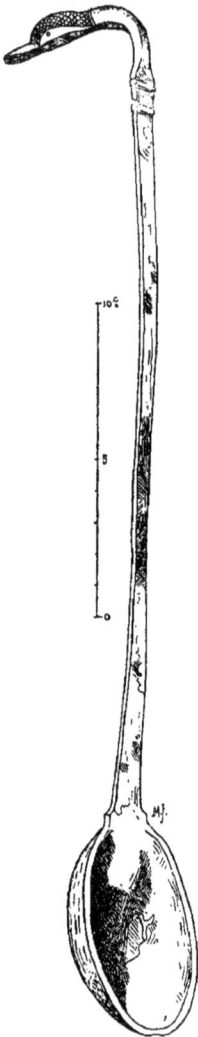

gement pour Paris· *Civitas parisiorum* ; pour Bourges = *Civitas Biturigium* ; Soissons = *Civitas Suessionum* ; Sens = *Civitas Senonum*, etc.

C'est surtout par la création d'*Universités* que se fit la romanisation de la Gaule. La plus grande préoccupation des Romains fut de soustraire la jeunesse gauloise à l'influence des Druides, vieille théocratie dont l'influence politique avait déjà disparu devant une puissante aristocratie militaire, mais qui jouait encore un rôle important dans l'éducation de la jeunesse. Nous ne pouvons insister ici sur l'organisation sociale de la Gaule romaine. Nous renverrons ceux que la question intéresse à un petit livre de M.Camille Jullian (Gallia)[1] qui résume d'une façon parfaite les notions essentielles touchant cette question.

Si la paix romaine a amené en Gaule un peu de tranquillité, si les universités formèrent d'excellents élèves et de bons avocats au barreau de Rome, il ne faut pas oublier non plus que le peuple était encore bien bestial si l'on en juge par la littérature grossière qui se faisait dans les théâtres, par les jeux qui se livraient dans les arènes et développaient les instincts brutaux.

C'est le christianisme, apparu en Gaule vers 150, qui vint modifier cet état de chose. D'abord faible et obscur, cantonné dans quelques familles en relation directe avec les marchands d'Asie-Mineure, il ne tarda pas à s'étendre et à fonder les deux premières églises des Gaules à Vienne et à Lyon.

M. S. Reinach nous apprend que les premiers

1. Paris, 1902.

chrétiens se fixèrent dans les villes et non dans les
campagnes, étant obligés de s'établir dans le voisi-
nage des communautés juives, à cause de l'interdic-
tion qui leur était faite de manger les viandes de
sacrifices païens.

Aussi, les boucheries juives, par suite de l'extrême
rigueur de la loi mosaïque, leur donnaient-elles toute
satisfaction à cet égard.

Les monuments les plus intéressants fournis par
la Gaule en ce qui concerne les premiers siècles du
christianisme sont des sarcophages ornés de sculp-
tures[1]. Dans les spécimens les plus anciens, les
ornements sont mêlés à des motifs païens. On peut
en voir des exemples à Saint-Germain, dans la cha-
pelle du château, où l'on a réuni un assez grand
nombre de moulages de ces cuves funéraires. Les
scènes sont en général peu variées ; ce sont des priè-
res pour les morts ; une orante, les bras ouverts,
forme le sujet le plus souvent représenté. Sur un
sarcophage du musée d'Arles, le Christ est assis au
milieu de ses apôtres ; sur un autre, du petit sémi-
naire de Brignoles, le buste radié du Soleil est
sculpté au-dessus d'un pêcheur qui tire des flots
le poisson symbolique ; c'est un mélange très original des nouveaux sujets et des anciennes divinités
païennes.

II

Usages funéraires. — Le rite funéraire des gallo-
romains était l'incinération. On renfermait les os des

1. E. Le Blant. *Les sarcophages chrétiens de la Gaule.* Paris, 1886.

605   566   617

622

844

628   595   961

Morin Jean

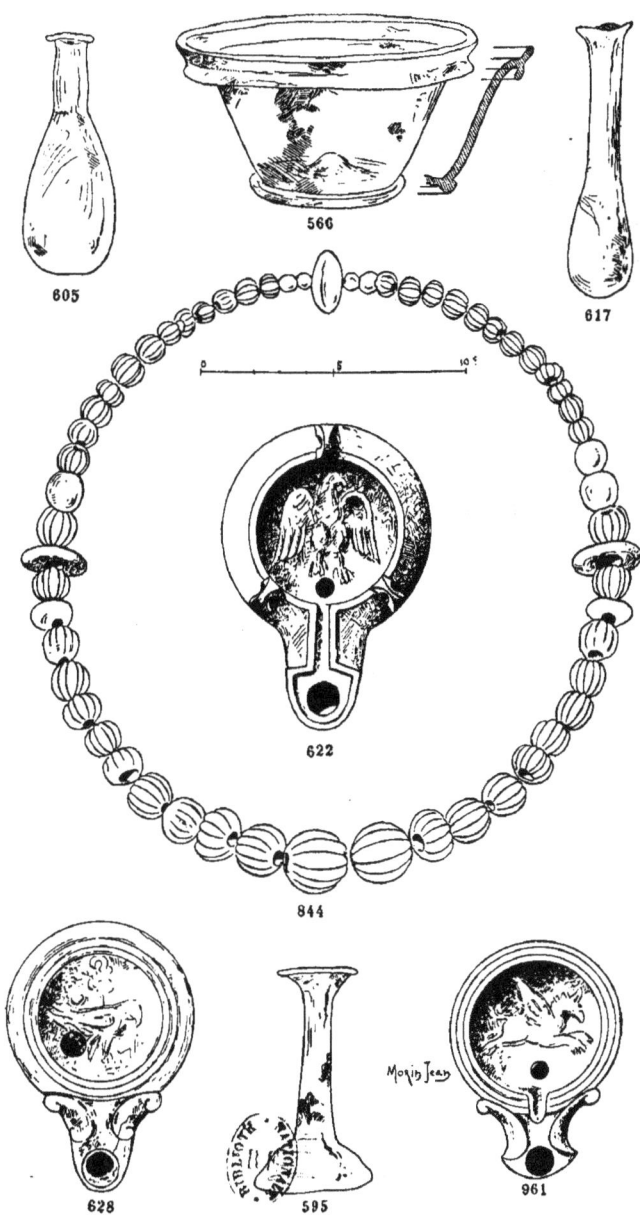

Pʟ. XIX. — Gaule romaine. Mobilier des tombes à incinération.
iiᵉ et iiiᵉ siècles ap. J.-C.

défunts dans des urnes soit en terre, soit en verre comme celle-ci (fig. 49) d'après un exemplaire du musée de Chambéry.

Ces urnes étaient munies d'un couvercle qu'on remplaçait quelquefois par une simple tuile posée à plat sur l'orifice du vase.

Il arrivait même qu'à défaut de récipient spécial, les gens d'humble condition recueillaient les cendres de leurs parents dans des assiettes.

Lorsqu'on découvre une urne gallo-romaine, elle est ordinairement pleine de cendres et d'ossements plus ou moins calcinés. Rares sont les exemplaires contenant une médaille et un petit vase à parfums en verre, nommé à tort lacrymatoire.

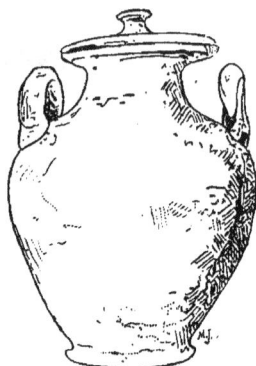

FIG. 49. — Urne cinéraire en verre trouvée à Francin Musée de Chambéry.

Le cimetière des Dunes près de Poitiers a fourni au père de la Croix[1] un admirable champ d'études concernant les sépultures à incinération et la position des urnes dans ces sépultures.

Tantôt (Pl. 18, A, B, D) l'urne en verre ou en terre est déposée dans un bloc de pierre calcaire creusé à cet effet d'une cavité arrondie ; un autre bloc muni d'une cavité en sens inverse forme couvercle.

D'autres fois l'urne de verre, avec ses os calcinés,

1. Les sépultures découvertes aux Dunes par le père Camille de la Croix, ont été reconstituées à Poitiers au musée de la *Société des Antiquaires de l'Ouest.*

est placée au centre d'une jarre de terre à deux
anses (Pl. 18, C) coupée horizontalement un peu au-
dessous des anses. Elle repose dans un lit formé des
cendres du bûcher. Sur l'orifice de la jarre, on a
posé une tuile à plat.

Il arrive parfois aussi que l'urne de verre, au lieu
d'être enfermée dans une poterie ou dans un bloc
calcaire, est disposée au fond d'une sorte de chemi-
née verticale construite en pierres empilées ; une
prise d'air est ménagée au-dessus de l'urne par des
tuiles rondes placées verticalement pour former
tuyau.

Les tombes riches étaient surmontées d'une stèle
ou d'un monument quelquefois très important[1]. Les
commerçants étaient représentés sur leur pierre
tombale, dans l'exercice de leur profession. Nous
possédons un grand nombre de ces pierres ; elles
sont, pour nous, une source précieuse de renseignements.

Les musées de Sens[2], d'Autun, en sont très riches.
On y a sculpté des peaussiers, des tailleurs, des ton-
neliers, des sabotiers, des forgerons au milieu de
leurs outils et revêtus de leurs habits de travail.

Pour la plupart, ces stèles n'ont pas été retrouvées
à leur place ; dès le IIIᵉ siècle de notre ère, on s'en servait comme matériaux de construction ; les villes se
fortifiaient alors en toute hâte pour résister aux barbares envahisseurs.

---

1. Comme le mausolée pyramidal des Jules, près Saint-Rémy-de-Pro-
vence (B.-du-R.).

2. Gustave Julliot. *Catalog. du musée gallo-romain de Sens*. Imprim.
Ch. Duchemin. Sens, 1891.

Des urnes cinéraires trouvées dans la région de
Reims, et nombreuses dans la salle Théophile Habert
au musée de cette ville, sont percées de trois trous
posés 2 et 1 [1]. Deux autres spécimens du musée de
Sens (fig. 5o) renferment des ossements humains

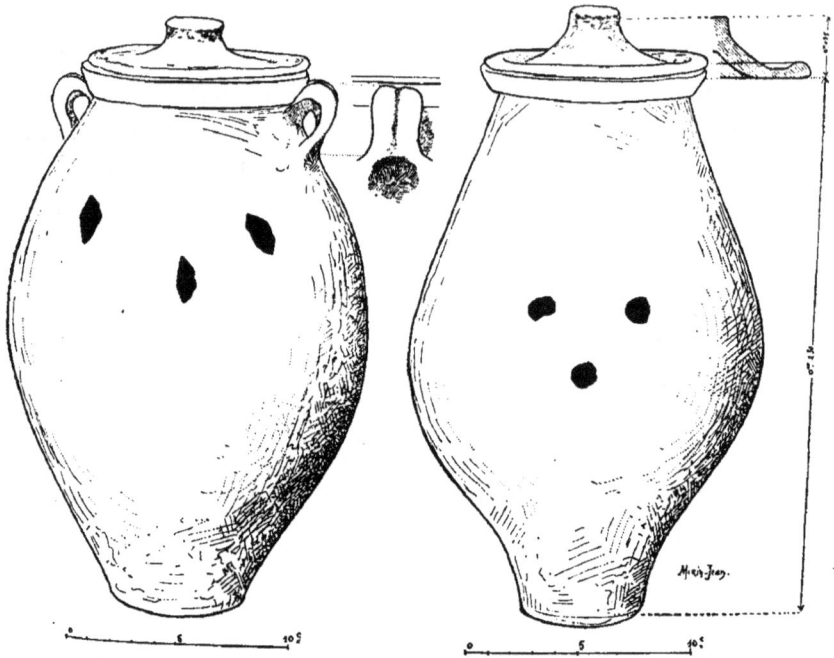

FIG. 5o. — Urnes cinéraires en terre percées de trois trous,
trouvées sur le territoire de Reims. Musée de Sens.

calcinés et ont été trouvés sur le territoire de Reims,
par les frères Lenoir en 1897.

[1]. Les trois trous existent sur des vases de divers types, en terre
blanche, en terre rouge avec reliefs; nous les avons vus aussi sur une
grosse amphore à base conique, exposée dans l'escalier du musée et mesu-
rant 8o centim. de haut. Plusieurs de ces urnes ont été publiées dans le
Catalogue du musée archéologique de Reims (Troyes, 1901), n° 354o,
p. 109; n° 3683, p. 119.

Les fragments des cassures se retrouvent toujours à l'intérieur, au milieu des cendres du défunt. Que signifient ces trois trous ? S'agit-il d'un rite religieux dont le sens nous échappe ?

Peut-on rattacher ces vases à des poteries exposées au musée Saint-Jean à Angers ? Ces poteries sont percées de trous le plus souvent en quinconce et se rencontrent dans les tombeaux pendant tout le moyen âge et jusqu'au xviie siècle. Elles contiennent du charbon calciné et servaient, dit-on, à brûler des encens pendant les funérailles[1].

Voilà un problème dont la solution est encore pendante et qui est bien fait pour piquer la curiosité des archéologues.

L'usage de l'incinération se perdit peu à peu avec les progrès du christianisme. De 316 à 406, l'inhumation devint définitivement la règle. Elle se faisait dans des sarcophages de pierre ou dans des cercueils de bois très épais, rectangulaires et d'une taille suffisante pour contenir le mobilier funéraire. Ce mobilier est, au point de vue historique, de la plus haute importance, car il accuse un style s'acheminant peu à peu vers celui des sépultures franques.

Les fouilles de Vermand (Aisne), exécutées par divers archéologues, notamment M. Eck, conservateur du musée de Saint-Quentin, nous ont fait connaître le mobilier funéraire du ive siècle composé d'objets barbares offrant tous les caractères d'une période de transition.

Il sera facile de s'en rendre compte en examinant

1. Catalogue du musée Saint-Jean, à Angers, 1884, p. 444.

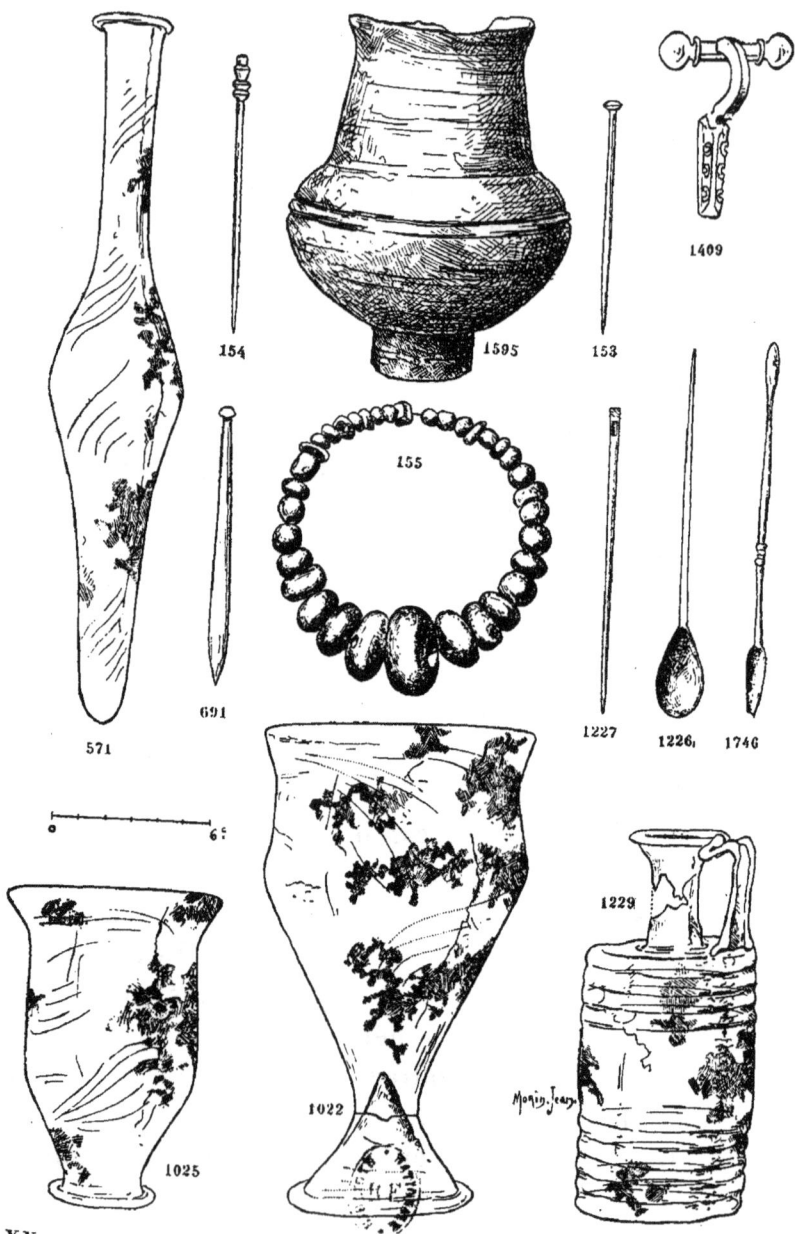

154

1595

153

1409

155

1227

1226.

1746

571

691

0   6°

1025

1022

1229

Morin-Jean

PL. XX. — Gaule romaine. Mobilier des tombes à inhumation. ıvᵉ siècle ap. J.-C.

la planche 20 qui groupe des objets du ivᵉ siècle et
en la comparant à la planche 19 qui représente des
pièces franchement gallo-romaines ne dépassant pas
le iiiᵉ siècle.

M. Boulanger, dans son grand ouvrage sur le mobilier funéraire en Artois et en Picardie, donne la
reconstitution d'une sépulture gallo-romaine du
ivᵉ siècle, découverte à Monceau-le-Neuf.

Le sarcophage est en bois recouvert d'une teinte
bleue dont il ne reste que des traces. Un denier
d'argent de Constantin II (337-340) était dans la
bouche du défunt. C'est l'obole à Charon dont la
tradition remonterait, suivant certains archéologues,
bien avant l'invention de la monnaie.

Le mobilier de la tombe est riche ; il comporte
plusieurs vases en verre de formes diverses, un
peigne, une épée en fer, un umbo de bouclier, des
poignards, un bassin de bronze, une hache de fer
pouvant être considérée comme la forme ancestrale
de la francisque, et dont le profil s'évidera pour devenir de plus en plus élégant aux approches de
l'époque franque ; deux grandes assiettes ou *Patina*
de terre rouge, contenant l'une un trophée composé
de deux défenses de sanglier, l'autre des os de
poulet, une cuiller en argent et deux boucles de
bronze.

CÉRAMIQUE. — On trouve, en Gaule, à l'époque
romaine, une poterie à glaçure rouge et à reliefs es-
tampés désignée sous le nom de poterie samienne.
Cette appellation est due à un texte de Pline l'ancien
où il est dit : « La terre de Samos est excellente
pour la vaisselle de table. » Aussi pense-t-on que le

1674

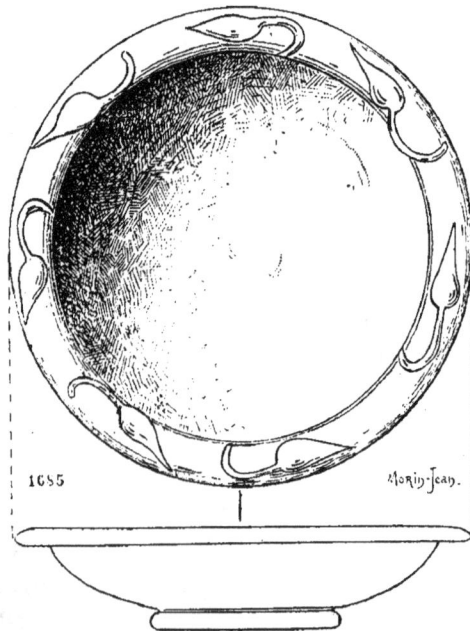

1685

Morin-Jean.

FIG. 51. — Céramique gallo-romaine. IIIᵉ s. apr. J.-C.

(1674. Poterie noire des tombes de la Marne. — 1685. Terre rouge de l'Allier.)

procédé de la glaçure rouge a pu prendre naissance dans cette île ; en tout cas, il ne tarda pas à être transporté à Arezzo[1] (Aretium en Toscane), qui au Ier s. av. J.-C. devint un centre extrêmement florissant[2]. Cette fabrique fournissait à l'Italie de riches vases ornés, moulés sur des spécimens d'argent ; elle faisait aussi de la céramique unie et plus commune pour la Gaule.

Sous Auguste, il existait, dans l'Italie du Nord[3], une fabrique de poteries à reliefs et à couverte grise ou jaunâtre portant le nom du potier *Acastus Aco*. On a retrouvé des vases munis de cette estampille jusqu'en Picardie.

Vers 10 ap. J.-C., un premier atelier céramique fut installé dans l'Allier, à Saint-Rémy en Rollat. Il fabriquait une poterie blanchâtre recouverte d'un vernis jaune peu solide.

Un autre atelier de même type se fonda peu après à Vichy.

Ces deux fabriques étaient à l'imitation de celle d'Aco.

C'est en *14* ap. J.-C. que la Gaule s'appropria le procédé de la glaçure rouge.

La nouvelle couverte, plus agréable aux yeux, prit un grand développement entre 25 et 30 ap. J.-C. A partir de ce moment, la poterie rouge s'est fabriquée dans 4 centres principaux :

---

1. La poterie d'Arezzo dérive de la poterie dite de Mégare qui remplaça, vers 250 av. J.-C. les vases peints.

2. On a pu dresser la liste des propriétaires des fabriques d'Arezzo et des contremaîtres qui y travaillaient.

3. Peut-être à Modène.

La Graufesanque (Aveyron) fonctionne entre 25 et 100. Elle exporte ses produits jusqu'à Pompéi. Voici (fig. 52) un fragment provenant de cette fabrique. Le rouge en est fort beau, la glaçure très soignée; le décor, très net et sans bavures est souvent emprunté au monde végétal fortement stylisé.

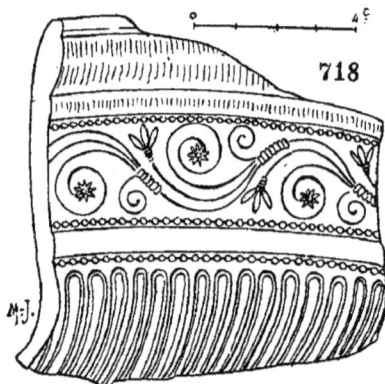

FIG. 52. — Gaule romaine. Céramique rouge sigillée. Type de la Graufesanque. 1er siècle ap. J.-C.

Banassac (Lozère)-fabrique jusque vers 120 et expédie aussi des vases à Pompéi.

Lezoux (Puy-de-Dôme) fonctionne dès l'an 40, mais surtout entre 100 et 250 après la disparition des ateliers de la Graufesanque. Les bols de Lezoux sont d'une forme plus molle et moins gracieuse que dans les spécimens de la Graufesanque, le décor moins soigné est plus souvent bavé (fig. 53); les bandes d'oves apparaissent et les sujets représentent des scènes mythologiques; chasses, combats de gladiateurs, Mercure

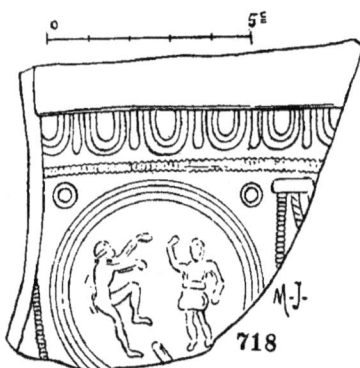

FIG. 53. — Gaule romaine. Céramique rouge sigillée. Type de Lezoux. IIe s. ap. J.-C.

debout tenant sa chlamyde sur le bras gauche et une bourse dans la main droite, Diane conduisant un bige ou char à deux chevaux, etc. [1].

Rheinzabern, près Spire, fabrique germanique fondée au IIe siècle.

L'ouvrage le plus complet sur les vases céramiques ornés de la Gaule romaine est dû à M. Joseph Déchelette, conservateur du musée de Roanne [2].

En 250 ap. J.-C., la poterie sigillée disparaît brusquement, probablement à la suite de quelque invasion germanique, au cours de laquelle les ateliers de Lezoux furent détruits.

Au IVe siècle, les poteries deviennent barbares ; leur forme s'achemine peu à peu vers les types francs. Quelques-unes offrent un décor en relief obtenu à l'aide d'une barbotine blanchâtre. Nous en connaissons une riche série au musée de Boulogne-sur-Mer, et nous en avons reproduit (fig. 54), deux des spécimens les plus intéressants.

VERRERIE. — Les études sur la verrerie gallo-romaine sont encore très en retard [3] ; c'est pourtant une des branches les plus attirantes de l'archéologie et où les matériaux sont loin de faire défaut ; les musées de Lyon, de Cologne, de Saint-Germain,

1. Non seulement on a retrouvé les vases eux-mêmes, presque toujours réduits en menus fragments, mais aussi les moules et les poinçons matrices qui servaient à impressionner les sujets. Nous possédons deux de ces poinçons. L'un d'eux, l'*Esclave à la Lanterne*, signé Sileus, est déjà publié dans le bel ouvrage de M. Joseph Déchelette, t. II, p. 94 n° 566. L'autre, encore inédit, figure un masque de théâtre.

2. Paru chez Picard en 1904.

3. Un seul ouvrage paru en 1879, de M. Fröhler, décrit la verrerie antique de la *Collection Charvet*.

celui de Boulogne-sur-Mer et tant d'autres possèdent de belles séries de verres tous plus attrayants
les uns que les autres soit par leur forme, soit par
leur irisation.

Pline dit qu'il existait des verreries en Gaule; il
y en avait en Normandie et dans le Poitou où certaines localités en ont gardé le souvenir : *Verraria,
Vitreria, Portus Vi-
trariæ.* Julius Ale-
xander, citoyen de
Carthage, fonda
une dynastie de
verriers à Lyon[2].

Les fioles ron-
des, allongées ou
en forme de chan-
deliers, ordinaire-
ment de petites di-
mensions ne sont
pas des *lacrymatoires* comme on l'a cru longtemps.
Ce sont des vases à parfums qui abondent un peu
partout, surtout dans le midi de la France. Nous
en avons dessiné quelques-uns (Pl. 19, n°ˢ 595, 605
et 617). Le nom de *Unguentaria* leur serait beaucoup
mieux approprié.

Nous apprenons dans l'ouvrage de M. Boulanger,
que les verreries sont ordinairement moulées aux IIe
et IIIe siècles ; de là leur apparence lourde et trapue.

Vers le milieu du IIIe siècle, le tournage remplace

Fig. 54. — Vases barbotinés. IVe s. ap. J.-C.
Musée de Boulogne-sur-Mer.
(L'un d'eux, trouvé à Étaples, porte l'inscription AVE.)

2. Ce détail est enseigné par une stèle funéraire découverte à Lyon en
1757 (Voir *Catalogue des Musées de Lyon*).

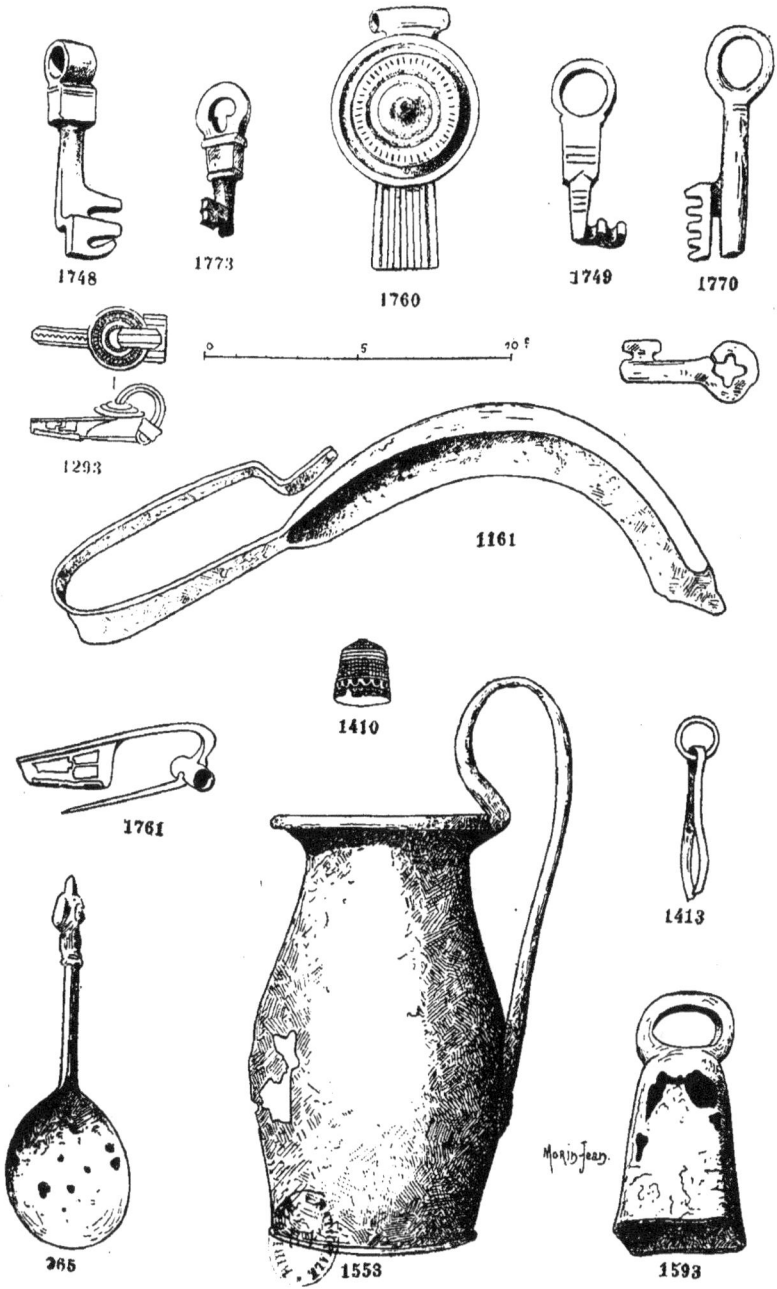

1748

1773

1760

1749

1770

1293

1161

1410

1761

1413

265

1553

1593

Morin-Jean.

PL. XXI. — Gaule romaine. Objets de bronze.

le moulage et donne au travail plus de finesse et
plus d'élégance.

Un type assez spécial à la Gaule Belgique (Pl. 20,
n° 1229), affecte la forme d'un tonnelet cerclé ; c'est
le *barillet*. On en trouve beau-
coup en Normandie, en Pi-
cardie et aux environs de Paris.
Ils ont tantôt une anse, tantôt
deux et portent sur le fond une
signature indiquant leur origine. Presque tous sortaient
des fabriques de la famille *Fron-
tinus*. Le barillet apparaît avec
le IIIᵉ siècle, et ne disparaît
qu'à la fin du IVᵉ.

Les verreries provenant des
tombes à inhumations[1] sont
tournées ; leur galbe est robuste ;
à côté du barillet, d'origine
assez ancienne, de nouvelles
formes apparaissent dont le type
est déjà franchement germanique. Ce sont des gobelets
très évasés (Pl. 20, n° 1025),
des verres à pied (Pl. 20, n°
1022) dont on rencontre beau-

1775

Fig. 55. — Terre cuite
blanche de l'Allier.
Nourrice assise.

coup d'exemplaires dans les cimetières du nord de
la France.

FIGURINES DE TERRE CUITE ET BRONZES. — *Toulon-sur-
Allier* est le centre le plus important en ce qui con-

1. Voir musée de Saint-Germain. *Collection Caranda*. Salle Frédéric
Moreau.

cerne les terres cuites gallo-romaines. Des fabriques
existaient aussi dans l'Eure et sur les bords du
Rhin. Les figurines sont rares dans les tombeaux ;
on les rencontre surtout dans les chapelles privées
ou Laraires.

Les artisans qui les ont signées font précéder leur

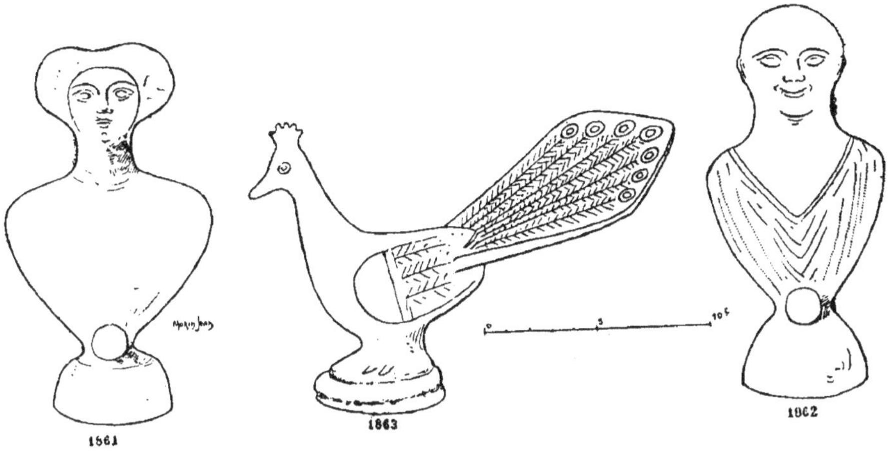

Fig. 56. — Terres cuites blanches de l'Allier. IIᵉ s. ap. J.-C.

nom des lettres AVOT tirées d'un mot celtique qui
signifie fabricant. Contrairement à un usage courant
en Grèce, elles n'étaient pas peintes[1].

La fabrication des terres cuites gallo-romaines
peut se placer entre Tibère (14 à 37 ap. J.-C.) et le
IVᵉ siècle. C'est sous Trajan (98 à 117) qu'elle fut
surtout florissante.

Les sujets les plus répandus sont la *Venus anadyo-*

1. Consulter à ce sujet les travaux de M. Blanchet publiés dans les
Mémoires des Antiquaires, 1892-1902.

mène, la femme assise dans un fauteuil en nattes d'osier et allaitant un ou deux enfants (fig. 55), le petit enfant rieur à crâne chauve et à grosses joues (fig. 56, n° 1862), type emprunté à l'Horus enfant de l'Égypte alexandrine, les caricatures, les animaux (poules, coqs, paons (fig. 56, n° 1863), lapins (fig. 57). La pâte de ces figurines est généralement blanche, plus rare- ment rouge, mais gar- nie alors d'une cou- verte blanche.

Si l'Égypte a eu une influence directe sur les terres cuites gallo- romaines, elle n'en a pour ainsi dire pas eu sur les figurines de bronze.

En bronze, le type de la Venus est rare ; Apollon et Jupiter sont au contraire fréquents

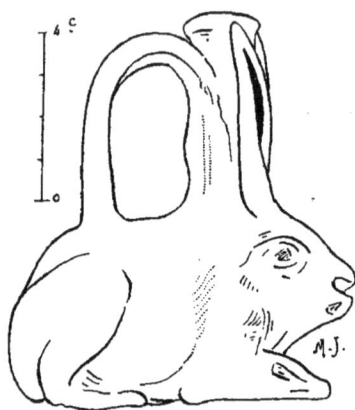

1239

Fig. 57. — Gaule romaine. Petit vase en forme de lapin.

alors qu'ils ne se rencontrent presque jamais en terre cuite. Les bronzes ne s'adressaient donc pas à la même clientèle que les terres cuites : les pre- miers étaient faits pour la classe riche, les secondes à l'usage du peuple.

Les Gaulois n'ont figuré leurs dieux qu'après la con- quête romaine et ils les ont associés aux dieux romains.

C'est ainsi que sur un bas-relief très connu du musée de Reims, nous voyons *Cernunnos* entre *Apol- lon et Mercure.*

Rosmerta est une sorte de Mercure du sexe féminin, tenant un caducée.

Sucellus, dieu tenant un marteau, a pour parèdre une divinité appelée *Nantosvelta*.

Le rôle mythologique de ces dieux nous échappe et il y a là une source intarissable de recherches. Qu'étaient-ce que Tutela? Sirona? Rudianus?

Des divinités d'origine asiatique [1] viennent avec mille autres objets appuyer la thèse de l'influence orientale en Gaule.

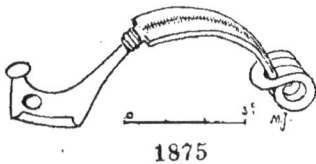

L'élevage des chevaux était une industrie essentiellement gauloise; nous avons déjà eu l'occasion

1875

Fig. 58. — Fibule gallo-romaine.

de le faire remarquer précédemment: les Gaulois avaient un culte tout particulier au cheval figuré sous les allures de l'animal lui-même [2] aux époques où les représentations religieuses étaient zoomorphiques et sous la forme d'une déesse cavalière, *Epona*, à l'époque de l'anthropomorphisme.

FIBULES. — La fibule, au début de la période gallo-romaine est celle de la Tène III agrémentée d'un couvre-ressort (Pl. 21, n° 1761).

Dans le spécimen (fig. 58) l'arc a évolué ainsi que l'agrafe pour donner un type Tène III tardif, mais le ressort est resté ce qu'il était à l'époque

1. Déesse de l'Ida, génie ailé à côté d'un lion.

2. Témoin ce grand cheval de bronze exposé au musée d'Orléans découvert avec d'autres animaux dans le trésor de Neuvy-en-Sullias et dédié au dieu de Rudiobus.

Marnienne. C'est une fibule hybride fort intéressante au point de vue des survivances.

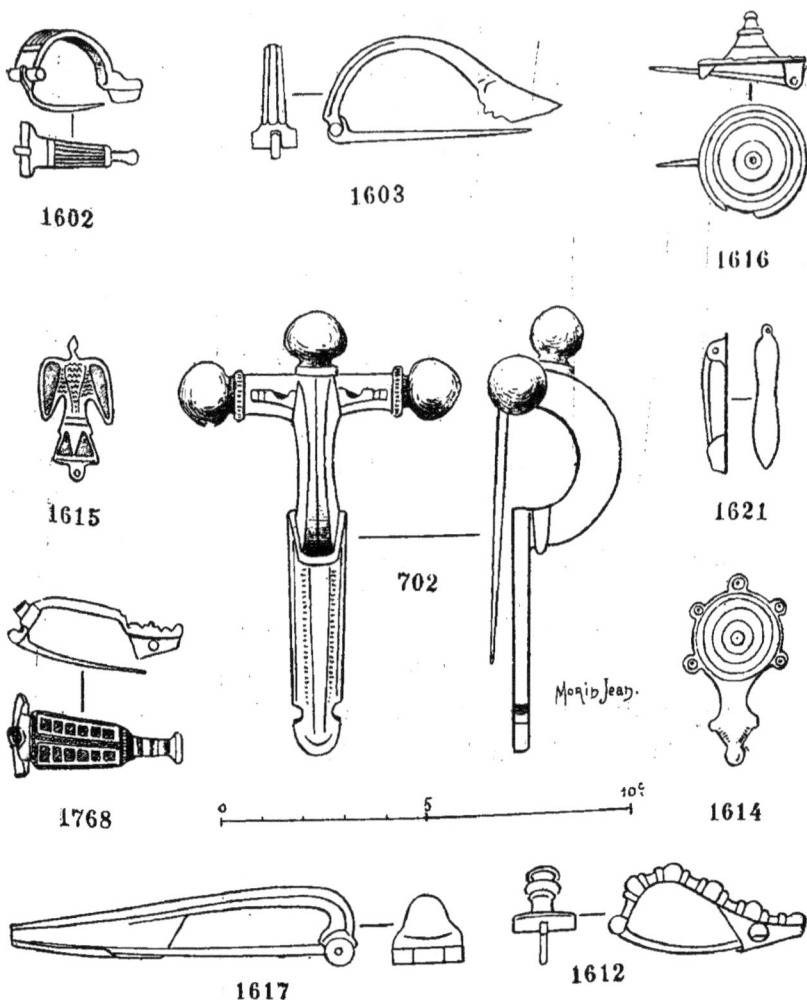

FIG. 59. — Fibules à charnières (Type Tène IV.)

La fibule à charnière dans laquelle le ressort a complètement disparu donne le type connu sous le

nom de Tène IV. La figure 59 reproduit quelques-
unes des fibules à charnière
de notre collection. Elles étaient
pour la plupart incrustées d'é-
maux. Les formes, variées, se
rapprochent de plus en plus de
celles que nous rencontrerons
à l'époque franque.

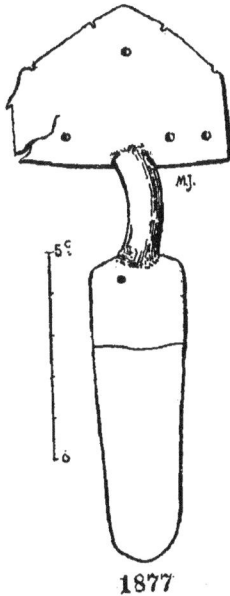

Ce sont des disques, des
cônes, des colombes aux ailes
déployées.

Le type n° 702 (fig. 59), dit
crucial, se rencontre beaucoup
à la fin de l'époque impériale.
Enfin, la fibule de la figure 60
marque le début de la période
franque. La partie supérieure
s'est modifiée pour former une
plaque plus ou moins ornée
d'où sortira un peu plus tard
le type digité caractéristique des tombes barbares
des ve et vi^e siècles de notre ère.

1877

Fig. 60. — Fibule de
l'époque des invasions.
Premières années du
ve s. ap. J.-C.

CHAPITRE VI

LA GAULE BARBARE ET MÉROVINGIENNE
(406 à 800 ap. J.-C.)

I

Les études d'archéologie barbare et mérovingienne
sont de date assez récente. Depuis l'abbé Cochet[1]
qui en est le fondateur, bien des archéologues s'y
sont adonnés[2]. Frédéric Moreau, dont l'admirable
collection est aujourd'hui exposée au musée de
Saint-Germain, dans une salle aménagée avec goût
par M. Hubert, conservateur adjoint, est un de ceux
à qui nous devons beaucoup en ce qui concerne ces
études[3]. Les mobiliers qu'il a recueillis ont été
disposés par tombes, excellente méthode de classement qui facilite singulièrement les recherches.

M. Eck, conservateur du musée de Saint-Quentin,
a exploré de nombreux cimetières aux environs de
Vermand où les sépultures remontaient, partie à la
période franque, partie à cette époque plus ancienne
qui marque une infiltration prononcée de l'art

1. *La Normandie souterraine.* Rouen, 1854. *Sépultures gauloises, romaines et franques.* 1857. *Le tombeau de Childéric.* Paris, 1859.
2. Baron J. de Baye. « L'art des barbares à la chute de l'Empire romain. » Mémoire original paru dans la revue l'*Anthropologie* de 1890,
p. 385.
3. Frédéric Moreau. *Album Caranda.* Saint-Quentin, 1877-1898.

barbare et que nous avons étudiée au chapitre pré-
cédent.

L'évolution de l'art barbare jusqu'à l'époque carolingienne fait l'objet d'un grand ouvrage de MM.
Boulanger et Pilloy[1]. C'est une de ces riches publi-
cations avec planches de luxe, un de ces livres
splendides qui coûtent fort cher mais qui, tirés à
peu d'exemplaires, sont seulement à la portée d'un
nombre restreint de travailleurs.

Les fouilles concernant l'archéologie barbare et
mérovingienne ont éclairé d'une vive lumière l'histoire de ces temps troublés. Elles ont montré que
les lamentations de Prosper d'Aquitaine[2] et de
Saint-Jérome[3] sur la grande invasion de 406, sont
encore au-dessous de la vérité. On a mis au jour des
villas romaines en ruine où tout est horriblement
ravagé ; les vases sont brisés et noyés dans des lits
de cendre d'une épaisseur considérable.

Les fouilleurs sont d'accord pour reconnaître une
sorte d'*hiatus* correspondant à la première moitié du
ve siècle.

On comprend fort bien comment Clodion, péné-
trant sur notre sol, ne trouva aucune résistance et
put arriver jusqu'à Cambrai sans coup férir.

Les fouilles nous apprennent aussi que la Gaule
était déjà très germanisée, bien avant la grande
invasion.

L'infiltration des barbares dans l'Empire romain

1 Le mobilier funéraire gallo-romain, franc et mérovingien en
Artois et en Picardie.

2. Historien et poète latin né à Bordeaux en 403 et mort en 465.

3. Lettre 91.

936

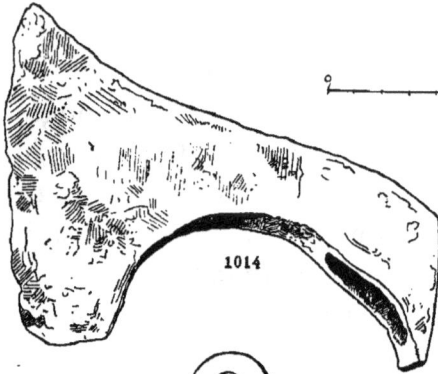

1014

1017

842

1143

1143

Pl. XXII. — Mobilier des tombes de guerriers Francs des vᵉ et vıᵉ siècles.

s'est faite pendant tout le IVe siècle. Les serviteurs
et les soldats au service de Rome étaient germains.

Fustel de Coulanges[1] a été le premier à montrer
le réel caractère des invasions. Leurs causes furent
surtout d'ordre économique.

Quant aux batailles qui se livrèrent à cette époque,
elles ne furent point, comme on l'a cru longtemps,
des *gigantomachies,* mais de simples guérillas : les
Germains n'ont jamais eu de grandes armées orga-
nisées, et les armées romaines dépassaient rarement
30000 hommes. Les barbares prenaient autant que
possible les villes ouvertes et évitaient les rencon-
tres.

C'est encore l'archéologie qui nous permet d'affirmer que *Childéric* n'était pas, comme Pharamont ou
Mérovée, un personnage plus ou moins légendaire.
Sa tombe a été retrouvée et le mobilier qu'elle con-
tenait déposé au cabinet des médailles, à la Bibliothèque nationale.

La trouvaille remonte au 7 mai 1633 et fut faite à
Tournai, sur le territoire de la paroisse de Saint-
Brice. La reine était ensevelie à côté du roi.

Le mobilier comprenait l'épée du roi ou plutôt
son coutelas à un seul tranchant dont il n'est resté
que la poignée et les orles du fourreau, en or cloisonné de verroteries rouges ; une hache d'arme ou
francisque, un fer de lance, une boucle en or, une
boule de cristal, des abeilles d'or qui parsemaient
le manteau de la reine ; enfin la bague du roi portant
l'inscription « Childerici regis » et dont il ne reste

---

1. *Histoire des institutions politiques de l'ancienne France.*

plus que des moulages, l'original d'or ayant été volé
en 1831.

Au point de vue historique, on sait peu de choses
sur l'origine des Mérovingiens. Nicolas Fréret[1], historien illustre mais peu connu, fut un des premiers
à débrouiller, au milieu des légendes confuses, ce
que furent réellement les Francs. Ils ne formaient
pas une nation à part et leurs chefs étaient des offi-
ciers barbares au service de l'Empire.

Pour le récompenser de ses recherches laborieuses,
la monarchie française, froissée dans ses origines,
envoya Fréret à la Bastille.

Au point de vue de l'architecture, nous ne sommes
guère plus avancés qu'en histoire. Il reste fort peu
de vestiges des constructions franques. On peut en
signaler à l'église d'Ainay à Lyon, à Grenoble (Crypte
de Saint-Laurent) et à Poitiers (Temple Saint-Jean)[2].

Les premières églises de Gaule furent construites
à l'aide de matériaux empruntés à des édifices païens
des temps antérieurs[3] et faites à l'imitation de celles
d'Italie copiées elles-mêmes sur la basilique romaine.
Le siège du magistra (cathédra) devint celui de
l'évêque.

---

1. 1688-1749,

2. Rev. Père Camille de la Croix. *Étude sommaire du baptistère Saint-
Jean de Poitiers*. Poitiers. Imprimerie Blais et Roy. Seconde édition
1904.

3. Les quatre colonnes de marbre qui subsistent encore dans l'église
Saint-Pierre de Montmartre restaurée tout récemment par M. Sauvageot,
sont des matériaux antiques remployés lorsqu'on construisit la première
église mérovingienne sur le sommet de la butte. Le temple Saint-Jean
de Poitiers est exactement dans le même cas. C'est un baptistère construit
au IVe siècle, avec des matériaux venus d'ailleurs.

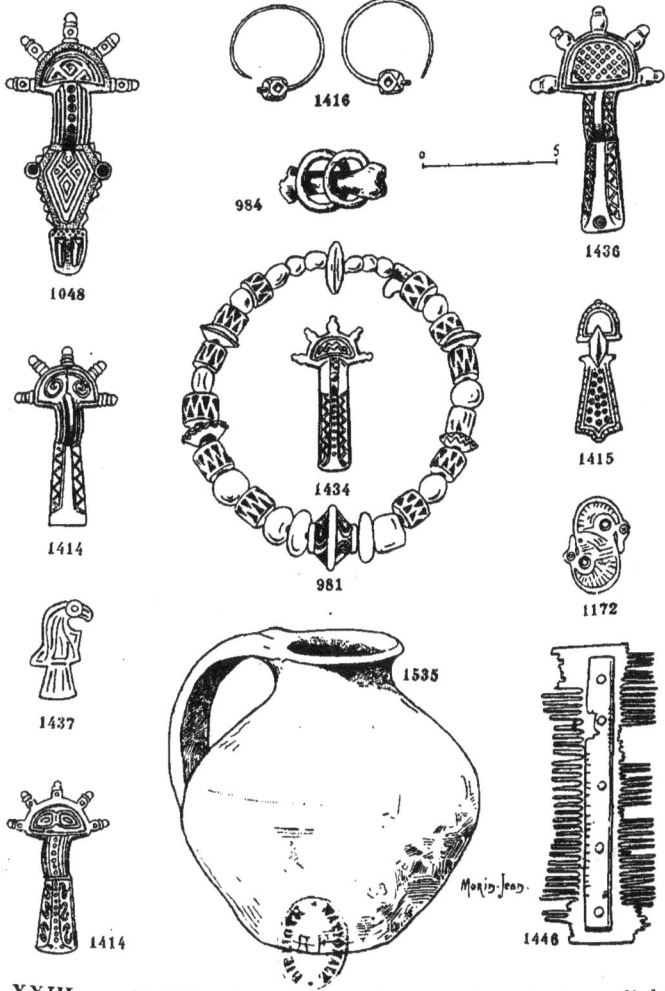

PL. XXIII. — Mobilier des sépultures franques des vᵉ et vɪᵉ siècles.
Tombes féminines.

Comme en Italie, les églises mérovingiennes devaient être précédées d'un portique à cour centrale imité de la maison antique. Ce portique ou *Atrium* servit de cimetière aux fidèles. Au centre de la cour, l'*Impluvium* de la maison romaine devint une fontaine d'ablutions dont les bénitiers sont aujourd'hui la survivance[1].

Certaines églises, comme celle de Lucerne, en Suisse, ont encore conservé leur cimetière disposé sous des portiques, à la façon de l'Atrium primitif. Les premières basiliques n'étaient pas voûtées. Le toit était en charpentes. A l'époque romane seulement, apparaît, comme à Saint-Front de Périgueux, la coupole sur pendentifs.

La décoration des églises mérovingiennes, d'après les descriptions de Fortunat[2], était très riche et enrichie de mosaïques empruntées à l'Orient.

Cette influence orientale, trop souvent méconnue est à la base même de toute la décoration mérovingienne et romane. Il y a dans la crypte de Saint-Laurent, à Grenoble, des motifs rappelant ceux de la Chaldée primitive. Sur un des chapiteaux, sont sculptés deux mammifères affrontés de chaque côté d'un arbre ; motif très fréquent dans la décoration des monuments retrouvés à Suse par M. de Morgan.

M. Pottier, dans ses cours du 25 janvier 1906 et du 22 février 1908, à l'École du Louvre, a fait ressortir avec sa maîtrise habituelle l'intérêt qu'il y a, au point de vue des origines, à comparer les motifs de nos

---

1. André Michel. *Histoire de l'Art.* Paris, t. I.
2. Fortunat, évêque de Poitiers et poète latin (530-609).

églises romanes à ceux de la Perse et de l'Assyrie.
Ces motifs se sont transmis à travers l'Ionie grecque
et l'Orient chrétien en changeant simplement de sens.

Le Dieu homme, debout sur l'animal, symboli-
sant le triomphe de l'anthropomorphisme sur la
zoolâtrie déchue, est devenu le saint, personnifica-
tion du bien, foulant aux pieds la chimère, symbole
du mal et du démon.

Sur l'architecture civile et militaire des Mérovingiens, les renseignements sont encore plus pauvres
que sur les édifices religieux. Fortunat en parle
dans ses poèmes et dit que les villas se transfor-
mèrent pour passer peu à peu au type du château fort.

Devant l'insécurité des campagnes, les régions
basses furent abandonnées au profit des hauteurs et
des points particulièrement stratégiques[1].

On entoure les propriétés de fossés et de palis-
sades ; c'est l'origine des enceintes. On élève un bâ-
timent plus haut que les autres pour surveiller les
alentours ; c'est l'origine du donjon.

Viollet-le-Duc, dans son dictionnaire raisonné de
l'Architecture française[2], a admirablement traité les
origines du château fort du moyen âge sorti, non du
Castellum romain, mais de la villa antique munie de
défenses extérieures.

---

1. L'insécurité des campagnes vint du fait même des Barbares qui se
mirent à guerroyer entre eux, fortifiant leurs demeures, abandonnant
leurs anciens noms germaniques pour se faire désigner sous le nom des
terres dont la force les avait rendus possesseurs. Telle est l'origine de ces
fiefs dont les titulaires firent si longtemps échec à la royauté et dont
Louis XI et Richelieu furent les plus terribles adversaires.

2. Aux articles *Architecture* et *Château*.

II

Les cimetières de l'époque mérovingienne peuvent être répartis en deux séries distinctes :

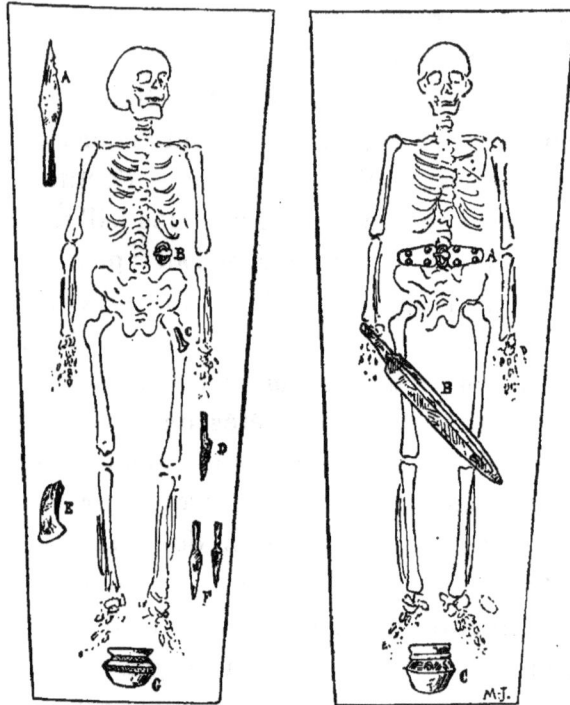

Fig. 61. — Mobiliers des sépultures barbares d'après les reconstitutions du Musée de Bruxelles.

A gauche guerrier Franc (v° et vi° s. ap. J -C.). Cimetière d'Harmignies (Hainaut).
A. Grand fer de lance. — B. Boucle de ceinture. — C. Pince à épiler. — D. Couteau en fer. — E. Francisque. — F. Petits fers de lance. — G. Vase funéraire.
A droite guerrier Mérovingien (vii° et viii° s.). Cimetière de Montceau-le-Neuf (Aisne).
A. Grande plaque et contre-plaque de ceinturon. — B. Scramasax. — C. Vase funéraire.

1° Ceux de la période franque (v° et vi° s. ap. J.-C.);

2° Ceux de la période mérovingienne
(VIIᵉ et VIIIᵉ s. ap. J.-C.) ;

L'avènement de Dagobert au trône
(628) peut servir à délimiter ces deux
séries.

Les tombes des guerriers de la première (fig. 61 à gauche) contiennent un
armement complet indiquant la période
des invasions. Le guerrier a son bouclier, sa francisque[1] ou hache de
guerre à côté de lui, plusieurs fers de
lance. Les sépultures de la seconde
série (époque des rois fainéants) (fig. 61
à droite) ont un caractère moins belli-
queux : le guerrier n'a plus qu'une
arme, le couteau ou *scramasax*.

Plus on s'éloigne des invasions barbares pour se rapprocher de la période
carolingienne, plus les *scramasax*[2] deviennent nombreux, à l'exclusion des
francisques et fers de lance qui disparaissent complètement au VIIIᵉ siècle.

L'épée dont voici (fig. 62) un beau
spécimen du musée de Saint-Germain
(salle Frédéric Moreau) est toujours
rare. On la trouve dans les tombes de

1. La francisque dérive peut-être de la *Cateia celtique* : elle est élancée avec des courbes accentuées très
élégantes.

2. Le nom de *Scramasax* est tiré d'un texte
de Grégoire de Tours. C'est un grand couteau de fer
(fig. 64, n° 935) à dos épais et à un seul tran-
chant ; lorsqu'il est sillonné de rainures à poison, il est dit *Caraxé*.

FIG. 62. — Épée barbare. Musée de Saint-Germain.

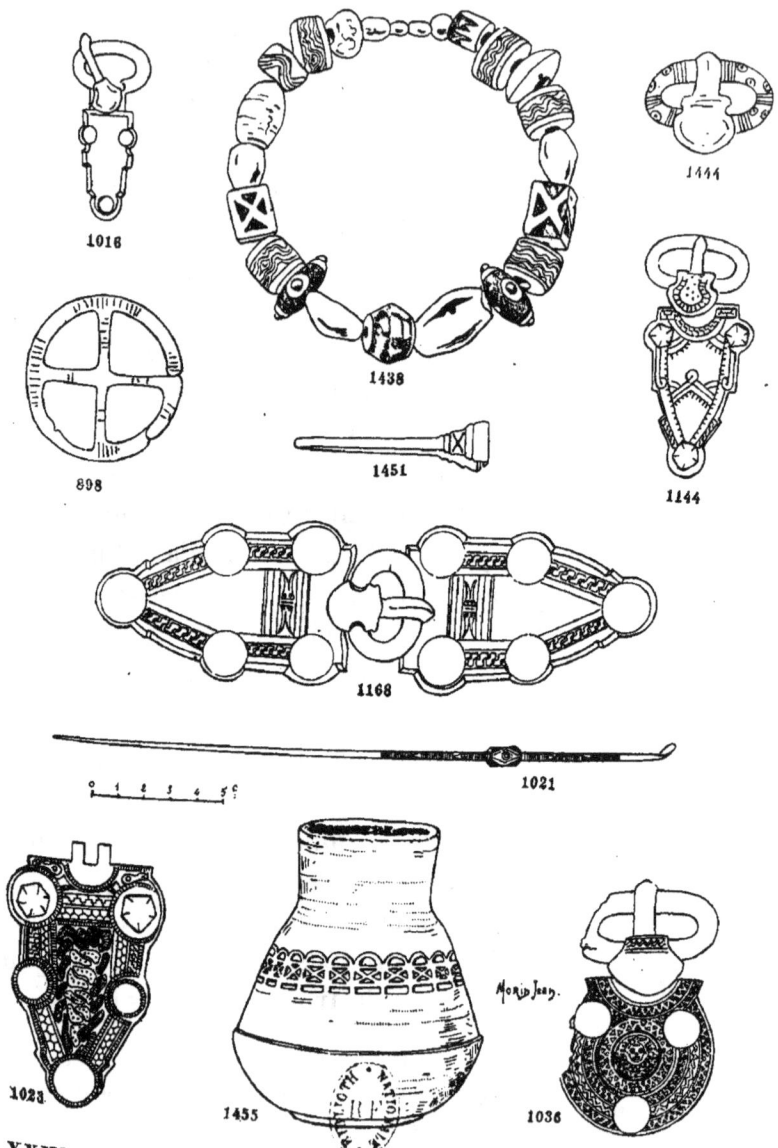

PL. XXIV. — Mobilier des sépultures mérovingiennes des VIIe et VIIIe siècles.

quelques riches personnages de la première période, le long du côté droit, plus rarement à gauche. C'est une *spata* qui dérive de l'épée de fer de la Tène III. Elle dépasse rarement 80 centimètres de long sur 6 à 7 de large. Les deux tranchants sont à peu près parallèles, et l'extrémité de la lame arrondie. La bouterolle est en U. La poignée est quelquefois très riche et garnie de verroteries cloisonnées[1].

Fɪɢ. 63. — Section d'une boucle franque en métal de cloche, montrant la disposition de l'armature intérieure.

La boucle de ceinture du guerrier franc est petite, quelquefois en or, plus souvent en métal de cloche formée d'un gros bourrelet armé intérieurement d'une tige de fer (fig. 63) et d'un ardillon quelquefois enrichi d'un grenat ou d'une verroterie rouge taillée en table. A partir du règne de Dagobert, cette boucle prend plus d'importance, elle s'agrémente d'une plaque et contreplaque (Pl. 24, n° 1168), tantôt en métal de cloche orné de clous de bronze, tantôt en fer incrusté d'argent (fig. 64, n°ˢ 971 et 1046). En approchant de l'époque carolingienne, ces plaques atteignent des proportions gigantesques. On les trouve aussi bien dans les sépultures d'hommes que dans les tombes de femmes. Les types ajourés sont particuliers à la Bourgogne;

1. L'épée du trésor de Pouan, exposée au musée de Troyes, est un des spécimens les plus riches que l'on connaisse. Elle a été trouvée à Pouan (Aube) en 1842, avec un scramasax, des boucles de ceintures, et un anneau d'or portant l'inscription HEVA.
Ces objets seront décrits dans le *Catalogue des pièces d'orfèvrie du musée de Troyes* que le conservateur, M. Louis Le Clert, doit faire paraître prochainement.

on y voit des scènes bibliques, surtout Daniel dans
la fosse aux lions. Le motif de l'entrelac n'apparaît
qu'au courant du viie siècle et devient fréquent sous
les Carolingiens.

Aux pieds des défunts est déposé un vase de terre
noire dont la forme est caractéristique (fig. 65, I).
À l'époque franque, ce vase est anguleux et trapu,
orné d'un décor géométrique obtenu à l'aide d'une

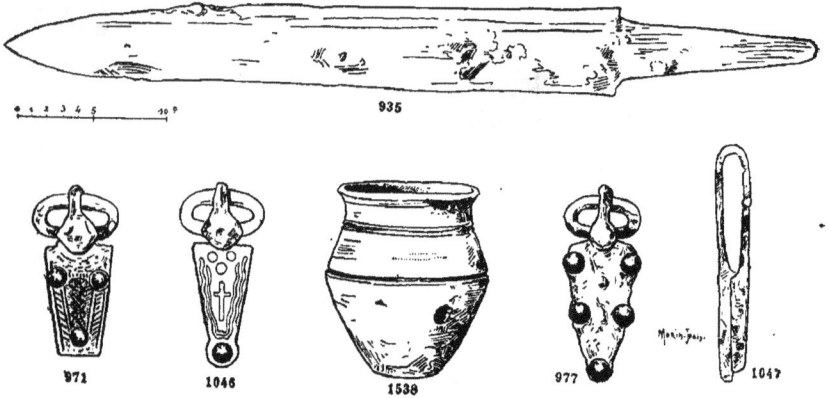

Fɪɢ. 64. — Mobilier des tombes masculines des viie et viiie siècles.

roulette passée sur la terre encore molle (Pl. 22,
n° 842). Sous les rois fainéants, la forme s'allonge
(fig. 64, n° 1538) et les dessins à la roulette disparaissent pour faire place à des annelets saillants.

Les vases de verre sont assez rares et ne se rencontrent que dans les tombes antérieures au viie siècle.
Les verreries présentent le plus souvent l'aspect
d'un bol ou d'un cornet sans pied ayant l'apparence
d'une clochette.

Elles sont quelquefois ornées de filets en émail.

Les femmes mérovingiennes étaient ensevelies avec leurs bijoux ; ces bijoux ont un aspect particulier qui offre une grande unité de conception dans toutes les régions du monde barbare.

L'art franc a pour principe le coloris et le rayonnement ; il cherche plus à frapper par le précieux de la matière que par la pureté de la ligne et se rattache en cela aux arts de l'extrême-orient qui sont surtout sensuels.

Il est le produit, la résultante de trois arts antérieurs :

1° L'art gaulois du second âge du fer qui s'est réveillé sur notre sol à la fin de l'époque gallo-romaine.

2° L'art gothique des bords de la mer Noire.

3° L'art de la Perse sassanide.

L'orfèvrerie mérovingienne est caractérisée par le grenat ou le verre de couleur cloisonné dans des feuilles d'or. A l'époque des invasions, ce grenat se présente toujours sous l'aspect de tables plates et minces. Plus tard, ces tablettes sont remplacées par des cabochons de plus en plus saillants lorsqu'on arrive à la période carolingienne. En même temps se développe le filigrane vermiculé (Pl. 25), très rare aux débuts.

Les couronnes d'or des rois Goths, exposées au musée de Cluny et découvertes en 1859 à la Fuente de Guarrazar, près Tolède (Espagne), datent du VIIᵉ siècle et montrent le travail en cabochons dans son plein développement.

Cette évolution se poursuit à travers le moyen âge, jusqu'au XIVᵉ siècle.

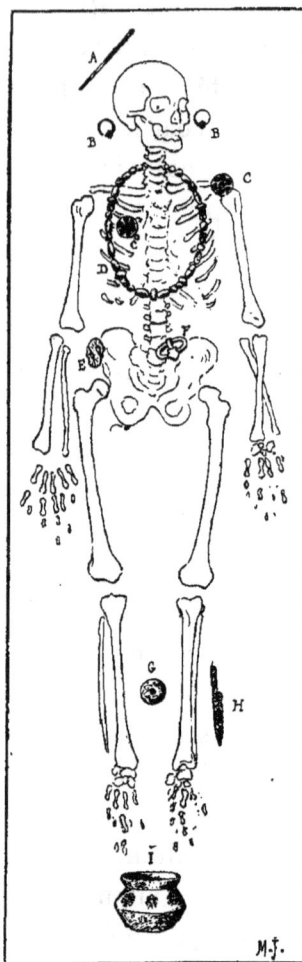

Fɪɢ. 65. — Mobilier des sépultures barbares d'après les reconstitutions du Musée de
Bruxelles. Tombe de femme
du cimetière d'Harmignies.

A. Épingle. — B. Boucles d'oreilles. —
C. Fibules circulaires. — D. Collier.
— E. Fibule en S. — F. Boucle de
ceinture. — G. Fusaïole. — H. Couteau de fer. — I. Vase funéraire.

Les objets du trésor de Conques[1], d'une époque assez basse, sont couverts de gros cabochons et de filigrane verniculé.

Nous avons reproduit à la figure 65, la reconstitution faite au musée de Bruxelles, d'une tombe féminine du cimetière d'Harmignies (Hainaut).

Le collier (D) que la défunte a au cou, est composé de perles de pâte de verre et d'ambre. Il s'allonge de plus en plus à mesure qu'on se rapproche de l'époque carolingienne.

Les fibules sont nombreuses et variées dans les sépultures. La plus caractéristique est terminée à la partie supérieure par un arc de cercle surmonté de rayons le plus souvent au nombre de cinq (Pl. 23, nᵒˢ 1048, 1414, 1434 et 1436).

L'abbé Cochet l'appelait

1. Reliquaire de Pépin d'Aquitaine (ɪxᵉ siècle) et statue assise de Sainte-Foy (xᵉ siècle).

fibule digitée. Alexandre Bertrand lui donnait le nom de type de Jouy[1] et le baron de Baye, *fibule à rayons*.

C'est un type barbare dérivant des formes gallo-romaines du IVe siècle et particulièrement abondant dans les régions franques, aux Ve et VIe siècles. A côté de lui, il faut signaler les fibules pectorales toujours de petites dimensions et affectant, les unes la forme d'un oiseau, les autres celle d'un S (Pl. 23, n° 1172).

Les fibules ornithomorphes (Pl. 23, n° 1437) dans lesquelles on peut voir la représentation d'un oiseau de proie, sont assez communes au Ve siècle ; elles persistent pendant tout le VIe ; on en rencontre encore, mais plus rarement, au début du VIIe.

Les fibules discoïdes apparaissent avec le VIIe siècle et se multiplient à la fin de la période mérovingienne ; elles sont en or ou en bronze plaqué d'or et ornées de grenats ou de verres de couleur entourés de filigrane vermiculé.

Dans les cimetières mérovingiens, les corps sont généralement orientés, les pieds à l'Est. Ils ont été le plus souvent ensevelis dans des terrains calcaires peu propices pour la culture, fréquemment en pente, à proximité d'un cours d'eau ou d'un ravin actuellement desséché.

Les sarcophages ne sont plus rectangulaires comme à l'époque gallo-romaine ; ils affectent le plus souvent la forme trapézoïdale. Les sépultures

[1]. Ces fibules ont été trouvées en grand nombre à Jouy-le-Comte (A. Bertrand. *Les bijoux de Jouy-le-Comte*. Paris, 1879).

sont quelquefois superposées, surtout sous les Carolingiens.

Les tombes les plus rapprochées de la surface du
sol sont souvent vides. Elles ont été violées à
l'époque même par les fossoyeurs qui les avaient
creusées.

Vers l'an 800, sous Charlemagne, un concile sup-
prima l'inhumation habillée ; pourtant par la force
de l'habitude, on continua d'ensevelir les gens avec
leurs armes et leurs bijoux jusque sous Louis le
Débonnaire, vers 830.

1170

1435

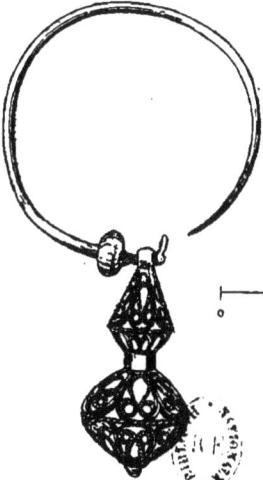

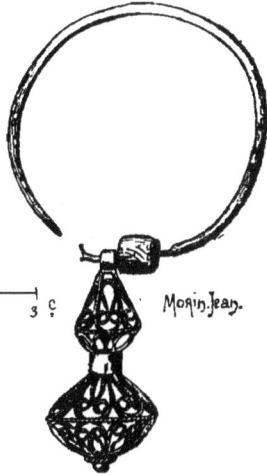

Morin Jean.

972

Pʟ. XXV. — Bijoux d'or et d'argent du viiiᵉ siècle.
Cimetière de Cormeilles-en-Vexin.

CHAPITRE VII

APERÇU SUR LES RECHERCHES PRÉHISTORIQUES ET PROTO-HISTORIQUES HORS DE L'EUROPE CENTRALE ET OCCIDENTALE

Longtemps l'Europe occidentale a été considérée comme le champ exclusif des recherches préhistoriques. Il n'y a guère qu'une dizaine d'années que les archéologues se sont mis à fouiller dans le même sens les autres régions. Les résultats ont été surprenants, et, à quelques variantes près, les fouilles de Grèce, d'Asie mineure, d'Égypte, d'Afrique et d'Amérique ont montré, dans les grandes lignes, la même évolution générale qu'en Gaule.

Des outils quaternaires, analogues aux instruments des alluvions de la Seine ou de la Somme, ont été trouvés en Égypte, mais la position qu'ils occupent dans la stratigraphie oblige à leur assigner une date plus ancienne et à reculer plus loin qu'en Gaule, l'apparition de l'homme dans ces régions.

Comme la Gaule, le bassin oriental de la Méditerranée a passé successivement par les diverses périodes quaternaires : inférieur, moyen et supérieur.

Les silex ouvrés de l'époque magdalénienne ont été signalés un peu partout. Le révérend père Zum-

hoffen a découvert en Syrie, dans la grotte d'Antc-
lias, des outils identiques aux burins et grattoirs de
la vallée de la Vézère.

Nous en possédons quelques spécimens (nᵒˢ 1184
à 1187).

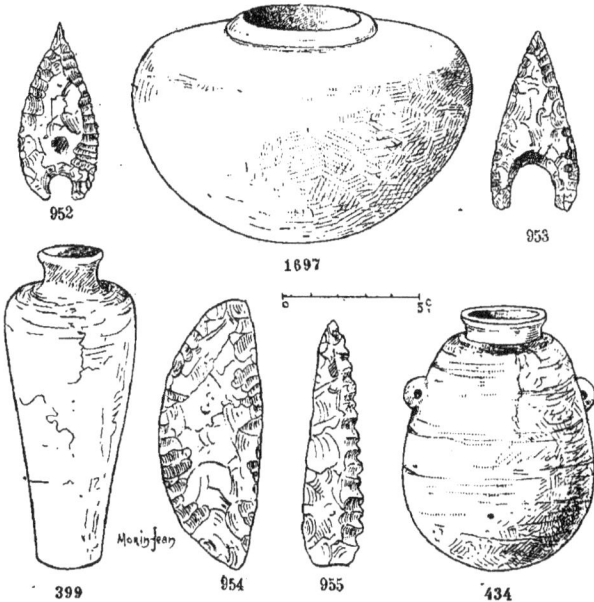

Fɪɢ. 66. — Vases de pierre et silex taillés de l'Égypte préhistorique.
Fouilles d'Abydos.

L'époque néolithique a été étudiée en Égypte par
M. Amelineau[1], en Crète, par M. A. Evans[2], en
Elam par M. de Morgan[3], à Troie (Hissarlik) par
Schliemann.

1. *Fouilles d'Abydos*, 1895-1899.
2. *Annuaires de l'École anglaise d'Athènes*, t. VI, VII, VIII et IX.
S. Reinach. *Revue d'Anthropologie*, 1901 à 1904.
3. *Mémoires de la délégation du ministère de l'Instruction publique en
Perse*. Paris. Leroux.

En Égypte, à la période néolithique le travail de la pierre atteint une grande perfection (fig. 66). Les amateurs connaissent tous ces silex du Fayoum dont le travail de retouches est surprenant : pointes de flèches, couteaux, scies, etc... A la même époque, remontent ces vases en pierre dure d'un galbe admirable et dont il existe de beaux spécimens dans la galerie égyptienne du musée du Louvre.

A Gnossos, en Crète, les couches néolithiques examinées par M. A. Evans sont d'une épaisseur considérable. Le début du néolithique, dans cette région, peut remonter à 9 ou 10000 ans. La poterie est analogue à celle de l'âge de la pierre en Gaule : elle est noire, fumigée, montée à la main, d'abord à surface unie, puis pourvue d'un décor géométrique incisé et quelquefois incrusté de pâte blanchâtre.

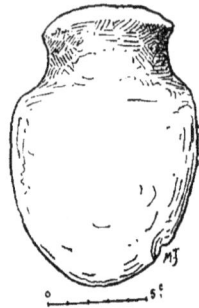

220

FIG. 67. — Hache à gorge de l'Amérique du Nord.

Au Tell de Suse, M. de Morgan a trouvé le néolithique à 25 mètres au-dessous du niveau supérieur du sol. Les vases que l'on trouve à ce niveau inférieur sont tantôt en terre, tantôt en albâtre et affectant, dans ce dernier cas, des formes d'animaux ; ils sont associés à de nombreux silex taillés analogues à ceux de nos régions[1].

En Amérique, les outils de pierre présentent un faciès assez particulier (fig. 67 et 68).

1. Voir, au musée du Louvre, la salle des antiquités de Suse ouverte depuis peu dans les nouvelles galeries près des guichets du Carrousel.

A Hissarlik, en Asie mineure, sur l'emplacement
de l'ancienne Troie homérique, Schliemann a découvert **six** couches archéologiques superposées ; les
plus profondes remontent au néolithique et ont
fourni, avec de la poterie grossière, de nombreuses
fusaioles très analogues à celles des cités lacustres.

L'âge du cuivre a fait, dans les mêmes régions,
l'objet de nombreuses études. Les tombes de cette
période sont très nombreuses à
Chypre et dans les îles de la mer
Egée, fouillées avec méthode par
M. Tsountas.

Les sépultures cypriotes de l'âge
du cuivre contiennent des petits poignards triangulaires à rivets (fig. 69,
n° 1694) comme ceux de nos tombes
armoricaines. Le type à soie effilée
formant crochet à l'extrémité (fig.
69, n° 1705) et dont nous avons con-
staté la présence accidentelle dans l'Europe occidentale, est au contraire très abondant à Chypre.
Il est associé à des vases de pierre (fig. 69, n° 1393)
manifestement influencés par l'art égyptien et des
poteries de terre cuite à pâte rouge lustrée et incisée
d'un décor géométrique très simple incrusté de pâte
blanche. La forme de ces vases est variée et fort
curieuse ; les uns ont l'apparence d'animaux, d'oiseaux grossièrement façonnés (fig. 69, n° 1391) ;
d'autres sont les prototypes des formes de la période
classique des Grecs.

Le décor incisé sur les vases à l'aide d'un burin
ne tarda pas à être remplacé par des couleurs appli-

Fɪɢ. 68. — Pointe
de flèche en silex
à large pédon-
cule. Amérique
du Nord.

quées au pinceau. Chypre est une île où la peinture des vases a apparu de bonne heure.

Les tombes cypriotes de l'âge du cuivre contiennent aussi de grossiers fétiches féminins en terre

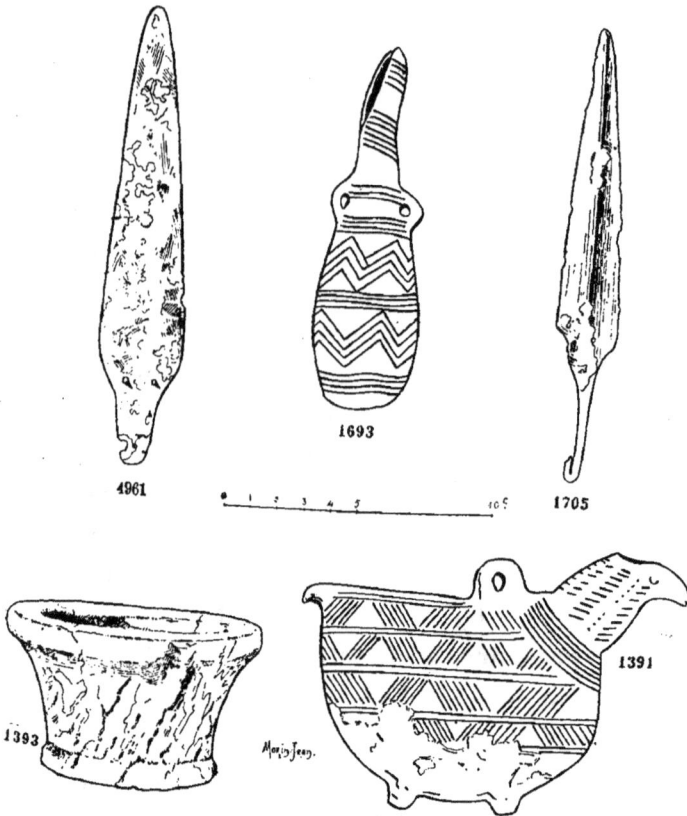

Fig. 69. — Chypre. — Nécropoles de l'âge du cuivre (3000 à 2500 environ av. J.-C.). Mobilier funéraire.

cuite faits à l'imitation des idoles de bois. La figure est extrêmement grossière, sans bras, sans indication de bouche[1], signes d'une très haute antiquité.

1. L. Heuzey. *Catalogue des figurines de terre cuite du musée du Louvre,* p. 113 et suiv.

La généralisation du culte au fétiche féminin est une des constatations les plus intéressantes de la science moderne ; nous l'avons vu dans les grottes néolithiques de la vallée du Morin fouillées par le baron de Baye ; nous le voyons dans les îles grecques et à Hissarlik ; dans la nécropole de Yortan[1], ces fétiches féminins affectent une forme de violon. On en a retrouvé d'identiques dans les Cyclades (fouilles de M. Tsountas).

La femme joue donc un rôle important dans la magie des primitifs : elle est la servante et la haute antiquité va jusqu'à l'assimiler au bétail qui, comme elle, assure la fécondité de la race et la prospérité de la maison[2].

Nous avons vu tout à l'heure que les poteries cypriotes primitives affectent souvent des formes d'animaux. Or ces formes se retrouvent dans presque toutes les régions du monde connu des anciens, preuve qu'elles n'ont pas été dictées par la fantaisie artistique, mais par des pensées utilitaires.

Si l'animal figure un gibier, c'est l'idée de multiplier l'espèce autour de l'homme, s'il figure une bête nuisible, on l'explique par le Totémisme[3].

Les poteries zoomorphiques de l'Amérique ont quelquefois de telles ressemblances avec celles des îles grecques qu'il est difficile de les distinguer.

1. Province de Pergame. *Fouilles de M. Paul Gaudin*. Musée du Louvre. Salle A.

2. Sur l'obélisque de Manichtousou, vers 4 000 av. J.-C., la femme est considérée comme une monnaie.

3. Salomon Reinach. *Cultes, mythes et religions.* Paris, 1905.

A l'âge du cuivre, la civilisation est beaucoup plus avancée en Chaldée qu'en Europe. Elle sort déjà de la période préhistorique pour entrer dans les premières phases historiques. Nous connaissons, entre 4 000 et 3 000 av. J.-C., des rois Chaldéens tels que *Mélisim* dont la masse d'armes a été retrouvée ; *Our Nina* figuré sur sa table généalogique ; *Eannadou* représenté dans son char de guerre sur la stèle des Vautours conservée au Louvre ; *Naram-Sin* roi d'Agadé en 3750.

L'Égypte a été également civilisée de très bonne heure si nous pensons qu'il faut faire remonter jusqu'au Néolithique les premières dynasties historiques.

L'âge du bronze a été particulièrement étudié en Crète et dans les îles grecques. Les fouilles de M. Evans à Gnossos ont fourni de cette période, une céramique tout à fait locale dont l'égale ne se trouve nulle part. Dès 2500 av. J.-C. les vases de Crète sont d'une originalité et d'une poésie surprenantes. C'est la céramique polychrome dite de Kamarais dont les formes ne seraient pas déplacées dans les vitrines de nos fabricants d'art nouveau ; les couleurs sont d'une fraîcheur exquise. Le décor, souvent emprunté au monde marin, reproduit des coquillages et des algues.

Vers 2200 av. J.-C., cette céramique se transforme, devient monochrome, à décor végétal en noir sur fond clair. Enfin de 1600 à 1000 pendant la période dite *mycénienne,* apparaît une forme de vase d'un type spécial qui s'est répandu dans tout le bassin méditerranéen (fig. 70). C'est le vase dit « à étrier » muni d'un faux goulot flanqué de deux anses et d'un goulot réel sans anses, placé sur la panse, non loin du premier. Il servait à contenir des parfums et a été remplacé plus tard par les bombylios et les aryballes de la période corinthienne (viie siècle av. J.-C.).

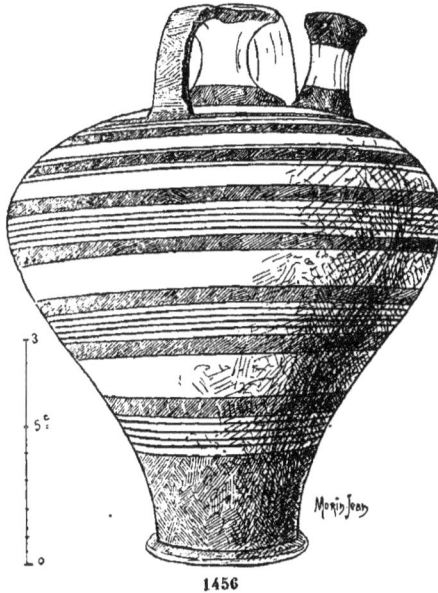

Fig. 70. — Vase à étrier de la période Mycénienne. Rhodes.

Les Cyclades ont été très peuplées à l'âge du bronze et les tombes de cette période y sont fort nombreuses[1]. Elles renferment des vases à étrier, des bijoux, des armes[2], et les squelettes y sont repliés comme dans nos sépultures de Gaule (fig. 22).

1. *Fouilles de Syros*, 1861.
2. S. Reinach. « Nouvelles découvertes Égéennes », dans l'*Anthropologie*, 1899, t. X, p. 513 et suiv.

Sur les tombes mycéniennes de Crète, il existe un excellent résumé de M. Salomon Reinach publié dans l'Anthropologie de 1904, p. 645. On y voit une coupe de la sépulture d'Artsa où se trouvait un vase à étrier. Une autre tombe, celle de *Mouliana,* est en pierres appareillées et voûtée en tas de charge. Elle présente cette particularité fort curieuse d'avoir servi à deux époques successives. On y trouve les restes de deux individus :

1° *Un personnage mycénien inhumé.* Autour de lui le mobilier funéraire comprenait trois vases à étrier, trois épées de bronze et une fibule. Les épées sont du type à lame en feuille d'iris, à soie plate percée de trous de rivets et ressemblent beaucoup à celles de l'Europe occidentale bien que généralement plus courtes et moins élégantes. C'est le type du bronze IV. La fibule, de la même époque, est à arc simple comme dans les stations lacustres de la dernière période.

2° *Un personnage dorien incinéré.* Auprès des cendres et des os calcinés se trouvaient une épée et un couteau de fer, deux anneaux d'or et un vase du plus grand intérêt. Sa forme est crétoise et marque la survivance d'un style très antérieur, mais le décor dont il est pourvu, est de style géométrique dorien ; les personnages y sont traités en silhouette noire opaque comme sur les vases du Dipylon.

A la fin de l'âge du bronze, la civilisation grecque mycénienne fut troublée, sinon anéantie par l'invasion de races venues du Nord et nous constatons alors en Grèce les mêmes troubles que dans le reste de l'Europe : fusion de races, substitution de l'inci-

nération à l'inhumation, mélange des armes de fer
et de bronze, multiplication des fibules.

Les vases du Dipylon [1], d'un caractère tout spécial, ont été fabriqués en Grèce pendant le premier
âge du fer. Leur style, géométrique rectiligne et sans

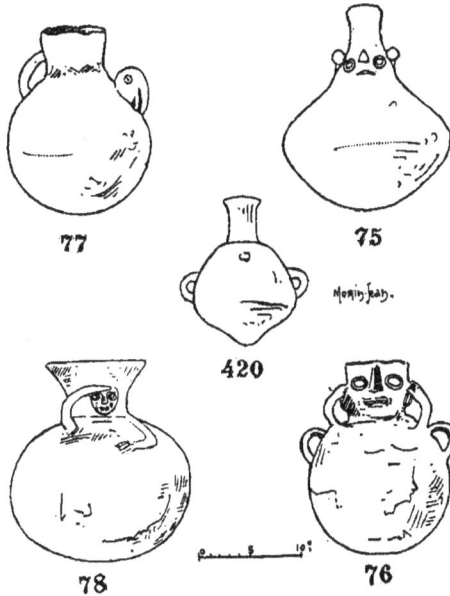

FIG. 71. — Céramique américaine. Poteries primitives du Pérou.

influence orientale, a développé son évolution jusqu'au vii⁰ siècle av. J.-C.; il a rayonné fort loin
puisque de lui procède, comme nous l'avons vu,
l'ornementation des objets hallstattiens découverts
en Europe occidentale.

Les études d'archéologie comparée, très fructueu-

1. Du nom d'une des portes d'Athènes où ils ont été trouvés en grand
nombre, consulter Ed. Pottier. *Catalogue des vases du Louvre.* Première
partie, Les origines, p. 212.

ses au point de vue philosophique, amènent à plusieurs conclusions intéressant au plus haut point les origines de l'art et de la religiosité.

Nous nous contenterons, avant de terminer, d'en esquisser trois. D'abord, le *style* a évolué en passant du général au particulier. Le décor et la forme, trop simples au début pour se différencier de peuple à peuple, procèdent universellement des mêmes principes. C'est le *style universel* des premiers hommes ; tous les peuples, aux origines, ont trouvé les mêmes formes et les mêmes combinaisons décoratives.

Sur ces éléments universels, les races ont peu à peu greffé leur personnalité : l'art

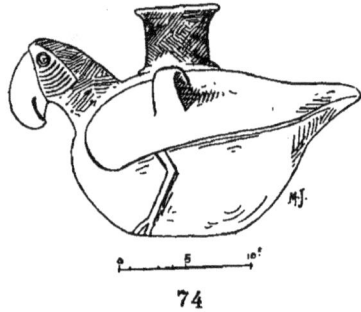

74

Fig. 72. — Poterie zoomorphique du Pérou.

américain a un facies qui lui est propre (fig. 71 et 72), l'art européen en a un autre, l'art de l'Extrême-Orient un troisième, etc. C'est le second stade du style, *celui des groupes ethniques.*

Les caractères spéciaux s'accentuant de plus en plus, on voit bientôt se dégager un *style régional* ; ainsi dès l'époque néolithique la hache polie du Danemark (fig. 73) offre un aspect qui la différencie nettement des types trouvés en France. Au VIIIe siècle av. J.-C., le style n'est pas le même à Athènes qu'en Béotie. En France, au moyen âge, chaque province a son style.

Le quatrième stade enfin appartient aux périodes

historiques ; c'est le style qu'un artiste forme à lui seul, le *style individuel*. On dira, en étudiant la période classique des Grecs : l'art de Phidias, l'art de Lysippe.

Les liens étroits qui unissent l'art et la religion chez les peuples de l'antiquité forment la seconde conclusion : les primitifs ne semblent pas avoir connu l'art pour lui-même, dégagé de toute considération utilitaire ; leur façon de raisonner était différente de la nôtre ; la décoration des poteries, des armes, des monuments avait un autre but que le plaisir des sens. Les peintres faisaient de la magie et attachaient à leur décor une vertu protectrice, un pouvoir surnaturel analogue à celui que les sauvages modernes attribuent aux tatouages.

FIG. 73. — Hache néolithique Danoise.

La religiosité est à la base de tous les arts ; elle a dominé les conceptions esthétiques de l'homme depuis les débuts mêmes de l'humanité.

Personne ne croit plus aujourd'hui avec Gabriel de Mortillet, que les races quaternaires aient ignoré la religion.

Dans la manifestation de sa croyance, l'homme a évolué, comme dans les autres branches de son activité et c'est à ce propos que nous tirerons la dernière conclusion. C'est un des plus grands mérites de l'archéologie comparée d'apprendre que dans tous les pays, les peuples ont passé par quatre phases religieuses successives ayant laissé des traces, des souvenirs vivaces jusqu'à nos jours.

1° L'adoration des pierres ou *litholâtrie*, dont les témoins abondent partout: menhirs, obélisques, haches de pierre considérées jusqu'aux temps modernes comme des fétiches pour se préserver du tonnerre.

2° La religion des plantes ou *Phytolâtrie*, qui s'est surtout développée en Orient, chez les Chaldéens, les Assyriens.

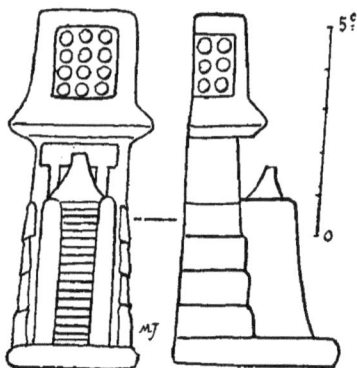

136

FIG. 74. — Archéologie Mexicaine. Modèle en terre cuite d'un Teocalli (Maison des dieux).

Le mai que les bourgeois plantaient au moyen âge dans la cour du château seigneurial, les arbres de la liberté de l'époque révolutionnaire, les superstitions concernant le trèfle à quatre feuilles, en sont autant de survivances.

3° Le culte aux animaux ou *Zoolâtrie* remontant en Gaule à une époque fort lointaine, en pleine période quaternaire. Il s'est particulièrement développé en Égypte et nous le retrouvons très en honneur en Chaldée, en Assyrie, en Grèce. C'est aux survivances de ce culte que nous devons rattacher la légende du Loup-Garou, les ours entretenus à Berne aux frais des habitants, les bucrânes (crânes de taureaux décharnés) dont la portée religieuse s'est de plus en plus affaiblie pour se perdre de nos jours dans un simple motif de décoration*architecturale.

4° Le culte aux divinités à forme humaine ou *Anthropolâtrie* qui forme le fond des religions à la période classique de l'antiquité. Les dieux humains ont triomphé des divinités à forme animale mais les animaux n'ont pas complètement disparu : ils subsistent à l'état d'accessoires et d'attributs. En Gaule, Epona, remplace le dieu-cheval qui, dompté par elle, lui sert de monture. En Égypte, en Chaldée, le dieu-homme met le pied sur la tête de l'animal déchu : ce motif s'est transmis jusqu'au moyen âge, dans les statues de nos cathédrales figurant des saints dressés sur des animaux.

Telles sont quelques-unes des déductions que suggère l'étude des antiquités primitives. Quand on prend la peine d'examiner de près des objets préhistoriques souvent ingrats dans leurs apparences, on reste confondu de l'enseignement qui s'en dégage après de longs siècles, sous la pioche des archéologues.

DEUXIÈME PARTIE

DESCRIPTION RAISONNÉE

DE LA COLLECTION MORIN

CHAPITRE PREMIER

PÉRIODE QUATERNAIRE

I

Instruments de silex taillés sur les deux faces. Types de Chelles et de Saint-Acheul[1].

Saint-Acheul[2].

(Faubourg d'Amiens — Somme.)

124. — Instrument ayant conservé à la base une partie de la croûte naturelle du rognon. Patine vernie, long., 0,120.

802. — Instrument de forme très irrégulière avec portions du rognon. Long., 0,130.

949. — Très bel instrument amygdaloïde retaillé sur tout le pourtour avec la plus grande régularité. La partie supérieure de la pièce est d'une minceur surprenante. Traces de calcin.

51. — Instrument amygdaloïde.

---

1. On classe généralement avec ces instruments des petits fossiles arrondis de la craie (Tragos globularis) qui sont percés et ont pu servir de parure. Ceux que nous possédons (n° 64) ont été ramassés à Genne-villiers avec les dents de Mammouth 65, 66 et 67 décrites plus loin. Des perles provenant du même gisement sont exposées au musée d'histoire naturelle de Troyes.

2. Consulter S. Reinach. *Description du musée de Saint-Germain. Allu-vions et cavernes*, p. 112. G. et A. de Mortillet. *Musée préhistorique*, pl. VI, à X. John Lübbock. *L'homme préhistorique*, p. 312 à 349. Commont. *Bulletin de la société linnéenne du Nord de la France*, 1906.

52 et 950. — Pièces torses [1] à pourtour entièrement retouché
(Le 52 de forme amygdaloïde, le 950 de forme ovale).

999. — Instrument de forme ovale. Tout le pourtour est taillé
sauf un tout petit point à la base, où l'on voit la
croûte du silex.

AMIENS.

(Somme.)

996. — Grand instrument ayant conservé sur le côté une portion du rognon à l'état naturel. La partie active de
cette sorte de hachoir semble avoir été l'un des bords
latéraux à la manière des racloirs moustériens [2]. Patine
vernie [3], long., 0,205.

1322. — Petit instrument amygdaloïde à patine très brillante.
Pièce achetée à Amiens en 1905. Long., 0,075.

MENCHECOURT [4].

(Faubourg d'Abbeville — Somme.)

17, 1668. — Instruments amygdaloïdes cacholonnés sur une
seule face [5].

1. Voir la reproduction et la description d'une pièce torse dans le *Musée
préhistorique* de Mortillet. 1903. Pl. VII, n°s 46 et 47.

2. Un outil analogue, conservé au musée de Saint-Germain, est reproduit dans le *Musée préhistorique* de Mortillet. Pl. VIII, n° 51.

3. Sur le vernis, consulter Gabriel de Mortillet. *Le Préhistorique*, p. 154.

4. Salomon Reinach. *Antiquités nationales. Alluvions et cavernes*, p. 112
avec coupe du gisement. Le gisement de Menchecourt fut longtemps
exploré par Boucher de Perthes et lui permit de publier en 1846 un
groupe de mémoires sous le titre : « De l'industrie primitive ou des arts
à leur origine. » (Consulter à ce sujet la *Monographie publiée sur Boucher de
Perthes*, par M. Alcius Ledieu, conservateur des musées d'Abbeville et de
Ponthieu, 1885.) Les outils découverts par Boucher de Perthes sont conservés partie au musée de Saint-Germain, partie au musée qui porte
son nom, à Abbeville où ils ont été classés par M. d'Ault du Mesnil en
concordance avec la faune de la région. Les instruments provenant de
Menchecourt ont été trouvés, à 8 et 10 mètres de profondeur.

5. Sur la patine et le Cacholong, voir Gabriel de Mortillet. *Le préhistorique*, p. 155.

ABBEVILLE.

(Somme.)

998. — Instrument de forme lancéolée. Porte du bois, fouilles de 1869. Trois mètres de profondeur.

COMPIÈGNE.

(Oise.)

679. — Instrument à très belle patine vernie. Long., 0,130.
807. — Sorte de racloir à tranchant latéral. Long., 0,120. Sablières du Buissonnet [1] (Forêt de Compiègne).

CHELLES [2].

(Canton de Lagny, arrondissement de Meaux — Seine-et-Marne.)

50. — Instrument amygdaloïde en silex lacustre.

SAINT-MAUR-LES-FOSSÉS.

(Seine.)

47. — Instrument amygdaloïde en silex marin. Pièce encroûtée de Calcin.

FLINS-SUR-SEINE.

(Canton de Meulan, arrondissement de Versailles — Seine-et-Oise.)

1908 à 1930. — Vingt-trois instruments provenant des alluvions de la Seine et classés dans l'ordre chronologique. Ls 1908 et 1909, à peine dégrossis, caractérisent les gisements de la plus ancienne époque chelléenne ; les neuf suivants (1910 à 1918) taillés à grands éclats irréguliers. Les pièces 1919 à 1925 sont caractérisées par un fort talon obtenu par la croûte du silex. La patine du 1921 est surprenante par son vernis d'une intensité peu commune. Les trois pièces suivantes

---

1. Voir Salomon Reinach. *Alluvions et cavernes*, p. 115 (28807).
2. Sur les alluvions de Chelles, S. Reinach. *Alluvions et cavernes*, p. 109. G. et A. de Mortillet. *Musée préhistorique*, pl. V.

(1926 à 1928) taillées plus régulièrement, rentrent
dans les types acheuléens. Le 1928 offre cette particularité remarquable de n'avoir la patine vernie que
sur quelques points seulement. Les nos 1929 et 1930
sont déjà des pièces moustériennes retaillées sur une
seule face.

BEAUVAIS.

(Oise.)

1780. — Instrument amygdaloïde de la période acheuléenne
trouvé à la surface du sol, environs de Beauvais, patine blanchâtre [1]. Long., 0,085.

QUIMPER.

(Finistère.)

680. — Instrument de type acheuléo-moustérien, large et plat,
en forme d'amande régulière. L'une des faces, retaillée à grands éclats, est cacholonnée ; l'autre, presque
plate et peu retouchée, n'a pas subi l'action du Cacholong et est comme vernie. Long., 0,125.

BERCHÈRES-SUR-VESGRE.

(Canton d'Anet, arrondissement de Dreux — Eure-et-Loir.)

1206. — Instrument acheuléo-moustérien offrant une face presque lisse. Superbe patine fauve.

LE GRAND-PRESSIGNY [2].

(Chef-lieu de canton de l'Indre-et-Loire, arrondissement de Loches.)

1801. — Bel instrument acheuléen, de forme triangu-

1. Les outils trouvés à la surface du sol se reconnaissent à leur patine
généralement moins brillante et moins foncée que celle des pièces d'alluvions. Ils ont aussi des taches de rouille que les silex des alluvions
n'ont pas. Ces taches sont produites par des parcelles de fer laissées sur
le silex par les socs de charrue, les clous des chaussures, etc.
2. Le Grand Pressigny, célèbre par son atelier de taille de pierre de
l'époque néolithique, a aussi fourni du quaternaire inférieur. On peut
en voir au musée de Saint-Germain, vitrine XII, salle I.

laire [1] et diversement patiné sur les deux faces. La pièce est percée d'un trou naturel [2]. Long., 0,125.

TROYES.

(Aube.)

1833 à 1839. — Sept instruments trouvés à la surface du sol sur les plateaux des environs de Troyes. Patine claire, taches de rouille (les 1835 et 1836 munis d'un talon formé par la croûte du silex) (le 1839 de grande taille et façonné en amande régulière).

LES GOULAINES.

(Près Mâcon, Saône-et-Loire.)

1896-1897. — Deux instruments amygdaloïdes avec portion de la croûte du silex réservée à la base. Patine brune.

DORDOGNE.

1. — Très grand instrument entièrement cacholonné. Forme en amande régulière. Long., 0,220.

48. — Instrument triangulaire trouvé aux environs de Périgueux.

997. — Instrument amygdaloïde de forme très régulière, bien taillé sur tout le pourtour. Environs de Périgueux.

1338. — Petit instrument cacholonné. Combe-Capelle. Long., 0,070.

1718. — Instrument taillé à grands éclats et de forme presque discoïde. La base montre une partie du rognon du silex à l'état naturel. Long., 0,095. Sergeac (Provient de la Collection E. Collin).

---

1. Les instruments triangulaires sont rares, aussi bien sur les plateaux que dans les alluvions. Il en existe une fort belle série au musée de Calais ; ils sont entièrement cacholonnés, et proviennent de la grotte de la grande chambre. Fouilles E. Lejeune, 1874.

2. Les pièces percées ne sont pas rares. Il y en a au musée de Saint-Germain.

1885. — Petit instrument en quartz laiteux [1] provenant de la grotte Margay.

II

Instruments de silex taillés sur une seule face.

(Type du Moustier.)

SAINT-ACHEUL.

(Faubourg d'Amiens — Somme.)

157. — Éclat des alluvions de la Somme, patine vernie. Long., 0,080.

LE PECQ [2].

(Canton de Saint-Germain-en-Laye, arrondissement de Versailles Seine-et-Oise.)
Alluvions de la Seine.

36, 61, 1195. — Éclats.

1719, 1720. — Deux éclats à patine jaune provenant de la collection E. Collin, le 1720 pourvu d'une coche latérale retouchée. .

45, 1335. — Six lames.

41. — Racloir.

POISSY [3].

(Chef-lieu de canton de Seine-et-Oise, arrondissement de Versailles.)
Alluvions de la Seine.

1035. — Deux lames.

---

1. Les instruments en quartz sont rares. Voir S. Reinach. *Alluvions et cavernes*, p. 146. Mortillet. *Musée préhistorique*, pl. VIII.

2. Sur le gisement du Pecq, consulter S. Reinach. *Alluvions et cavernes*, p. 115. Les pièces provenant de cette localité sont ordinairement très roulées.

3. Voir des outils des sablières de Poissy au musée de Saint-Germain. Salle I, vitrine IX.

LEVALLOIS [1].

(Seine.)

Alluvions de la Seine.

18. — Grand éclat ovale, pièce arquée.

34. — Lame.

1781. — Belle pointe finement retouchée sur l'un des bords, patine très vernie. Long., 0,100.

ENVIRONS DE BEAUVAIS.

(Oise.)

24. — Petit éclat trouvé à Montguillain [2], sur la commune de Goincourt (canton de Beauvais Sud-Ouest).

1341. — Racloir cacholonné présentant un bord en arc de cercle soigneusement retouché. Provient d'Allonne (canton de Beauvais Sud-Ouest). Longueur du bord retouché, 0,075.

31. — Lame provenant du gisement exploré par L. Thiot, à Saint-Just-des-Marais (canton de Beauvais Nord-Est). Briqueterie Rebour [3].

1377. — Lame découverte à Bruneval et provenant de la collect. L. Thiot. Long., 0,095.

1755. — Pointe cacholonnée trouvée à la surface du sol. Long., 0,100.

STATIONS DE LA DORDOGNE.

1904 à 1907. — Quatre outils provenant du Moustier (commune de Peyzac) [4]. Le 1904 est l'ancêtre du grattoir

---

1. Le gisement de Levallois-Perret a été exploré entre autres par M. Reboux.

2. Voir une série de silex de cette localité au musée de Saint-Germain. Salle I, vitrine VIII.

3. L. Thiot. « Superposition des industries préhistoriques à Saint-Just-des-Marais, » avec coupe du gisement et figures. Revue l'*Homme préhistorique*, 2e année, n° 10, octobre 1904.

4. La station du Moustier a été visitée par de nombreux explorateurs : Lartet, Christy, Massénat, Peccadeau de l'Isle, etc. Voir musée de Saint-Germain. Salle I, vitrine XVI. Plusieurs époques y ont été étudiées par M. Bourlon. *Revue préhistorique*, juillet 1905, n° 7, p. 193 et suiv.

solutréen, cette sorte de rabot dit « grattoir Tarté » à
dos saillant ; le 1905 est un grattoir de facies déjà
solutréen ; le 1906, un petit racloir et le 1907, un
racloir double qui se rapproche, par la finesse des
retouches et la régularité du contour, des feuilles de
laurier solutréennes.

54. — Racloir avec croûte naturelle du rognon. Saint-Agne
(canton de Lalinde, arrondissement de Bergerac).

1287. — Grand racloir offrant la forme d'un triangle curvi-
ligne. Fines retouches sur tout le pourtour. Rouffignac.

1336. — Racloir. Long., 0,120. Troche[1].

1378. — Racloir long et étroit. Grotte Raymonden[2] (commune de
Chancelade, canton et arrondissement de Périgueux).

60. — Pointe cacholonnée trouvée à Sainte-Eulalie-d'Eymet
(canton d'Eymet, arrondissement de Bergerac). Provient de la collect. de M. le comte de Bonal, 1870.

1001. — Belle pointe cacholonnée à bords latéraux finement retouchés d'un côté et presque sans retouches de l'autre
(Sainte-Eulalie-d'Eymet).

III

Industrie Solutréenne.

SOLUTRÉ[3].

(Canton et arrondissement de Mâcon — Saône-et-Loire.)

1042. — Lame de silex[4] ramassée dans une vigne du Crot-du-

---

1. La pièce, dont le pourtour a été retouché un peu partout, devait
servir de racloir sur son grand arc, mais peut entrer aussi dans la caté-
gorie des pointes.

2. Sur la grotte Raymonden, consulter S. Reinach. *Alluvions et cavernes*, p. 175 et 188.

3. Solutré a été principalement exploré par MM. de Ferry, Arcelin, Ducrost. Consulter S. Reinach. *Alluvions et cavernes*, p. 196 et suivantes.

4. La patine caractéristique de Solutré est un cacholong entièrement
blanc qui la plupart du temps a décomposé le silex dans toute la profondeur de sa masse.

Charnier, par M. Paul Farochon, architecte, qui nous l'a gracieusement offerte.

1156. — Pointe de silex en feuille de laurier trouvée au Crot-du-Charnier[1], provient de la collection Landa, de Chalon-sur-Saône.

La pièce, retouchée d'un seul côté et à grands éclats, pourrait caractériser le passage du Moustérien au Solutréen[2]. Long., 0,070.

1197-1198. — Deux fragments de pointes de silex en feuille de laurier. Crot-du-Charnier (Collection Landa).

1215. — Pointe de silex losangiforme (restaurations).

1216. — Deux fragments de pointes de silex taillées sur une seule face.

1217. — Deux grattoirs en silex.

1218. — Perçoir en silex (restaurations).

1219. — Trois lames de silex.

1742. — Fragments de silex recueillis en août 1907 dans la tranchée faite au Crot-du-Charnier par le Dr Arcelin fils. Au milieu de ces fragments était une petite pointe de lance assez finement retouchée. Les ossements qui accompagnaient ces silex sont décrits plus loin (n° 1750).

GORGE D'ENFER.

(*Commune de Tayac, canton de Saint-Cyprien, arrondissement de Sarlat Dordogne.*)

55. — Lame de silex.

1192. — Pointe en feuille de laurier. Silex cacholonné. Long., 0,060.

1204. — Burin de silex avec grattoir à l'autre extrémité de la lame. Long., 0,060.

1231. — Jolie pointe de silex en feuille de saule à cran latéral. Face inférieure plane et sans retouches. Pièce intacte. Long., 0,050.

1. Sur le Crot-du-Charnier, voir S. Reinach. *Alluvions et cavernes*, p. 197.

2. M. le Dr Arcelin fils, trouve dans ses fouilles actuelles, un niveau inférieur au magma de cheval contenant des foyers présolutréens.

1233. — Grande sagaie en bois de renne gravé [1], base en biseau. Long., 0,360.

1284. — Fragment de sagaie en bois de renne gravé ; les signes tracés pourraient être des poissons fortement schématisés [2]. Long. du frag., 0,055.

1351. — Canine de Cervidé [3] percée d'un trou de suspension et ornée sur la partie arrondie d'un signe * gravé.

1368-1369. — Deux dents canines de carnivores [4], percées d'un trou de suspension à l'extrémité de la racine.

1376. — Dent molaire d'Ursus percée pour servir de pendeloque. [Superbe pièce cacholonnée.]

LAUGERIE-HAUTE [5].

(Commune de Tayac — Dordogne.)

1273. — Admirable pointe en feuille de laurier, finement retouchée sur ses deux faces. Silex cacholonné, pièce intacte. Long., 0,095.

1795. — Deux grattoirs en silex.

1724. — Grattoir double en silex noir [6]. Pièce intéressante retouchée aussi sur un des côtés latéraux.

---

1. Cette sagaie est une des plus longues connues. Il en existe une, également très longue, au Museum. *Collection de Vibraye*, n° 14910. Laugerie-Basse.

2. D'après les travaux de M. l'abbé Breuil.

3. Les canines atrophiées des cervidés étaient très recherchées par les hommes des cavernes. Elles servent encore maintenant comme trophée de chasse. Voir S. Reinach. *Alluvions et cavernes*, p. 250. — Mortillet. *Musée préhistorique*, pl. XXIII, n° 187. On les trouve dans les sépultures quaternaires. Homme de Menton. Sépulture de la grotte des Hotteaux à Rossillon (Ain) reconstituée au *Musée préhistorique de Bourg*.

4. Les dents percées de renards et de loups sont abondantes, tant dans les stations solutréennes que dans les gisements magdaléniens. Voir Musée de Saint-Germain. Salle I, vitrine XXV.

5. Station fouillée par Lartet, Christy, Massénat, de Vibraye, etc. Consulter S. Reinach. *Alluvions et cavernes*, p. 221.

6. Sur les grattoirs doubles, voir Mortillet. *Musée préhistorique*, pl. XIX, n° 146.

1352. — Canine atrophiée de Cervidé portant à la racine un large trou de suspension, et ornée, sur la partie arrondie, de trois entailles parallèles.

1353. — Incisive non percée trouvée à côté de dents munies d'un trou de suspension.

1355. — Deux incisives percées à la racine.

1840. — Admirable feuille de laurier en quartz enfumé trouvée par Louis Tabanou[1]. Par la délicatesse de l'exécution et le choix de la roche, cette pièce est un véritable bijou préhistorique.

BADEGOLS[2].

(Commune de Beauregard, canton de Terrasson, arrondissement de Sarlat Dordogne.)

1230. — Pointe de silex en feuille de saule à cran latéral. La pièce n'est retouchée que vers la pointe et sur un des côtés du pédoncule (cassée en deux lors de la trouvaille).

1234. — Instrument en bois de renne gravé et orné, sur les deux faces, d'une ligne zigzaguée. Long., 0,180.

1386. — Dent incisive de Cervidé dont la racine a été ornée d'entailles transversales.

TOURTOIRAC.

(Canton d'Hautefort, arrondissement de Périgueux — Dordogne.)

1362. — Nucleus ou rognon de silex dont on a détaché des lames par percussion[3], patine jaune. Long., 0,095.

1823. — Grattoir en silex.

1357. — Incisive percée.

PUYROUSSEAU.

(Périgueux — Dordogne.)

1354. — Petite pendeloque en pierre.

1. Fouilleur intrépide, Tabanou est mort sur le champ même de ses explorations, victime de l'éboulement d'un quartier de roche.
2. Salomon Reinach. *Alluvions et cavernes*, p. 184 et 195.
3. On peut voir des Nuclei solutréens au musée de Saint-Germain. Salle I, vitrine XXIII.

1358. — Canine percée d'un trou dans la racine.

Grotte-Margay.

(Dordogne.)

1363 à 1366. — Lames de silex en feuille de laurier, retouchées
d'un seul côté. Le 1366, remarquable par son extrême
minceur (3 millimètres environ).

1367. — Petit perçoir en silex très régulièrement taillé.

1800. — Double grattoir en silex.

1356. — Deux incisives percées à la racine.

1359. — Canine de carnivore avec trou de suspension.

1360. — Dent de sanglier percée.

1361. — Deux canines atrophiées de Cervidé, percées à la racine.

Champblanc.

(Dordogne.)

1375. — Grande pointe à un cran latéral, admirablement taillée, à face inférieure entièrement plane. Silex cacholonné. Long., 0,115 (restaurations).

Grotte de l'Église[1].

*(A Exideuil, chef-lieu de canton de la Dordogne, arrondissement
de Périgueux.)*

1721. — Lame de silex jaune moucheté provenant des fouilles
du Dʳ Parrot. Long., 0,070.

Lanauve.

(Dordogne.)

1327-1329-1342. — Grattoirs en silex (les 1329 et 1342 sont
épais, de type archaïque).

Combe-Capelle.

(Dordogne.)

1328. — Grattoir en silex cacholonné. Long., 0,060.

---

1. La grotte de l'église a surtout été fouillée par les frères Parrot.
Voir S. Reinach. *Alluvions et cavernes*, p. 218.

GROTTES DES BAOUSSÉ-ROUSSÉ [1].

(A Grimaldi, commune de Ventimiglia — Italie.)

1779. — Feuille de laurier en silex gris dont une des extrémités
a été cassée dès l'époque quaternaire et retaillée de
façon à donner un tranchant droit. Long., 0,090.
Fines retouches sur les deux faces.

PROVENANCE INDÉTERMINÉE.

1374. — Belle feuille de laurier en silex retouchée sur les deux
faces. Long., 0,095 (l'une des extrémités manque).

IV

Industrie Magdalénienne.

LA MADELAINE [2].

*(Commune de Tursac, canton de Saint-Cyprien, arrondissement de Sarlat
Dordogne.)*

56 et 1201. — Lame de silex. Long., 0,120.

1202. — Burin, silex. Long., 0,050.

1200 et 1207. — Grattoir, silex.

26-1212. — Deux bases de sagaie en bois de renne.

1232. — Partie inférieure d'une sagaie en bois de renne gravé.

1253. — Harpon en bois de renne [3], à deux rangs de barbelures. Long., 0,140 (restaurations).

1283. — Fragment de bâton en bois de renne sur lequel une
tête d'équidé a été gravée avec la plus grande correc-
tion. Le sillon profondément creusé sur la joue

1. Voir S. Reinach. *Alluvions et cavernes*, p. 256 à 261 et l'*Anthropologie*, année 1906, p. 257 et suivantes.

2. Station principalement fouillée par Lartet et Christy. Voir S. Reinach. *Alluvions et cavernes*, p. 231.

3. Sur les harpons, consulter un article de M. Cartailhac dans l'*Anthropologie* de 1903, p. 300.

serait-il l'indication du chevêtre[1]? De longs poils nettement marqués[2] autorisent à penser que le cheval pléistocène était fortement barbu[3].

1286. — Grand harpon en bois de renne[4], à deux rangées de barbelures, de 19 centimètres de longueur.

1439. — Très belle aiguille d'os percée d'un tout petit chas et en parfait état de conservation. Long., 0,042[5].

894. — Bois de renne ayant fourni des baguettes[6].

LAUGERIE BASSE[7].

(Commune de Tayac, canton de Saint-Cyprien, arrondissement de Sarlat
Dordogne.)

1782-1783-1793. — Trois lames de silex.

1203-1324-1325-1326 et 1784. — Cinq grattoirs de silex, le 1326 ayant pu servir à la manière d'un rabot.

1785 et 1794. — Deux burins, silex.

1349. — Os d'oiseau avec série d'encoches[8].

1350. — Fragment d'os percé d'un trou de suspension et entaillé sur les bords de quatre séries d'encoches parallèles[9].

1. Consulter à ce sujet un article de M. Piette paru dans l'*Anthropologie* de 1906, p. 27 à 53.

2. A comparer une tête de cheval également très barbu, gravée dans la grotte de la Mouthe et reproduite dans le *Musée préhistorique*, de Mortillet, pl. XXX, nᵒ 257.

3. M. Champion, directeur des ateliers du musée de Saint-Germain, à qui nous avons donné communication de cette pièce, en a développé un moulage exposé dans les cadres fixés au mur de la salle I, nᵒ 50411.

4. On est autorisé à penser que l'homme quaternaire empoisonnait ses armes si l'on en juge par les sillons creusés dans les barbelures et sur le fût de l'instrument.

5. Cette pièce, entrée dans notre collection, le 20 mars 1906, a été trouvée à la Madelaine par M. E. Rivière.

6. Mortillet. *Musée préhistorique*, pl. XXIV, nᵒ 195.

7. Les principaux fouilleurs de Laugerie-Basse ont été Lartet et Christy, Massénat, etc. Voir S. Reinach. *Alluvions et cavernes*, p. 193.

8. Un os de faciès très analogue est au musée de Saint-Germain. Vitrine XXV, nᵒ 20067.

9. V. Salomon Reinach. *Alluvions et cavernes*, p. 217 et 218.

1371-1372. — Petits os percés d'un trou de suspension au ras de la poulie (extrémité inférieure brisée).

1373. — Canine de carnivore percée d'un trou de suspension et ornée de lignes gravées. Très belle patine.

GROTTE DES COMBARELLES.

(Dordogne.)

1725. — Petit burin de silex.

CRO-MAGNON [1].

(Commune de Tayac, canton de Saint-Cyprien, arrondissement de Sarlat Dordogne.)

1728. — Petite lame en quartz provenant de la collection E. Collin. Long., 0,025.

GROTTE RAYMONDEN.

(Commune de Chancelade, canton et arrondissement de Périgueux Dordogne)

1790-1791-1799. — Quatre lames de silex.

1788-1792-1797-1815-1816. — Huit grattoirs en silex.

1798. — Grattoir-burin en silex. Long., 0,085.

1786. — Burin, silex. Long., 0,125.

1787. — Lame dite en bec de perroquet, silex, 0,095.

LA BALUTIE [2].

(Canton de Montignac, arrondissement de Sarlat — Dordogne.)

1205. — Petite lame de silex dite en bec de perroquet.

BELCAIRE-HAUT.

(Commune de Thonac, canton de Montignac, arrondissement de Sarlat — Dordogne.)

1723. — Burin double, silex. Long., 0,050.

1. La station de Cro Magnon, découverte en 1868 par des ouvriers travaillant à la ligne du chemin de fer est restée particulièrement célèbre et a ouvert le champ à de violentes discussions. Voir S. Reinach. *Alluvions et cavernes*, p. 186-187.

2. *Matériaux*, t. XIV, p. 526; t. X, p. 325.

GROTTE DE LIVEYRE[1].

(Dordogne.)

1254. — Harpon en bois de renne barbelé d'un seul côté. Lignes
      obliques gravées en creux sur la face supérieure de
      l'instrument. Sillon latéral. Tissu spongieux à la face
      inférieure (Restaurations). Long., 0,130.

1281. — Fragment d'un bâton dit « de commandement » percé
      d'un trou.

SAINT-MORÉ.

(Canton de Vézelay, arrondissement d'Avallon — Yonne.)

1000. — Deux lames de silex.

GROTTE DE CHAFFAUD[2].

(Commune de Savigné, canton et arrondissement de Civray — Vienne.)

1726. — Lame de silex jaune moucheté. Long., 0,060. Pro-
      vient de la collect. Lartet.

GROTTE DU PLACARD[3].

(A Rochebertier, commune de Vilhonneur, canton de La Rochefoucauld, arrondissement d'Angoulême — Charente.)

1722. — Grattoir en silex noir. Long., 0,070.

1727. — Burin en silex gris. Long., 0,055.

1370. — Boucle de raie percée pour servir de pendeloque[4].

---

1. **La grotte de Liveyre** a été fouillée par M. E. Rivière qui y a découvert des foyers magdaléniens au-dessus de couches solutréennes. Voir
Congrès préhistorique de France. Première session. Périgueux, 1905.

2. **La grotte de Chaffaud** a été rendue célèbre par l'os gravé découvert
par M. Brouillet vers 1845. Voir S. Reinach. *Alluvions et cavernes*, p. 178.

3. Sur la **grotte du Placard**, fouillée par MM. Fermond et du Maret,
voir S. Reinach. *Alluvions et cavernes*, p. 211. Consulter aussi un article
de M. Adrien de Mortillet, dans le compte rendu de la 2e session du
Congrès préhistorique de France. Vannes, 1906, p. 241 à 265.

4. Cette pièce prouve que l'homme quaternaire de la Charente était
en relation avec le littoral marin.

GROTTE D'ESPALUNGUE[1].

(A Lourdes, arrondissement d'Argelès — Hautes-Pyrénées.)

1213. — Morceau d'os aminci à son extrémité (base de sagaie ou lissoir pour les coutures des vêtements?).

GROTTES DES BAOUSSÉ-ROUSSÉ.

(A Grimaldi, commune de Ventimiglia — Italie.)

1387. — Pendeloques en coquillages (Trois pièces).

V

Paléontologie Pleistocène.

Elephas primigenius (Mammouth)[2].

65, 66, 67. — Molaires provenant des carrières de Gennevilliers (alluvions quaternaires de la Seine).

1383. — Molaire, alluvions de Cormeilles-en-Parisis (Seine-et-Oise).

Rhinoceros tichorhinus (Rhinoceros à narines cloisonnées)[3].

69. — Vertèbre lombaire provenant de la Touraine.

1182. — Molaire. Alluvions de Chelles (Seine-et-Marne).

Arctomys Marmotta[4], *race primigenia*[5].

1274. — Crâne provenant des limons quaternaires de Saint-

1. *Matériaux*, t. VIII, p. 446; t. XXI, p. 363.

2. Un squelette entier de cet animal est exposé au musée d'histoire naturelle de Bruxelles. Il a été trouvé à Lierre (province d'Anvers) et monté en 1869.

3. Gaudry et Boule. *Matériaux pour l'histoire des temps quaternaires*, p. 41, 79, 85, pl. XVII.

4. Le museum de Paris possède un squelette entier de cet animal. Il a été reconstitué avec des ossements recueillis à Cœuvres (Aisne) par M. l'abbé Breuil, 1899.

5. Gaudry. *Matériaux pour l'histoire des temps quaternaires*, t. I, p. 27, pl. II-III.

Fons (canton de Villeurbanne, arrondissement de Lyon — Rhône).

Ursus spelaeus (Ours des cavernes).

70. — Ensemble des vertèbres cervicales (axis et atlas) d'un individu trouvé dans la caverne de l'Herm (Ariège)[1].

72. — Canines et molaires de la grotte de Presles (Isère) et de provenance indéterminée.

84. — Radius gauche. Caverne de l'Herm (Ariège).

Felis leo race Spelaea[2].

129. — Canine (caverne de l'Herm).

11. — Molaire.

Hyæna crocuta race Spelæa[3].

1346. — Fragment de maxillaire inférieur portant quatre molaires. Dépôt ossifère de la grotte d'Engis[4], vallée de la Meuse (Belgique).

1347. — Dent molaire. Dépôt ossifère de la grotte d'Engihoul[5], vallée de la Meuse (Belgique).

1348. — Canines. Grotte d'Engihoul.

Equus caballus[6] (cheval).

1043, 1190. — Molaires inférieures.

80. — Molaire supérieure[7].

71. — Astragale et fragments de molaires trouvés avec la lame

1. Noulet. *Étude sur la caverne de l'Herm.* Toulouse, 1874.

2. L'*Anthropologie,* t. XVI, n° 1, janvier-février 1905, p. 113 et suiv.

3. Sur l'hyæna spelæa, voir S. Reinach. *Alluvions et cavernes,* p. 48.

4. C'est dans ce dépôt que Schmerling a découvert le crâne connu sous le nom de « crâne d'Engis ». Voir S. Reinach. *Alluvions et cavernes,* p. 144.

5. Sur la grotte d'Engihoul, voir S. Reinach. *Alluvions et cavernes,* p. 188.

6. Sur le cheval pleistocène, voir S. Reinach. *Alluvions et cavernes,* p. 68 et 225.

7. Les molaires supérieures se reconnaissent à la couronne beaucoup plus large que dans les molaires inférieures.

de silex n° 1042, dans une vigne du Crot-du-Charnier à Solutré.

1750. — Ossements de chevaux (molaires, incisives, os longs, pied complet avec le sabot[1]) et de rennes recueillis en août 1907, dans la tranchée faite au Crot-du-Charnier par le Dr Arcelin.

(Voir ci-dessus (n° 1742) les silex qui accompagnaient ces ossements.)

Tarandus rangifer[2] (renne).

1044. — Maxillaire inférieur gauche provenant de Laugerie-Basse.

1196. — Fragment de palme de bois de renne. La Madelaine. Fouilles Lartet et Christy en 1863.

1285. — Fragment de palme de bois de renne avec lignes tracées par l'homme. Grotte Margay.

Homo sapiens.

1385. — Brèche osseuse contenant des débris humains. La Madelaine. Fouilles de Lartet et Christy en 1863.

---

1. Un pied de cheval du même type a été reconstitué au musée d'histoire naturelle de Troyes, il est originaire de la grotte de Chaffaud (Vienne).

2. Salomon Reinach. *Alluvions et cavernes*, p. 53

CHAPITRE II

PÉRIODE NÉOLITHIQUE

I

Néolithique inférieur.

ETREPAGNY.

(Arrondissement des Andelys — Eure.)

Instruments de silex avec taches de rouille trouvés à la surface du sol.

10, 57, 1034. — Tranchets[1].

1003, 1004. — Malleus ou percuteurs[2].

9, 42. — Grattoirs (forme dite en bec de canard), le 42 fortement cacholonné.

2. — Éclateur. Long., 0,150.

3, 4, 5, 6, 7, 8, 13, 16, 19, 27, 33 et 990. — Haches grossièrement taillées[3] (les nos 7 et 990 d'un contour assez régulier).

ATELIER DE MEULAN.

(Arrondissement de Versailles — Seine-et-Oise.)

20 et 46. — Deux grattoirs en silex.

---

1. Voir de semblables tranchets dans le *Musée préhistorique* de Mortillet, pl. XLIII.

2. Mortillet. *Musée préhistorique*, pl. XXXV.

3. Contrairement à la théorie de Gabriel de Mortillet, ces outils ne semblent pas avoir été destinés au polissage.

LES MUREAUX.

(Canton de Meulan, arrondissement de Versailles — Seine-et-Oise.)

12. — Grattoir circulaire en silex.

TRIEL.

(Canton de Poissy, arrondissement de Versailles — Seine-et-Oise.)

43. — Tranchet. Silex cacholonné.

CAMP BARBET.

(Commune de Janville, canton et arrondissement de Compiègne — Oise.)

1824. — Tranchet. Silex cacholonné. Long., 0,050.

1796. — Grattoir. Silex cacholonné.

ENVIRONS DE BEAUVAIS.

(Oise.)

1645. — Hache taillée en silex. Long., 0,170.

Par l'extrême régularité des contours, cette pièce pourrait appartenir au néolithique moyen.

CIRES-LES-MELLO.

(Canton de Neuilly-en-Thelle, arrondissement de Senlis — Oise.)

127. — Malleus ou percuteur en silex.

ENVIRONS DE COMPIÈGNE.

(Oise.)

44. — Tranchet en silex. Le tranchant a été ébréché par l'usage.

MOUY.

(Arrondissement de Clermont — Oise.)

1902. — Silex géométrique de petite dimension se rattachant à l'industrie dite « Tardenoisienne »[1] pièce cacholonnée. Long., 0,045.

1. Sur l'industrie Tardenoisienne, consulter le *Musée préhistorique de Mortillet*, pl. XXXIV.

HODENC.

(Canton de Noailles, arrondissement de Beauvais — Oise.)

1901. — Petit silex géométrique. Tardenoisien.

LES CLÉRIMOIS.

(Canton de Villeneuve-l'Archevêque, arrondissement de Sens — Yonne.)

49. — Hache taillée en silex.

MESLAY.

(Arrondissement de Laval — Mayenne.)

956. — Malleus en silex.

CAMP DE CHASSEY.

(Canton de Chagny, arrondissement de Chalon-sur-Saône — Saône-et-Loire.)

1191. — Poinçon d'os refendu [1]. Long., 0,080.

SPIENNES [2].

(Belgique.)

1763. — Hache de silex grossièrement taillée. Taches de rouille.

PROVENANCE INDÉTERMINÉE.

116, 1330. — Deux grattoirs de silex.

II

Néolithique moyen et supérieur.

HERMES [3].

(Canton de Noailles, arrondissement de Beauvais — Oise.)

97. — Grande hache polie en silex cacholonné. Coupe en ovale très arrondi. Long., 0,200 ; poids, 780 grammes.

---

1. Un outil analogue est figuré dans le *Musée préhistorique* de Mortillet, pl. XLII, n° 424.

2. Le gisement de Spiennes est représenté au musée de Saint-Germain par un assez grand nombre d'objets en pierre exposés dans la vitrine I de la salle II.

3. Le gisement archéologique de Hermes, exploré surtout par l'abbé Hamard, curé du pays, est très riche en époques diverses : néolithique, gallo-romain, mérovingien.

21, 32, 39, 107. — Haches polies en silex.

23. — Hache polie en silex (débris d'une hache plus longue dont
le tranchant, formant angle obtus, a été retaillé
et en partie poli).

NOYERS-SAINT-MARTIN.

(Canton de Froissy, arrondissement de Clermont — Oise.)

1323. — Beau grattoir en silex gris, retouché avec soin tout
autour. Long., 0,075.

DRAGAGES DE LA SEINE A PARIS.
(1880.)

89. — Hache polie en silex équarrie sur les bords latéraux, patine brune. Long., 0,145.

BOULOGNE-SUR-SEINE.

(Seine.)

1766. — Hache de silex incomplètement polie. Long., 0,135.
14, 22, 25, 30. — Débris de haches en silex.

CHARENTON.

(Seine.)

1709. — Fragment de poterie en terre grise, la surface extérieure couverte de petites pastilles rondes en léger
relief (provient de la collection E. Collin).

VERNON.

(Arrondissement d'Évreux — Eure.)

1789. — Vase en terre monté à la main ; panse arrondie, sans
pied et ornée de deux petits mamelons non percés.
Provient d'une sépulture des environs de Vernon.

1814. — Ciseau en silex affûté aux deux bouts trouvé dans la
même sépulture que le 1789. Long., 0,130 (frag-
menté et recollé).

MORIN-JEAN.   11

ÉTREPAGNY.

(Arrondissement des Andelys — Eure.)

1843. — Hache de silex incomplètement polie. Long., 0,160.

VAUMION.

(Seine-et-Oise.)

1713. — Pointe de flèche en silex blond. Type à long pédoncule et barbelures légèrement relevées. Fines retouches. (L'extrémité de la pointe manque.) Provient de la collection E. Collin. Long., 0,045.

DRAVEIL.

(Canton de Boissy-Saint-Léger, arrondissement de Corbeil — Seine-et-Oise.)

1765. — Hache polie en silex blond. Le tranchant, ébréché à l'usage, a été retaillé sans être poli. Patine vernie.

MONTAINVILLE.

(Canton de Meulan, arrondissement de Versailles — Seine-et-Oise.)

28. — Petite hache en silex cacholonné, incomplètement polie. Long., 0,090. (Époque de passage entre le Campignyen et le néolithique moyen.)

NEMOURS.

(Arrondissement de Fontainebleau — Seine-et-Marne.)

29. — Hache polie en grès lustré.

1753, 1888. — Haches polies en silex gris.

ESBLY.

(Canton de Crécy-en-Brie, arrondissement de Meaux — Seine-et-Marne.)

1764. — Belle hache polie en silex d'eau douce. Côtés équarris, tranchant oblique. Long., 0,120.

POINCY.

(Canton et arrondissement de Meaux — Seine-et-Marne.)

1005. — Hache plate, incomplètement polie, en silex noir fortement cacholonné, très belle patine.

BRAY-SUR-SEINE.

(Arrondissement de Provins — Seine-et-Marne.)

108. — Hache en silex montrant des traces de polissage.

PROVINS.

(Seine-et-Marne.)

872. — Très belle hache soigneusement polie, en jadéïte. Pièce intacte.

CUIS.

(Canton d'Avize, arrondissement d'Épernay — Marne.)

35. — Scie en silex.

NEUILLY-SAINT-FRONT.

(Arrondissement de Château-Thierry — Aisne.)

1600. — Grande hache polie en silex, de trente centimètres de longueur. Côtés équarris. Tranchant oblique. Pièce en parfait état, belle patine.

ENVIRONS D'AMIENS.

(Somme.)

1002. — Gaine à douille en corne de cervidé et hache en silex cacholonné dont le tranchant seul a été poli[1]. La gaine est pourvue d'un trou central par où passait un manche de bois.

1. Cette hache n'est pas celle de l'emmanchure. Elle y a été introduite pour mieux faire saisir la destination de la douille.

Environs de Chartres.

(Eure-et-Loir.)

96, 99. — Deux haches polies en micro-diorite.

1751. — Très belle hache polie en silex, patine fauve. Long., 0,160.

1778. — Hache polie en silex fortement cacholonné.

Sours.

(Canton et arrondissement de Chartres — Eure-et-Loir.)

100 à 106. — Sept haches polies en diorite dont le feldspath est décomposé à la surface[1].

1890. — Petite hache polie en diorite. Long., 0,075.

Le Grand-Pressigny.

(Arrondissement de Loches — Indre-et-Loire.)

125, 126. — Deux grands nuclei ou rognons de silex blond dont on a détaché des lames. L'un d'eux mesure 27 centimètres de long[2].

1340, 1903. — Scies à coches latérales, en silex blond[3].

Tours.

(Indre-et-Loire.)

1714. — Pointe de flèche en silex blond. Type à barbelures plus longues que le pédoncule (l'une de ces barbelures a été cassée). Provient de la collection E. Collin. Long., 0,040.

Moulins.

(Allier.)

1166. — Petite hache polie en silex blond.

1. Le département d'Eure-et-Loir est très riche en haches de ce genre.

2. Ces nuclei, appelés « livres de beurre » dans le pays sont caractéristiques de la région. Voir *Catalogue sommaire du musée de Saint-Germain* par S. Reinach, p. 70. Salle III, vitrine I.

3. Ces scies étaient fabriquées en masse au grand Pressigny et exportées au loin. Voir *Musée préhistorique* de Mortillet, pl. XXXIX, n° 384.

ARGENTON.

(Arrondissement de Châteauroux — Indre.)

15. — Petite hache polie en jadéïte.

PEUGILAT-CHAMBON-LEMOUTHE.

(Commune de Jouhet, arrondissement de Montmorillon — Vienne.)

1832. — Petit grattoir en silex roux.

SALIGNAC.

(Canton de Mirambeau, arrondissement de Jonzac — Charente-Inférieure.)

1892. — Hache polie en silex, le tranchant très soigneusement
poli ; la partie encastrée dans le manche à peine dé-
grossie. Provient de la collection Lechat. Long.,
0,085.

1899. — Très belle hache plate en calcaire poli, trouvée le
27 novembre 1902. Provient de la collection Lechat.
Long., 0,163.

SAINT-BRIEUC.

(Côtes-du-Nord.)

1011. — Grande hache polie en amphibolite trouvée le 7 mars
1888, en démolissant une maison [1], rue Notre-Dame.
Le dos de l'outil a été repiqué à l'endroit du manche
pour éviter le glissement [2]. Long., 0,255. Poids,
1 285 grammes.

[1]. Suivant une superstition constatée un peu partout, cet instrument
avait été encastré dans le mur de la maison pour la préserver du tonnerre.
Sur les superstitions concernant les haches de pierre, voir S. Reinach,
Alluvions et cavernes, p. 78, note 2. Une hache trouvée dans les mêmes
conditions est exposée au musée Boucher de Perthes, à Abbeville ;
elle est en silex, mesure 29 centimètres de long et a été découverte en
1858 à Canchy, dans le mur de soubassement d'une maison.

[2]. Sur le repiquage des haches polies, voir Mortillet. *Musée préhistorique*, pl. LI, n° 544.

LAMBALLE.

(Arrondissement de Saint-Brieuc — Côtes-du-Nord.)

111. — Petite hache en fibrolite. Coupe très arrondie.

1010. — Hache polie dite *plaquette* en fibrolite. Tranchant oblique.

DOLMEN DE PORT-BLANC.

(A Quiberon, arrondissement de Lorient — Morbihan.)

1708 — Trois fragments de poterie en terre jaunâtre avec décor gravé. Proviennent de la collection E. Collin.

CARNAC.

(Canton de Quiberon, arrondissement de Lorient — Morbihan.)

95. — Belle hache polie en fibrolite.

98. — Hache polie en éclogite.

1007. — Belle hache polie en aphanite. Long., 0,165. Poids, 445 grammes.

LE CRUGO.

(Près Guérande, arrondissement de Saint-Nazaire — Loire-Inférieure.)

92. — Hache polie en diorite.

SAINT-FARGEAU.

(Arrondissement de Joigny — Yonne.)

1006. — Hache polie en silex. Le tranchant est admirablement affilé.

VITRY-LÈS-PARAY.

(Saône-et-Loire.)

1743. — Pointe de flèche en silex, base concave.

1744. — Pointe de flèche en silex à large pédoncule et barbelures peu accentuées. Long., 0,055.

1898. — Petit grattoir, silex.

MEILLONNAS.

(Canton de Treffort, arrondissement de Bourg — Ain.)

1235. — Pointe de flèche en silex cacholonné, barbelures obliques.

1236. — Pointe de flèche en silex, barbelures horizontales.

SAVOIE.

1008. — Petite hache polie en serpentine.

1009. — Petite hache polie en saussurite.

UCHAUX.

(Canton et arrondissement d'Orange — Vaucluse.)

1331, 1332. — Deux grattoirs en silex.

1767. — Petite hache polie en éclogite. Long., 0,065.

GROTTE DU FIGUIER [1].

(Gard.)

1895. — Polissoir portatif en roche gréseuse [2] présentant une cuvette sur chaque face. Long., 0,130. Larg., 0,110.

BRISAC, PRÈS TOMBEBŒUF.

(Canton de Monclar, arrondissement de Villeneuve-sur-Lot Lot-et-Garonne.)

113 et 1894. — Deux haches polies en quartzite.

ENVIRONS DE PÉRIGUEUX.

(Dordogne.)

1752. — Hache polie en silex, tranchant oblique. Long., 0,120.

---

1. Un article de Laval a paru sur la grotte du Figuier, dans la revue *L'homme préhistorique*, n° 9, septembre 1906, p. 278. Cette grotte est à 500 mètres du pont Saint-Nicolas (route de Nîmes, sur la rive gauche du Gardon).

2. Sur les polissoirs, voir Mortillet. *Musée préhistorique*, pl. L.

PLATEAU DE GOUDAUD.

(Commune de Basillac, canton de Saint-Pierre-de-Chignac, arrondissement de Périgueux — Dordogne.)

1379. — Pointe de flèche en silex noir. Type à pédoncule et à barbelures horizontales. Long., 0,032.

1380. — Pointe de flèche en silex noir. Type à base convexe, sans pédoncule. Long., 0,035.

1381. — Instrument de silex offrant, dans tous les détails de sa structure, le facies d'une feuille de laurier solutréenne et cependant trouvé dans un gisement purement néolithique. Long., 0,070.

SAINTE-MARIE-DE-CHIGNAC.

(Canton de Saint-Pierre-de-Chignac, arrondissement de Périgueux Dordogne.)

1382. — Instrument en silex gris, même facies solutréen que le n° 1381. Long., 0,080.

BELGIQUE.

88. — Grande hache polie en silex. Le tranchant a été retaillé mais non poli. Long., 0,210.

PROVENANCE INDÉTERMINÉE.

1333, 1334, 1343, 1344. — Quatre grattoirs de silex (le 1334 indiqué comme provenant de la Vienne et le 1344 du Calvados).

III

Antiquités lacustres de l'âge de la pierre.

LACS DE LA SUISSE OCCIDENTALE.

119-1075. — Gaines de haches en corne de cervidé du type dit

« à talon »[1]. Spécimens à prolongement supérieur
venant buter contre le manche[2].

118. — Gaine en corne de cervidé, type à talon sans prolongement supérieur.

1104. — Gaine en corne de cervidé, type dit « à fourchette »[3].

1074-1077. — Gaines en corne de cervidé.

1076. — Hache en jade encore solidement fixée dans sa longue
gaine en corne de cervidé. La hache n'est polie qu'au
tranchant. Très belle pièce. Long., 0,145.

1061. — Petite hache en jadéïte dans sa gaine. Long., 0,063.

1085. — Hache encore fixée dans sa gaine. Long., 0,090.

1311. — Hache polie en fibrolite emmanchée dans une longue
gaine en bois de cerf. Long., 0,180.

117. — Manche d'outil en corne de cervidé provenant de la station de Forel (Lac de Neuchâtel). Long., 0, 185.

1073. — Marteau en corne de cervidé percé d'un trou pour
recevoir un manche[4]. Long., 0,185.

120. — Objet en bois de cerf percé d'un trou. Forel (Lac de
Neuchâtel).

1078-1546. — Grands poinçons d'os refendus[5] et affûtés en
pointe. La base formée d'une des poulies de l'os.

1079-1108-1109-1547. — Quatre poinçons d'os.

1345. — Ciseau en bois de cerf poli[6].

1100. — Pointe en os refendu[7]. L'objet devait être emmanché
si l'on en juge par la partie inférieure de l'instrument
d'une teinte plus claire que le reste.

1. Sur les gaines à Talon, voir Mortillet. *Le préhistorique*, p. 543.

2. Mortillet. *Musée préhistorique*, pl. LI, n° 550.

3. Mortillet. *Musée préhistorique*, pl. LI, n° 551. — Gross. *Les protohelvètes*, pl. IV, n° 7.

4. Voir un marteau de ce genre dans Gross. *Les protohelvètes*, pl. III,
n° 8.

5. Les lacustres employaient surtout, pour la confection de leurs poinçons, les canons de chèvres et de moutons. Ces canons sont toujours
refendus dans le sens de la longueur.

6. Gross. *Les protohelvètes*, pl. VIII, n° 13.

7. Voir une pointe de ce genre dans Gross. *Les protohelvètes*, pl. VIII,
n° 17.

121. — Petit poinçon d'os à patine noire, trouvé dans la station de Saint-Blaise sur la rive nord du lac de Neuchâtel. Long., 0,083.

1081. — Objet en corne de cerf, usage indéterminé[1]. Long., 0,165.

1080-1110-1321. — Cinq pointes de flèches en os s'appliquant contre la hampe et faisant barbelure à la base[2].

1314. — Magnifique harpon en bois de cerf, à neuf barbelures (cinq d'un côté et quatre de l'autre)[3]. Trou à la base. Long., 0,19. Provient de la station de Latrigen (Lac de Bienne).

1310. — Harpon de même type mais plus petit. Long., 0,15.

1317. — Grande côte pointue provenant d'un peigne à carder le lin. 4. Estavayer (Lac de Neuchâtel). Long., 0,350[4].

1339 et 1548. — Instruments arqués, en bois de cerf, désignés par le Dr Gross[5] comme une épingle à cheveux munie d'une éminence latérale percée.

1574. — Pendeloque en corne de cerf polie[6]. Trou de suspension. Long., 0,070.

1082. — Hache polie en serpentine, équarrie sur les bords latéraux. Long., 0, 070.

1289. — Petite hache plate, incomplètement polie, en jadéite. Long., 0,043.

112. — Hache en saussurite dont le tranchant seul a été poli. Lac de Bienne. Long., 0,120.

1290. — Hache incomplètement polie en saussurite.

1. Gross considère les objets de ce genre comme des jouets. *Les protohelvètes*, pl. VI, n° 34.

2. Mortillet. *Musée préhistorique*, pl. XLVIII, n° 518 et pl. XLIX, n° 521.

3. Ces harpons, généralement courbes, descendent des harpons plats de l'époque Cervidienne. Gross. *Les protohelvètes*, pl. VI.

4. Les peignes entiers sont rares, mais les dents isolées, en côtes de bœuf, sont très abondantes. Gross. *Les protohelvètes*, pl. VIII, n° 19.

5. Gross. *Les protohelvètes*, pl. VI, n° 29. Ces objets sont désignés au musée de Saint-Germain comme des instruments à filocher.

6. Ce type d'objet est assez fréquent dans la Suisse occidentale, Gross. *Protohelvètes*, pl. VI, n° 21.

1389. — Petite hache plate soigneusement polie. Côtés équarris. Chloromélanite. Long., 0,050. Largeur du tranchant, 0,030.

1573. — Petite hache en saussurite, le tranchant seul poli. Bevaix (Lac de Neuchâtel). Long., 0,065.

1889. — Belle hache polie en jadéite. Long., 0,115.

1759. — Marteau-hache en serpentine, percé d'un trou circulaire.

1065. - Fragment d'un marteau-hache perforé, en serpentine.

1102. — Petite scie en silex gris provenant de la station de Chavannes (Schaffis), près Neuveville, sur le lac de Bienne.

1142. — Scie en silex, patine brune. Long., 0,100.

1316. — Très belle scie à fines retouches sur les deux bords et à coches latérales. Long., 0,095. Larg., 0,030.

1312. — Pointe de flèche en silex, à large pédoncule et barbelures rudimentaires [1] (Fines retouches). Long., 0,050.

1066. — Volants de pierre pour les fuseaux [2].

PALAFITTE TOURBEUSE DE ROBENHAUSEN.

(Près le lac de Pfäffikon — Suisse.)

1712. — Pointe de flèche en silex. Forme triangulaire à base légèrement concave. Long., 0,035.

1711. — Fragment de pilotis en bois (Provient de la collect. E. Collin).

1710. — Fragment de tissu (Provient de la collect. E. Collin).

LAC DE CONSTANCE.

(Station de Wangen.)

62. — Molette à broyer les grains, en *diorite verte*. Belle pièce avec traces d'une longue utilisation sur les deux faces. Diamètre, 0,085.

---

1. Voir ce type de pointe de flèche dans Gross. *Les protohelvètes*, pl. V, n° 27.

2. Gross. *Les Protohelvètes*, pl. VI, n° 46.

Lac de Chalain [1].

(Jura.)

63. — Meule dormante pour moudre les grains, en protogyne.

1276. — Canine de carnivore percée pour servir de pendeloque [2]. Jolie patine brune.

1388. — Galle de végétal, qui a pu être utilisée (comme on le voit encore chez certains sauvages actuels) pour frapper sur un instrument de musique à percussion.

1543. — Molette en pierre calcaire ayant servi à broyer le grain sur des meules.

1275. — Maxillaire inférieur de Castor Fiber [3] ayant pu être employée comme outil par les habitants des cités lacustres.

Lac de Clairvaux [4].

(Jura.)
(Fouilles Alexandre Stuer en 1904.)

1188. — Petite pendeloque en pierre calcaire [5].

1183. — Canine de Sus Scrofa [6].

1194. — Noisette.

1193. — Trois fragments de poteries fumigées. L'un d'eux présente un décor côtelé, un autre des lignes incisées ; le troisième un petit mamelon percé d'un trou par où pouvait passer un lien.

1. Voir sur la station lacustre de Chalain, la revue l'*Homme préhistorique*, octob. 1904, p. 326.

2. Gross. *Les protohelvètes*, pl. VI, n° 42. — Mortillet. *Musée préhistorique*, pl. LXIX, n° 760.

3. Le Castor habitait, à l'époque néolithique, des régions qu'il a abandonnées depuis. Les Gaulois l'appelaient *Biber* d'où a dérivé le nom de la Bièvre et celui de Bibracte, ancienne dénomination de la ville d'Autun.

4. Voir la revue l'*Homme préhistorique*, février 1905, p. 44 et suivantes.

5. Les fouilles du lac de Clairvaux ont produit deux pendeloques semblables, l'une est entrée dans notre collection en 1906 ; l'autre fait partie de la collection Bourdot et a été publiée par M. Adrien de Mortillet dans la revue l'*Homme préhistorique*, février 1905, p. 59, fig. 35.

6. Les dents de sanglier sont très nombreuses dans les stations lacustres.

CHAPITRE III

AGES DU CUIVRE ET DU BRONZE

I

Antiquités lacustres.

A. — STATIONS DU LAC DE NEUCHATEL.

1057, 1063, 1089, 1092, 1095, 1097, 1098, 1117 à 1119,
1122 à 1135 et 1308. — Très belle série de vingt-cinq
épingles de bronze [1] diversement ornées. Plusieurs du
type dit céphalaire avec grosse tête arrondie percée de
vacuoles (1057, 1095, 1097, 1117 et 1118). Un autre
type, très répandu, est celui en tête de pavot (1092,
1124 à 1126, 1128, 1129 et 1308). Les spécimens
dont la tête est formée par le simple enroulement de
la partie supérieure de la tige ne sont pas rares non
plus. Dans la boucle ainsi formée se trouve souvent
engagé un anneau [2].

1049. — Grand couteau de bronze à lame ondulée, muni d'une
soie quadrangulaire destinée à recevoir un manche
de corne ou de bois. La soie est repliée sur elle-même

---

[1]. Les épingles, dont les femmes devaient remplir leur coiffure, abondent dans les fouilles lacustres. Les plus grandes pouvaient servir à fixer
les vêtements. Les musées de Suisse, notamment celui de Lausanne, en
sont très riches.

[2]. Suivant certains archéologues, les épingles à enroulement auraient été
destinées à faire l'office de fibule. Un lien, fixé dans l'enroulement, aurait
joué le rôle d'arc et l'épingle enfoncée dans l'étoffe, celui d'ardillon. Voir
à ce sujet un article du Dr L. Laloy dans la revue l'*Anthropologie*, t. XVI,
n° 2, p. 199.

à l'extrémité. Le plat de la lame est orné de filets parallèles qui suivent la direction du tranchant. Le dos
est décoré de traits disposés en croix alternant avec des
séries de lignes parallèles [1]. Long., 0,215.

1087. — Couteau de bronze peu ondulé, à soie arrondie et à
rivet. Long., 0,175.

1070. — Petit couteau de bronze à lame très arquée. Long.,
0,108.

1088. — Couteau de bronze à rivet, sans soie. Long., 0,102 [2].

1064 et 1101. — Haches de bronze à ailerons et à anneau latéral (Restaurations). Long., 0,150.

1106. — Hache de bronze à ailerons, sans anneau.

1094. — Ciseau de bronze à douille circulaire. Long., 0,085.

1052. — Herminette à ailerons, sans anneau [3].

1107. — Très belle pointe de lance en bronze munie d'une
douille à trous de rivets, et d'ailes tranchantes [4].
Long., 0,137.

1093. — Pointe de flèche en bronze, munie de deux barbelures
et d'un pédoncule [5].

1051, 1111, 1319. — Trois faucilles de bronze [6].

1099. — Petit burin de bronze. Long., 0,080.

1067. — Petits rubans de bronze enroulés en spirale [7].

1. Le musée de Lausanne est riche en couteaux de ce genre. L'un
d'eux a conservé intacte son emmanchure de corne (n° 10188. *Corcelettes*,
fouilles de septembre 1878).

2. Les types divers de couteaux de bronze des stations lacustres de la
Suisse occidentale sont figurés dans Gross. *Les protohelvètes*, pl. XIX et XX.

3. Les ailerons sont en sens inverse de ceux des haches. Une herminette
identique figure dans Gross. *Les protohelvètes*, pl. XIII, n° 5. Elle provient d'Auvernier.

4. Gross *Les protohelvètes*, pl. VI. — *Musée préhistorique* de Mortillet,
pl. LXXXVIII.

5. La survivance des formes néolithiques après la découverte des métaux
est manifeste dans cette pièce qui a conservé le galbe des pointes en pierre.

6. Gross. *Les protohelvètes*, pl. XX. — *Musée préhistorique* de Mortillet,
pl. LXXXIII.

7. D'après Mortillet, ces rubans de bronze étaient des ornements
de colliers. *Musée préhistorique*, pl. XCIV, n° 1237. Cette opinion est

1137. — Petit tube formé d'une feuille de bronze unie. A pu servir de grain de collier [1].

1053-1090. — Pendeloques triangulaires en bronze, avec œil de suspension.

1058. — Pendeloque circulaire, intérieur à jour formant croix au centre. L'œil de suspension, semi-circulaire, a été cassé [2].

1068, 1069 et 1577. — Quatre boutons de bronze à bélière.

1086. — Cinquante-deux anneaux de bronze à bords unis ou dentelés [3].

1059. — Grand hameçon de bronze barbelé. Le sommet de la tige s'enroule pour former anneau de suspension. Long., 0,047.

1120. — Petits hameçons simples en bronze trouvés à Cortaillod. Fouilles de 1875.

1121. — Hameçons doubles, en bronze, sans barbelures [4]. Cortaillod. Fouilles de 1875.

1050. — Tranchet ou rasoir de bronze avec échancrure semi-lunaire [5]. Long., 0,088.

confirmée par un fragment de collier de bronze encore entouré d'un cordon en spirale et provenant du dolmen du Sec (Lozère). *Collection Prunières* au Museum. Ailleurs ces spirales de bronze semblent avoir servi à décorer des épingles. Gross, *Les protohelvètes*, pl. XXI, n° 63. — *Musée préhistorique* de Berne.

1. Mortillet. *Musée préhistorique*, pl. XCIV, n° 1234.

2. On pense que ces objets avaient un sens symbolique. On peut voir une pendeloque du même type dans Gross. *Les protohelvètes*, pl. XXIII, n° 52. Provient de la station d'Estavayer.

3. Ces anneaux abondent dans les palafittes. Quelques archéologues pensent qu'ils ont pu servir de monnaie ; il est plus probable qu'ils entraient dans la composition des parures. Gross. *Les protohelvètes*, p. 74 et pl. XVIII, n° 53.

4. Pour des hameçons de bronze, voir Mortillet. *Musée préhistorique*, pl. XCII.

5. Des objets de même nature, trouvés à Corcelettes, sont exposés au musée de Lausanne. Flouest (Tumulus du Bois de Langres-Semur en Auxois, 1872) y voit des rasoirs. Gross n'admet pas cette hypothèse et les considère comme destinés à trancher les matières peu résistantes. *Les protohelvètes*, p. 47, note 3.

1091. — Deux tranchets de bronze à rivets.

1062. — Bracelet ouvert en bronze. Type bourrelet creux [1] à oreillettes, décor linéaire [2].

1054. — Bracelet rubané formé d'une mince lame de bronze.

1096. — Bracelet formé d'une tige de bronze pleine. Patine verte.

1055. — Bracelet ouvert en bronze massif avec germes d'oreillettes. Décor géométrique.

1072. — Fragment d'un bracelet de bronze plein ; le décor se compose d'une série de lignes combinées avec des hachures.

1307. — Petit bracelet de bronze plein. Type à oreillettes.

1060. — Six fusaioles de terre cuite [3].

1083. — Vase en terre noirâtre, à fond conique [4], avec son support ou torche d'argile. Station d'Hauterive (Restaurations). Ce vase provient des fouilles de la Société d'Histoire de Neuchâtel.

1300. — Vase de terre grossière, couleur grise ; forme tronconique ; fond plat ; pâte épaisse [5] (Restaurations). Station d'Estavayer. Haut., 0,065. Grand diam., 0,165. Achat à Zürich, le 23 août 1905.

1301. — Petit godet de terre grise [6]. Estavayer, Diam., 0,065.

1304. — Vase de terre noire à panse arrondie ; l'orifice a subi de sérieuses détériorations [7].

1. Le vide intérieur devait être rempli d'une matière blanche et lisse ; une sorte de cire que l'on peut voir encore en place dans un spécimen du musée de Lausanne.

2. Comparer *Les protohelvètes*, pl. XVII, n° 18 et pl. XVIII n° 5. Le musée de Lausanne est riche en bracelets de ce type.

3. Comparer Gross. *Les protohelvètes*, pl. XXVI.

4. Vase identique au musée de Lausanne. *Fouilles de Concise*, 1896, n° 25553.

5. On peut voir des vases analogues au musée de Genève (Vitrine de la station de Genève) et au musée de Lausanne. Corcelettes. *Concise*, n° 28483.

6. Le Dr Gross considère ces godets comme des jouets d'enfants. *Les protohelvètes*, pl. XXXII.

7. Les vases de ce type sont nombreux au musée de Lausanne. *Corcelettes*, n° 13587. *Concise*, n° 26682. *Morges*, n° 25108.

1318. — Vase de terre noire à panse conique. Lignes circulaires finement gravées. La partie supérieure a été restaurée d'après des spécimens du musée de Neuchâtel. Comme le n° 1083, ce vase provient des fouilles de la Société d'Histoire de Neuchâtel. Achat à Neuchâtel le 11 septembre 1905.

1575. — Poterie ayant la forme caractéristique des vases de l'âge du bronze IV. Des lignes biaises incisées décorent l'épaulement de la panse. Achat à Neuchâtel, le 20 septembre 1906.

1306, 1313, 1576. — Moules en grès molasse ayant servi à la fonte d'ornements et de couteaux de bronze [1].

B. — STATIONS DU LAC DU BOURGET [2].

(Savoie.)

889. — Six fragments de poterie en terre grossière, la plupart ornés d'un cordon torsadé, système de décoration fréquent au lac du Bourget. Station de Grésine. Fouilles de 1903.

1578-1579. — Deux épingles de bronze à sommet enroulé (l'une d'elles avec anneau) [3]. Station de Grésine.

1580-1581. — Petits anneaux, fil de bronze enroulé. Station des Fiollets.

1582. — Très beau bracelet de bronze enroulé plusieurs fois sur lui-même. Diamètre, 0,070. Station de Grésine.

---

1. Ces moules, nombreux dans les musées de Suisse, prouvent la fabrication indigène des bronzes lacustres. Consulter à ce sujet Gross. *Les protohelvètes*, pl. XXVIII et XXIX.

2. Sur les palafittes du lac du Bourget, consulter les mémoires illustrés de M. Laurent Rabut dans les *Documents publiés par la Société savoisienne d'histoire et d'archéologie*, t. VIII, 1864; t. X, 1869. — André Perrin. *Étude préhistorique sur la Savoie*, 1870. — E. Chantre. *L'âge du bronze dans le bassin du Rhône*. Lyon, 1876. — Louis Revon. *La Haute-Savoie avant les Romains*, 1878. — Daisay. *Catal. du musée de Chambéry*, 1896.

3. Des épingles semblables ont été publiées par M. L. Rabut. 2e *Mémoire*, pl. XII, 4, et par E. Chantre. *L'âge du bronze dans le bassin du Rhône*, pl. LX, n° 2.

1583. — Fragments de filet de pêche en laine (carbonisés)[1].

1584 à 1589. — Spécimens de fruits carbonisés qu'on retrouve dans les palafittes.

  1584. — *Glands de chêne* (Quercus robur).

  1585. — *Pommes* (Malus communis), (coupées en deux).

  1586. — *Pois* (Pisum nativum).

  1587. — *Fèves* (Fagus vulgaris), très petite variété (Faba celtica).

  1588. — *Prunelles* (Prunus spinosa). Prunelier des haies.

  1589. — *Noisettes* (Corylus avellana), variété courte.

146. — Fragments de torchis des cabanes lacustres. Grésine, 1903.

1591. — Dix-huit objets recueillis, à l'aide de la drague, dans la station de Grésine, le long de la digue du chemin de fer, le 24 septembre 1906 (Fouille Morin-Jean). Parmi ces objets figurent un vase de terre grise de forme très courante au lac du Bourget ; deux petits fragments de rouelles à jantes en terre grise, deux fusaioles, des dents, un culot de bronze, un petit couteau percé d'un trou de rivet, quatre boutons de bronze de quatre types différents. (L'un d'eux est le bouton double dont on se sert encore de nos jours comme bouton de manchette.)

II

Localités diverses.

ENVIRONS D'AMIENS.

(*Somme.*)

142. — Petite hache votive à douille ovalaire, avec anneau, et à tranchant évasé. Long., 0,060.

144. — Petite hache votive à douille, avec anneau. Les plats sont ornés chacun, de deux nervures longitudinales allant jusqu'à l'extrémité du tranchant. Douille à moitié pleine de terre cuite. Long., 0,070.

---

1. Comparer Musée de Chambéry, vitrine X.

145. — Hache de bronze à talons rectangulaires, avec nervure
sur les plats. Long., o,165. Le tranchant n'a pas été
aiguisé. La pièce n'est jamais sortie de chez le fabricant.

Saint-Nom la Bretèche.

(*Canton de Marly-le-Roi, arrondissement de Versailles — Seine-et-Oise.*)

890. — Bracelet ouvert en bronze. Décor géométrique gravé.
Patine verte [1].

Morbihan.

140 et 143. — Haches votives [2] de bronze, à anneau. Douille
carrée encore pleine de terre cuite. Long., o,130.

1883. — Belle hache de bronze à bords droits avec rudiments de
talons. Long., o,180.

Camaret.

(*Sur le Goulet de Brest — Finistère.*)

139, 1012 et 1848. — Trois haches votives en bronze avec anneau. Douille carrée. Long., o,130.

Gergovie.

(*Près Clermont-Ferrand — Puy-de-Dôme.*)

860. — Petite hache de bronze à ailerons, avec anneau, patine
verte. Long., o,110. (Deux des ailerons ont été cassés.)

---

1. Le musée de Saint-Germain possède un bracelet de même type,
décoré de la même façon salle V, vitrine 6, n° 751, il a été trouvé dans
la même région (Villepreux, S.-et-O.).

2. Un grand nombre de haches votives ont conservé, à l'intérieur de
la douille, un noyau de terre cuite; M. de Mortillet (*Musée préhistorique,*
pl. XCVIII) les pense postérieures à l'âge du bronze et y voit des survivances appliquées au rituel pendant l'époque du fer. D'autres ont songé
à une sorte de monnaie (Abbé Breuil. Revue l'*Anthropologie,* de mars-
avril 1905, p. 164). Les haches votives sont connues déjà depuis longtemps. En 1869, des ouvriers en découvrirent plus de quatre cents en Bretagne, près de Dinan. Voir à ce sujet la revue l'*Homme,* année 1884,
p. 46.

1844. — Hache de bronze à talons (le tranchant détérioré), patine verte. Long., 0,160.

ENVIRONS DE MOULINS.

(Allier.)

904. — Hache de bronze à bords droits avec rudiments de talons. Tranchant évasé. Belle patine verte. Long., 0,145.

979. — Hache de bronze à talons. Patine verte. Long., 0,160.

1692. — Hache de bronze pauvre en étain. Type à bords droits peu saillants et à sommet lunulé. Patine verte. Long., 0,180.

CHÂLONS-SUR-MARNE.

(Marne.)

1384. — Longue hache de bronze dont les bords droits s'incurvent pour former des ailerons rudimentaires. Provient de la collect. Trousselier. Long., 0,190.

1856. — Enroulement de bronze en spirale provenant d'un brassard.[1].

FOUILLES DU RHÔNE.

(Près Genève.)

1309. — Fragment d'une épée à languette, en bronze, munie encore de ses quatre rivets. Patine vert clair. (La pièce est encroûtée de cailloux)[2]. Long. du fragment, 0,150.

FRANCHEVILLE-SUR-SAONE.

(Rhône.)

1695. — Très belle épée en bronze des débuts de l'âge du bronze IV. Parfait état de conservation. Lame en feuille d'iris peu ondulée, soie plate à rebords peu

---

1. Beaucoup d'archéologues classent ces brassards à l'époque Hallstattienne. Voir Louis Le Clert. *Catalogue des bronzes du musée de Troyes*, p. 214 et pl. LV, n° 743.

2. Un fragment identique à celui-ci a été reproduit dans la revue *l'Homme*, année 1884, p. 739. Haut-Mesnil.

saillants. Huit trous de rivets dont quatre sur la soie et quatre sur la garde. Dragages du P. L. M. Long., 0,560.

151. — Bracelet de bronze plein, belle patine lustrée. Grand diamètre, 0,080. Petit diamètre, 0,060.

SAVOIE.

1224. — Bracelet de bronze ouvert à oreillettes rudimentaires et orné de côtes longitudinales. Patine verte. Diamètre, 0,090.

GROTTE DE CUMIGNOSC.

(A Blieux, canton de Senez, arrondissement de Castellane. Basses-Alpes.)

1638. — Très longue épingle de bronze à tête sphérique (décor géométrique). Patine vert foncé. Long., 0,520 (cassée en deux morceaux).

SAÔNE-ET-LOIRE.

1716-1717. — Pendeloques prismatiques quadrangulaires en roche schisteuse, avec trou de suspension pratiqué à l'un des bouts. Le n° 1717 présente cette particularité intéressante que le trou est resté inachevé [1].

CANTON DU TESSIN.

(Suisse.)

1599. — Bracelet de bronze creux à décor géométrique. Très belle patine verte (fin de l'âge du bronze ou premiers temps de l'époque Hallstattienne) [2].

---

1. Des pendeloques de type absolument semblable ont été trouvées dans les palafittes du lac du Bourget. Musée de Chambéry, vitrine X, n°s 2880 à 2887.

2. On peut en voir de semblables au musée de Zurich, provenant de la cachette de Castione.

HONGRIE.

1498. — Hache de bronze type massif à ailerons courts et peu arqués placés à l'extrémité supérieure [1]. Patine verte. Long., 0,170 ; poids, 849 grammes.

1541. — Pointe de lance en bronze, belle patine verte. Lazarpatak. Long., 0,120.

BOHÊME.

1637. — Hache de bronze. Type à ailerons peu développés, sommet lunulé ; la partie inférieure raccourcie par l'affûtage répété du tranchant. Long., 0,105 (Achetée à Vienne (Autriche) chez le Dr Egger qui l'a indiqué comme originaire de Bohême).

PROVENANCES INDÉTERMINÉES.

138. — Hache à douille, avec anneau. Patine vert foncé. Long., 0,120.

141. — Hache en bronze. Type à douille rectangulaire, avec anneau. Spécimen massif, à douille peu profonde et tranchant bien affûté. Long., 0,125 ; poids, 732 grammes.

1189. — Bracelet ouvert en bronze repoussé [2]. Très belle patine verte et bleue. Diam., 0,095.

1390. — Petite hache usuelle en bronze, avec anneau. Douille très évasée. Long., 0,067.

1531. — Hache à douille peu profonde, type usuel à tranchant solide et bien affûté. Long., 0,115. Provient de la collection Baudot.

---

1. Ce type appartient plutôt au début de la période Hallstattienne qu'à l'âge du bronze. Voir revue l'*Anthropologie*, t. XVIII, nos 3 et 4, p. 409 (Lissauer).

2. Ce type de bracelet a été rencontré dans la célèbre trouvaille de Vaudrevanges, près Sarrelouis (Prusse Rhénane). Musée de Saint-Germain, no 8101, Salle V, vitrine 7, section A.

1540. — Casse-tête en bronze, patine verte [1].

1542. — Hache usuelle en bronze. Douille carrée. Crans latéraux disposés sans doute pour servir d'arrêt aux liens
qui fixaient l'arme au manche. Long., 0,105.

1549. — Petite lame de poignard triangulaire ; base convexe à
deux trous de rivets. Achetée à Lausanne, 1906.
Long., 0,075.

1550-1571. — Bases de lames de poignards à languette. Achat
à Genève en 1906.

1572. — Pointe d'épée de bronze effilée. Achetée à Genève en
1906.

1618. — Hache usuelle en bronze, à douille carrée et à anneau.
Long., 0,105. Type à survivance décorative d'ailerons.

---

1. On n'est pas encore bien fixé sur ces sortes d'objets. Cf. British
Museum *A Guide to the Antiquities of the bronze age*, p. 78, fig. 64. Voir
une note très documentée à la page 289 du *Catalogue des bronzes du musée
de Troyes*, par Louis Le Clert. Troyes, 1898.

CHAPITRE IV

AGES DU FER

I

Premier âge du fer.
(Hallstattien.)

654. — Superbe fibule en parfait état de conservation et d'une
très belle patine. Type en lunettes, formé d'un seul
fil de bronze qui s'enroule en double spirale et forme,
d'un côté l'ardillon, de l'autre l'agrafe[1]. (Fin de l'âge
du bronze et Hallstatt I.)

700, 1013, 1208 à 1211, 1557 à 1562, 1606, 1607, 1624, 1762,
1771, 1776. — Fibules de bronze sangsuïformes à
gros bourrelet tantôt creux tantôt plein. Décor géométrique gravé. Type de l'Italie du Nord.

1554, 1555, 1623. — Fibules de bronze à arc simple non renflé.

701. — Belle fibule de bronze à gros corps creux orné de deux
boules latérales. Décor géométrique, patine verte.
Italie du Nord. (Hallstatt II et III.)

1556. — Fibule de bronze à corps renflé décoré, sur le dessus,
de deux sillons longitudinaux. L'agrafe est longue
et se termine par un double renflement. (Hallstatt
III.)

1741. — Fibule de type archaïque ; arc surbaissé à peine renflé
au centre, bronze. Fine gravure, belle patine verte.

---

1. Type hellénique qui s'est répandu à Hallstatt et dans l'Allemagne du
Nord. Montelius, *La civilisation primitive de l'Italie*, 283. *Les temps
préhistoriques en Suède*, fig. 190-191. — British Museum. *A Guide to the
antiquities of the early Iron age*, fig. 28, n° 3.

1737. — Grande fibule de bronze à corps mince. Agrafe très allongée. (Hallstatt II.) Long., 0,140.

1564. — Fibule de fer, à navicelle remontant à la fin de la période hallstattienne ou au début de l'époque gauloise.

1608, 1873-1874. — Fibules en bronze de grande taille, du type à gros corps creux. Hallstatt II et III.

1563-1740. — Fibules de bronze sans ressort, à corps serpentiforme enroulé sur lui-même. Italie[1]. (Hallstatt II.)

1604. — Fibule de bronze du même type que les n°s 1563 et 1740, mais d'une époque plus basse[2] (Spécimen décoré de boutons sphériques).

1601. — Fibule de bronze à arc évasé, orné de boutons. Hallstatt II et III[3].

1631. — Fibule de bronze orné de trois boutons. Agrafe longue à bouton terminal légèrement relevé. Belle patine. Long., 0,095[4].

1609-1610. — Fibules de bronze du type de la *Certosa*[5] (ve s. av. J.-C.).

147. — Gros bracelet creux formé d'une feuille de bronze repliée. Patine verte, décor peu visible. Hallstatt I.

1242-1854. — Bracelets formés d'un fil de bronze enroulé en spirale.

1181, 1825, 1849, 1850, 1851, 1852. — Petits bracelets de bronze spiralés.

1295-1855. — Bracelets formés d'un double fil de bronze enroulé en spirale. Ce type se rencontre souvent en Sa-

---

1. Montelius. *La civilisation primitive de l'Italie*, pl. XVII, n° 235. — Lindenschmit. *Description du musée de Mayence*, n° 2701. — *Catalogue du British museum. Early Iron age*, p. 32, type IV, C.

2. Montelius. *Civilis. primit. de l'Italie*, 253. — British museum. *Early Iron age*, p. 32, IV, E.

3. Montelius. *Civilis. primit. de l'Italie*, n° 102.

4. Voir ce type de fibule dans Montelius. *Civilis. primit. de l'Italie*, fig. 118. — British museum. *Early Iron age*, p. 99, fig. 76. C'est un type des derniers temps de l'époque Hallstattienne.

5. Montelius. *Civilis. primit. de l'Italie*, 144. *Catalogue de l'âge du fer au British museum*, p. 41, fig. 35. — Jakob Heierli. *Blicke in die Urgeschichte des Schweiz*, p. 24, fig. 55 (Castione).

voie. Il est caractéristique des derniers temps de
l'époque Hallstattienne et des premières années du
second âge du fer.

1853. — Beau brassard formé d'un fil de bronze enroulé en
spirale, forme tronconique.

1777. — Fragment d'un brassard tronconique. Patine verte.

1732. — Bracelet de bronze ouvert. Type côtelé. Provient d'une
sépulture sous tumulus des environs d'Avallon (Yonne).
Hallstatt III [1].

698. — Anse d'œnochoé en bronze de travail étrusque du vi[e]
et peut-être même du viie siècle av. J.-C., arrivée
probablement en Gaule vers la fin du vi[e] siècle.
Patine verte encroûtée [2]. Haut., 0,165. Alsace.

II

Second âge du fer.
(La Tène.)

Département de la Marne.

1891. — Torques en bronze, belle patine. Environs de Reims,
fouilles de 1907.

148. — Torques en bronze. Patine verte. Diam., 0,120.

1292. — Petite fibule de bronze à queue retroussée. Type Tène I.

156. — Petit fer de javelot provenant d'une sépulture du type
de la Tène II. Long., 0,130.

1677. — Torques en potin (alliage de cuivre, d'étain et de
plomb). Type à tampons [3]. Période de la Tène I.

---

1. Il existe des bracelets de ce type au musée de Besançon et chez
M. l'abbé Poulaine, curé de Voutenay (Yonne). Voir aussi Montelius.
Civilis. primit. de l'Italie, pl. 65, n° 2.

2. Consulter sur ces sortes d'objets : Erzgefässe IV ; B. Helft II. Taf 3.
Musée de Saint-Germain, salle VI, n° 26 755, provenant du Tumulus de
Mercey-sur-Saône (Haute-Saône).

3. Sur les Torques à tampons, voir Louis Le Clert. *Catalogue des
bronzes du musée de Troyes*, 1898, p. 224 et pl. LIX. — Morel. *La
champagne souterraine*, p. 14, fig. 6.

Tombes à inhumation de Fèrebrianges, arrondissement d'Épernay (fouille de 1906). Diam., 0,15.

1678-1679. — Petits bracelets de bronze des tombes à inhumation de Fèrebrianges.

1680. — Fibule en bronze dont la queue retroussée se termine par un ornement en bec de spatule. Fèrebrianges. Type Tène I.

1681. — Fibule en bronze à queue retroussée. Type Tène I. Fèrebrianges.

1682. — Très belle fibule de bronze à queue retroussée [1]. Tène I, fouilles de Fèrebrianges. Long., 0,075. Belle patine.

1933. — Fibule de bronze à queue baguée sur l'arc. Type Tène II [Patine vert clair]. Long. 0,080.

Objets provenant de la collection Édouard Fourdrignier.

1965. — Grand poignard ou épée courte, en fer, à lame large et pointue. Type Tène I. Quelques fragments du fourreau subsistent. Bussy-le-Château (Marne).

1966. — Épée de même type intentionnellement faussée et tordue. Saint-Étienne-au-Temple (Marne).

1963. — Très belle épée de fer du type Tène II. Fourreau en fer avec bouterolle, pontet et anneaux décoratifs en fer. Suippes (Marne). Long. 0,870.

1964. — Épée de fer avec fragments du fourreau. Saint-Étienne-au-Temple (Marne).

1967. — Deux fers de lance. Suippes (Marne).

1978. — Couteau de fer à soie. Suippes.

1979. — Pointe d'épieu en fer. Suippes.

1946 et 1947. — Vases de type anguleux. Terre noirâtre. Suippes.

1948. — Poterie de Saint-Jean-sur-Tourbe (Marne). Fouilles de 1876.

1949 à 1952. — Céramique des tombes de Cuperly (Marne), 1875.

1989 et 1990. — Deux petits anneaux de bronze portant de

---

1. Une fibule identique est exposée au musée de Saint-Germain, salle VII, n° 24524. Cimetière de la Balastière de Beaulieu à Nogent-sur-Seine (Aube).

grosses perles en verre de couleur. Saint-Hilaire-le-
Grand (Marne), 1876.

1991. — Fibule de bronze. Type Tène I. Saint-Jean-sur-Tourbe,
1875.

1993. — Fibule de bronze. Type Tène I. Suippes.

1994 à 1996. — Trois fibules de bronze. Type Tène I. Saint-
Hilaire-le-Grand.

1997. — Fibule en fer. Type Tène II (Marne) [fragmentée].

Suisse.

1303. — Boucle d'oreille formée d'un anneau de bronze dans
lequel est passée une perle d'ambre. Nécropole de
Giubiasco-sous-Bellinzona (canton du Tessin[1]). ve siècle
av. J.-C. Diam., 0,055.

1611. — Fibule de bronze. Type Tène I. Suisse allemande.
L'agrafe, retroussée sur l'arc, se termine par une
grosse boule. L'arc, aplati dans le sens vertical, est
orné de cavités circulaires autrefois garnies de corail.

1302. — Fibule de bronze. Type Tène I. Environs de Zürich.
Long., 0,035.

Provenances indéterminées.

1243. — Fibule de bronze, à fonctionnement spécial de l'ardillon ; sans ressort. C'est un type italien qui peut se
placer tout à fait au début de la Tène I.

1566. — Fibule de bronze des premiers temps de la Tène I.
Belle patine verte (l'extrémité de l'agrafe est cassée).

1567. — Fibule de bronze des débuts de la Tène I (Par son
agrafe surmontée d'un bouton, cette pièce se rattache
au type de la Certosa qui marque les derniers temps
du premier âge du fer ; par contre, son ressort à double spire montre qu'on est bien en présence d'un type
de la Tène).

1. David Viollier. *Le cimetière préhistorique de Giubiasco*. Tirage à part
de l'*Indicateur d'antiquités suisses*, n° 2, 1906. Ce type de boucle d'oreille
abonde dans les tombes du Tessin. Il apparaît au Hallstatt II et se continue jusqu'à la fin de la Tène I.

1565. — Fibule en fer très mal conservée. Type Tène I ou II.

966 et 1605. — Fibules de bronze à queue baguée sur l'arc. Type de la Tène II.

964. — Petite fibule en argent du type de la Tène III.

1175. — Belle fibule en bronze du type de la Tène III. Patine verte, pièce intacte. Une perle de bronze a été passée dans l'ardillon.

1160. — Fibule de bronze avec embryon de couvre-ressort (Fin Tène III et début de la Gaule romaine).

CHAPITRE V

GAULE ROMAINE

POTERIE.

718. — Fragments de vases à glaçure rouge et à reliefs. Types de la Graufesanque et de Lezoux. Provenances diverses, Beauvais, Hermes, Compiègne, etc. Les sujets, la plupart publiés dans le bel ouvrage de M. Déchelette, sont le plus souvent mythologiques : Mercure debout, tenant une bourse dans la main droite, Diane conduisant un bige [1]. D'autres fragments sont ornés d'un décor végétal stylisé, de bandes d'oves, de scènes de chasse, etc...

672. — Poinçon-matrice signé SILEVS [2] (département de l'Allier). Esclave assis vêtu du *cucullus* et tenant une lanterne [3].

1299. — Petit fragment de vase avec l'esclave à la lanterne.

673. — Poinçon-matrice, représentant un masque de face.

1686. — Coupe profonde en terre rouge d'une très grande délicatesse de fabrication. Au fond, à l'intérieur, signature du potier [4]. « AVCI » [5]. Diamètre, 0,135.

---

1. Joseph Déchelette. *Les vases ornés de la Gaule romaine*, t. II, p. 19, n° 73 et p. 67, n° 394.

2. Cette signature est relatée dans Déchelette *Les vases de la Gaule romaine*, t. I, p. 300.

3. Ce sujet est décrit dans l'ouvrage de M. Déchelette, t. II, p. 94, n° 566.

4. Les signatures de potiers sont variées ; en voici quelques-unes d'après des fragments conservés au musée de Troyes. ADVOCIS — BRACIRIVS — LICINVS — DIOCARVS — ATEI — JVCVNDVS — SACRILLI — NOBILIANI — EVIS — CAII — ARDACI — SEVERI — MIERVS, etc. Les noms de fabricants au génitif sont souvent suivis du mot *officina* ; ceux au nominatif, du mot FECIT.

5. Le nom du fabricant AVCVS est au génitif, mais n'est pas suivi du

1687. — Petite coupe en terre rouge [1] (Au fond signature du potier). Diamètre, 0,110. Environs de Compiègne
(Oise).

1685. — Coupe en terre rouge. Le marli décoré de feuilles d'eau
en relief. Diamètre, 0,170. Département de l'Allier [2].
IIe et IIIe siècle après J.-C.

555. — Petite coupe à pied en terre rouge [3]. Environs de Reims
(Marne). Diam., 0,100.

1475. — Coupe profonde en terre rouge provenant des cimetières
gallo-romains de la Marne. Diam., 0,160 [4] (Fouilles
de 1906).

1676. — Coupe plate en terre rouge provenant des tombes à
inhumation gallo-romaines de la Marne (Fouilles
de 1906). Diam., 0,195 [5].

554, 556, 560. — Trois poteries grossières trouvées dans les
arènes de Nîmes par M. Joseph Blanc (fouilles de
1865).

558, 561. — Deux poteries en forme de fuseaux. Nîmes.

---

terme ordinaire officina. Les lettres qui s'y trouvent AVOT sont tirées
d'un mot celtique qui signifie *fabrication* ; c'est un terme que les céramistes
estampillent souvent sur les figurines de terre cuite.

1. Voir des coupes de ce type au Musée de Saint-Germain, salle XV,
n°s 31064 et 28517.

2. Ce type, assez répandu, se rencontre principalement à Vichy. Il s'en
trouve dans plusieurs musées ; à Saint-Germain, n° 25677, au musée
Guimet, etc. Une est reproduite dans le grand ouvrage de MM. Boulanger
et Pilloy, pl. IV, n° 1.

3. Ce type de petit bol est représenté au musée de Reims par
de nombreux spécimens. On les trouve décrits dans un excellent
Catalogue de la Salle. Th. Habert, publié à Troyes en 1901, n°s 3578,
3579, 4038. Ils sont souvent associés à des fibules du type de la
Tène III.

4. Voir des poteries de ce genre à Saint-Germain, salle XVII, n° 13055.
Dans la salle Frédéric Moreau, les bols de ce type proviennent à la fois
des sépultures à incinération et des tombes à inhumations.

5. Voir musée de Saint-Germain, salle XVII, n° 12695 (Saint-
Étienne au Temple) et salle F. Moreau (fouilles d'Arcy Sainte-Restitue,
tombe n° 2371).

1674. — Poterie d'un beau noir provenant des sépultures du
    département de la Marne. Fouilles de 1906 [1].

1595. — Vase de terre noire à pied étroit, provenant du dépar-
    tement de l'Aisne. Haut., 0,135. Sépultures à inhu-
    mation du ive siècle après J.-C. [2].

1239. — Céramique zoomorphique. Petit vase de terre en forme
    de lapin, avec goulot vertical et anse. Trouvé en 1828
    dans une sépulture près Forbach (Moselle) [3]. Hauteur,
    0,085.

FIGURINES DE TERRE CUITE [4].

674 et 1802. — Vénus nue, debout, dans la pose de l'*Anadyo-
    mène* [5] tenant ses cheveux de la main droite. Toulon-
    sur-Allier.

1860. — Vénus nue debout, tenant ses seins. Coiffure à l'Égyp-
    tienne. Haut., 0,170.

1775. — Nourrice assise dans un fauteuil en nattes d'osier allai-
    tant un enfant. Parfait état de conservation. Trouvée
    à Brionne (arrondissement de Bernay, Eure), en 1890.

1861. — Buste de femme trouvé aux environs de Moulins
    (Allier).

1862. — Buste d'enfant rieur, le crâne chauve, trouvé aux en-
    virons de Moulins (Allier).

1863. — Paon provenant du département de l'Eure.

1864-1865. — Coq et poule (Eure).

1869. — Petite figurine en forme de chouette trouvée à Saint-
    Acheul près Amiens (Somme). Hauteur, 0,070.

---

1. Ces vases contiennent généralement des marques de doigts, à l'intérieur. On peut en trouver d'analogues au musée de Saint-Germain,.
salle XVII, n° 2845 et salle F. Moreau, fouilles d'Arcy, tombe 2371.

2. Musée de Saint-Germain, salle XVII, n° 28479 et salle F. Moreau.

3. Le musée de Saint-Germain possède un vase identique originaire
de Vichy (Allier), salle XIV, n° 6884.

4. Camille Jullian. *Gallia*, p. 161. — De Caumont. *Abécédaire d'archéologie*. Ère gallo-romaine, p. 583 et suiv.

5. Salomon Reinach. *Guide illustré du musée de Saint-Germain*, p. 76,.
fig. 73.

1866-1868. — Figurines rentrant dans la série des grotesques. Trouvées dans l'Allier.

LAMPES.

1729. — Belle lampe en terre rouge trouvée dans le midi de la France. Apollon jouant de la lyre. Une peau de lion posée sur l'épaule. 1er siècle de notre ère. Long., 0,120.

239. — Lampe de terre rougeâtre avec anse, trouvée dans le département de la Haute-Marne [1].

961. — Lampe de terre rouge trouvée à Sens (Yonne) et décorée d'un griffon [2].

1880. — Lampe de terre grisâtre trouvée dans les environs de Reims (Marne). Masque de théâtre et signature [3].

622. — Lampe de terre cuite trouvée dans le département de Vaucluse (Trois tenons percés pour chaines de suspension. Aigle et signature « STROBILI ») [4].

620, 621, 623, 624, 625, 626, 628. — Sept lampes de terre provenant du midi de la France, diversement ornées : oiseau, masque de théâtre, figures d'Eros, etc...

VERRERIE.

602, 607, 609, 612, 617. — Cinq petites fioles à parfums trouvées à Nîmes (fouilles de 1865) (Les 602 et 607 fortement irisées).

594, 595, 605, 606, 618. — Cinq fioles à parfums, provenant du département de Vaucluse (Belles irisations).

615-1148. — Deux fioles à parfums. Provenance indéterminée.

566. — Belle coupe provenant du département de la Marne.

1. Une lampe de même type et de même provenance est au musée archéol. de Reims, n° 1729.

2. Au musée de Sens, se trouve une lampe tellement semblable qu'elle paraît sortie du même moule.

3. Musée de Reims, salle Th. Habert.

4. Le musée de Saint-Germain est riche en lampes gallo-romaines signées. Voici quelques-unes des signatures : FORTIS — NERI — ATIMETI — COMVNIS — CTROV — PHOETASPI — STROBILI — MARCELLI, etc.

1675. — Petit gobelet de verre blanc à panse arrondie[1]. Haut., 0,065. Environs de Reims [trouvé en 1906].

1229. — Bouteille en verre dite « *Barillet* » du IVe siècle après J.-C. Type à une seule anse. Cimetières de Vermand (Aisne). Haut., 0,140.

1506. — Beau barillet à une seule anse, provenant de la vente de la collection Hakky-Bey (juin 1906).

571. — Amphore à long col et à panse très allongée. Cimetières de Vermand. Tombes à inhumation[2], seconde moitié du IVe siècle.

1025. — Verre à pied trouvé aux environs de Reims. Forme du IVe siècle[3]. Superbe irisation multicolore.

1022. — Grand verre à pied de style barbare de la fin du IVe siècle. Vermand.

FIBULES DE BRONZE.

Tène III.

1875. — Type sans couvre-ressort, patine brune, provenance indéterminée.

1761, 1769, 1876. — Types avec couvre-ressort. Département de l'Oise.

1760. — Type à couvre-ressort et à ornement en rosace terminée par une plaque en queue d'oiseau décorée de cannelures longitudinales. Marne. Long., 0,080.

1293. — Type à rosace, décor gravé, grande finesse d'exécution. Environs de Beauvais (Oise).

---

1. Ce type de verrerie est très répandu dans la région de Reims. On en voit de nombreux spécimens au musée Théophile Habert, à Reims.

2. Une fiole exactement semblable a été trouvée à Reims, dans un cercueil de plomb, avenue de Betheny, en juin 1900. Une autre a été rencontrée par le R. P. Camille de la Croix dans un caveau funéraire à Louin (Deux-Sèvres). Elle était placée, dans le sens de la longueur, entre les jambes du squelette inhumé dans un sarcophage de marbre doublé de plomb.

3. Ce type de verrerie est représenté par plusieurs spécimens dans le musée Théophile Habert, à Reims.

1038-1155. — Types à rosace provenant du département de l'Eure.

1613. — Type à rosace et couvre-ressort incomplet. Long., 0,050.

1878. — Type à queue d'oiseau cannelée longitudinalement et à couvre-ressort. Long., 0,065. Arcis-sur-Aube (Aube).

Tène IV.
(Fibules à charnière.)

1617. — Type à arc très surbaissé. Long., 0,085.

1603. — Type à arc mince orné de cannelures longitudinales. Long., 0,060.

1602. — Type à arc plat, trouvé aux environs d'Évreux (Eure).

1612. — Type à dos côtelé. Long., 0,050.

1768. — Type à arc plat orné de cavités rectangulaires autrefois remplies d'émail. Arcis-sur-Aube.

1616. — Type dont l'arc est remplacé par un bouton conique. Provenance indéterminée.

1614. — **Type** dont l'arc est remplacé par une plaque de bronze. **Compiègne** (Oise).

1621. — Type en forme de semelle de chaussure (Oise).

1615. — Type ornithomorphe.

702, 1039, 1409. — Type dit « crucial » caractéristique des derniers temps de l'époque impériale (ive siècle ap. J.-C.). Spécimens trouvés aux environs de Beauvais (Oise) et de Besançon (Doubs).

1877. — Type de transition entre l'époque gallo-romaine et la période franque (Deux plaques d'inégale grandeur reliées par un arc de jointure). Premières années du ve siècle.

OBJETS DIVERS.

844. — Collier de perles côtelées en terre cuite revêtue d'un émail verdâtre [1]. iie et iiie siècle après J.-C.

---

1. Ces perles, avec d'autres objets, tels que des divinités égyptiennes, de bronze, marquent en Gaule l'influence de l'Égypte alexandrine. Elles sont quelquefois des dégénérescences de scarabées avec partie plate chargée d'hiéroglyphes. L'influence orientale est si importante en Gaule que plusieurs archéologues trouvent l'expression *Gaule romano-asiatique* plus juste que celle de Gaule romaine. *Revue archéol.*, juill.-août 1906, p. 162 à 165.

1161. — *Strigile* en bronze (instrument servant à se racler la peau après le bain) (Provient des fouilles des arènes de Nîmes en 1865).

1593. — Clochette de bronze avec anneau de suspension. Patine verte [1].

1199. — Petits cylindres d'os percés de trous et ayant servi de *charnières* de coffrets ? ou d'instruments de musique ?

1413. — Pince à épiler, avec anneau. Bronze.

1553. — Vase de bronze à anse surélevée acheté en août 1906 à Annecy et provenant des fouilles gallo-romaines de Moûtiers (Savoie) [2]. Haut., 0,130.

1882. — Grande cuiller à libations ou Simpulum ; le manche se termine par une tête de canard finement exécutée. Très belle patine verte [3]. Arles (Bouches-du-Rhône).

965. — Deux cuillers de bronze, le manche terminé par un personnage exécuté grossièrement (Oise).

1859. — Anse de coffret en bronze (Oise).

1410. — Dé à coudre en bronze orné. Provenance indéterminée.

692, 902, 1748, 1749, 1758, 1770, 1773 et 1774. — Huit clefs de bronze de types divers, plusieurs proviennent de Nîmes (Gard).

1772. — Deux bracelets de bronze à extrémités aplaties, trouvés avec de la poterie rouge unie dans les tombes de la Marne.

1992. — Bagues de bronze encore passées autour des phalanges des doigts. IVᵉ siècle. Environs de Reims (Marne).

152, 153, 154, 691. — Quatre épingles d'os. Vermand (Aisne). IVᵉ siècle.

155. — Trente-cinq perles d'ambre rouge de forme discoïde plus

---

1. Ces objets sont généralement considérés comme destinés aux animaux domestiques.

2. Le musée de Zurich possède 3 vases semblables trouvés dans les cimetières de Giubiasco (Tessin) et associés à des fibules du type de la Tène III.

3. Consulter l'article « Simpulum » dans le *Dictionnaire des Antiquités romaines et grecques* de A. Rich. — Louis Le Clert. *Catalogue des bronzes du musée de Troyes*, p. 251, nᵒ 896.

ou moins aplatie. Tombes féminines du IVe siècle à Vermand [1].

1226. — Petite cuiller de bronze à manche terminé en pointe effilée.

1227. — Grosse aiguille de bronze percée d'un chas rectangulaire. IVe siècle.

1746. — Sonde ou curette (instrument de chirurgie) composée d'une tige terminée par une cuiller étroite à l'un des bouts, par une olive à l'autre; bronze, IVe siècle. Environs de Troyes [2].

79. — *Statera* ou balance en bronze trouvée dans un faubourg de Reims. Elle est composée d'une verge, d'une chaîne à crochet double et d'un plateau circulaire [3]. Les poids suspendus à la chaîne proviennent d'une autre localité.

---

1. Des perles semblables, dessinées dans le grand ouvrage de M. Boulanger, ont été trouvées près de Soissons. Aux périodes romaine et franque, l'ambre était un porte-bonheur.

2. Cet instrument porte le nom de *Specillum*. Consulter *Dictionnaire des antiquités romaines et grecques,* par A. Rich. — Louis Le Clert. *Catalogue des bronzes au musée de Troyes,* n°s 406, 561 et 806.

3. A. Rich. *Dictionn. des ant. rom. et grec.* aux mots Statera et Libra. — *Catalogue de la salle Théophile Habert* au musée de Reims, n° 1925, p. 57 avec figure.

CHAPITRE VI

MOBILIER FUNÉRAIRE
DES TOMBES FRANQUES ET MÉROVINGIENNES

FAMPOUX.

(Canton et arrondissement d'Arras — Pas-de-Calais.)

1414-1436. — Trois fibules digitées en bronze.

1434. — Jolie fibule digitée en argent avec traces de dorure. Long., 0,060.

1437. — Fibule ornithomorphe en bronze.

MOREUIL.

(Arrondissement de Montdidier — Somme.)

1048. — Fibule digitée en argent doré et niellé, ornée de grenats. Belle pièce.

1046. — Plaque de ceinturon en fer, avec sa boucle et son ardillon. Incrustations d'argent. Spécimen avec croix.

DOMART-SUR-LA-LUCE.

(Arrondissement de Montdidier — Somme.)

967. — Petit bol de verre trouvé en 1892.

CRIEL-SUR-MER.

(Canton d'Eu, arrondissement de Dieppe — Seine-Inférieure.)

873 et 935. — Scramasax en fer. Long., 0,540.

934. — Couteau de fer. Long., 0,320.

59-936. — Petits couteaux en fer.

1036-1598. — Plaques en métal de cloche, forme circulaire ; décor finement gravé. Trois clous de bronze.

1821-1822. — Pinces à épiler en bronze, belle patine verte.

MONCEAU-LES-BULLES.

(Oise.)

1446. — Peigne en os.

1454-1455. — Vases de terre noirâtre. Formes rares (Le 1454 est un gobelet cylindrique décoré d'une inscription. Le même texte se répète quatre fois et forme chaîne continue).

HERMES.

(Canton de Noailles, arrondissement de Beauvais — Oise.)

81. — Grand vase en terre noire, de forme anguleuse courante. Zones circulaires de dessins à la roulette. Diamètre de l'orifice, 0,150. Trouvé le 29 octobre 1879.

CORMEILLES-EN-VEXIN.

(Canton de Marines, arrondissement de Pontoise — Seine-et-Oise.)

1014. — Francisque. Long., 0,170.

1047. — Forces ou ciseaux en fer.

1016 et 1819. — Petites plaques avec boucle et ardillon en métal de cloche, ornées de trois clous de bronze.

841, 971, 977, 1445. — Plaques et contre-plaques de ceinturon ; types en fer avec clous de bronze et incrustations d'argent (Le 971 orné de l'entrelac, motif originaire de Chaldée).

980. — Boucle en bronze. L'ardillon orné, sur le dessus, de verroteries rouges.

1017. — Boucle épaisse, en métal de cloche, l'ardillon orné de verroterie rouge.

898. — Rondelle de bronze servant à fixer les chaînes de suspension de la trousse ménagère ; tombes féminines des VIIe et VIIIe siècles.

652. — Peson de fuseau en pâte de verre noir opaque.

1435. — Très belle fibule ronde en bronze plaquée d'or, avec verroteries rouges en tables, cloisonnées d'or, formant la croix. Ornements en filigrane d'or vermiculé. VIIIe siècle.

972. — Paire de boucles d'oreilles à pendants ajourés ; décor en filigrane. Ce type curieux et rare remonte au viiie siècle de notre ère ; il est hongrois. On a trouvé à Louèche, en Suisse, un objet en argent de travail analogue.

1170. — Paire de boucles d'oreilles (Anneau d'argent orné d'une sphère dorée recouverte de petits anneaux en filigrane). viiie siècle.

Monceau le Neuf.

(Arrondissement de Vervins — Aisne.)

1438. — Collier composé de six grains d'ambre irréguliers, et de grosses perles émaillées jaune et blanc sur fond rougeâtre (Remarquer les perles en forme de dé et celles ornées de cabochons verdâtres, considérées par quelques archéologues comme des amulettes contre le mauvais œil). viie et viiie siècles.

Chalandry.

(Arrondissement de Laon — Aisne.)

842, 907, 1018, 1282, 1476. — Vases de terre noirâtre. Forme anguleuse de type courant ; zones de dessins à la roulette.

1021-1024. — Épingles styliformes en bronze[1], tombes féminines des viie et viiie siècles.

Couvron.

(Canton de Crécy-sur-Serre, arrondissement de Laon — Aisne.)

840. — Francisque en fer. Type peu arqué de l'époque des invasions. Long., 0,180.

1451. — Pince à épiler en bronze.

Département de la Marne.

(Fouilles de 1907.)

1841. — Francisque en fer.

---

1. Ces épingles étaient destinées à fermer le vêtement ou à consolider le chignon ; elles sont sur la poitrine, ou sous le crâne.

1831. — Paire de fibules ornithomorphes en bronze.

1416, 1830. — Deux paires de boucles d'oreilles à polyèdres (argent et verroterie rouge).

1829. — Petite fibule circulaire en argent ornée de verroteries rouges, fin du viiᵉ siècle. Environs de Reims.

1536, 1683. — Deux vases de terre jaunâtre. Type orlé.

PROVENANCES INDÉTERMINÉES.

1143. — Fers de framées provenant du Nord de la France.

1415. — Fibule de bronze formée de deux plaques dont une semi-circulaire et l'autre en queue d'oiseau.

1172. — Fibule de bronze. Type en S. Long., 0,035.

1180. — Boucle d'oreille en bronze. Type à polyèdre.

981. — Collier en perles diverses de pâte de verre et d'ambre (Période franque, vᵉ et viᵉ siècle).

1537-1538. — Deux vases de terre noirâtre. Type orlé.

1535. — Poterie noirâtre ; type à une anse.

905. — Hache de fer à tranchant élargi en forme de T[1].

1168. — Plaque avec boucle et contre-plaque de ceinturon en métal de cloche gravé, clous de bronze, excellente conservation.

975, 1023, 1144, 1443, 1444, 1820. — Plaques et boucles en bronze. Types divers.

1417. — Très petite plaque avec boucle et ardillon ; type circulaire. Long., 0,030.

984. — Bagues de bronze encore passées autour d'une phalange.

---

1. Ce type apparaît vers le viiiᵉ siècle, et subsiste jusqu'au xivᵉ siècle sous le nom de hache danoise.

CHAPITRE VII

COMPARAISON

GROTTE D'ANTELIAS.
(Syrie.)

1184 à 1187. — Outillage magdalénien en silex provenant des fouilles du Révérend Père Zumhoffen : 1184. Grattoir-poinçon ; 1185. Burin ; 1186. Bec de perroquet ; 1187. Petite lame à tranchant latéral abattu.

ASIE MINEURE.

114. — Hache polie en bauxite. Long., 0,095.

ILE DE THÉRA (SANTORIN) [1].

58. — Petite lame en obsidienne. Long., 0,050.

ILE DE MILO.

1715. — Nucleus en obsidienne provenant de la collection E. Collin. Long., 0,050.

ILE DE CHYPRE.
Nécropoles de l'âge du cuivre [2].
(3 000 à 2 500 av. J.-C.)

1694. — Petit poignard en cuivre presque pur ; type à lame triangulaire courte, avec léger renflement central ;

---

1. Consulter Ed. Pottier. *Petit catalogue des vases du Louvre.* Première partie « Les origines », p. 119.

2. Consulter Ed. Pottier. *Petit catalogue des vases du Louvre.* Première partie « Les origines », p. 84.

languette à la base et trois rivets dont deux sont encore en place. Patine verte.

1705. — Petit poignard ; type à soie mince formant crochet à
l'extrémité.

1393. — Vase de pierre. Influence égyptienne [1].

1693. — Petite œnochoé modelée à la main ; pâte tournée au
jaune-rouge lustré. Décor géométrique rectiligne incrusté de pâte blanche ; deux petites saillies percées
sont ménagées à la base du col.

1391. — Céramique zoomorphique. Vase de terre cuite dont la
pâte a tourné au rouge lustré. Trois petits pieds servent à faire tenir le vase debout. Sur le dos, petite
saillie perforée. Décor géométrique rectiligne incisé
analogue à celui des bracelets de l'âge du bronze.

1392. — Céramique zoomorphique, pâte tournée au rouge ; anneau de suspension.

Ile de Rhodes [2].

1252-1456. — Vases à étrier. Période mycénienne (1500 à 1000
av. J.-C.) ; âge du bronze.

Ile d'Anaphi.

(A 25 kilomètres à l'Est de Santorin.)

1395-1396. — Vases à étrier. Période mycénienne, âge du
bronze.

Égypte.

952 à 955. — Silex taillés provenant du Fayoum et des fouilles
de M. E. Amélineau à Abydos (1895-1899). Pointes
de flèches, couteaux, lames à encoches, etc.

399, 434, 1399, 1697. — Vases de pierre remontant à la plus
haute antiquité. Fouilles de M. E. Amélineau, à
Abydos (1895-1899).

---

1. Consulter Ed. Pottier. *Petit catalogue des vases du Louvre.* Première
partie « Les origines », p. 85.

2. Consulter Ed. Pottier. *Catalogue des vases du Louvre.* Première
partie « Les origines », p. 129 et suivantes.

CIUDAD-RÉAL.

(Espagne.)

91. — Hache polie en diorite. Forme dite « en boudin » ou à coupe circulaire. Long., 0,120.

DANEMARK.

122-123. — Marteaux-haches percés d'un trou circulaire et po-lis [1]; le 122 en diorite porphyroïde. Le 123 en diorite schistoïde.

1448. — Tranchet en silex taillé et retouché avec soin. Bogo (Nordside), fouilles de 1885. Long., 0,060.

1449-1450. — Haches en silex; forme équarrie typique des gise-ments danois [2], faces polies, côtés taillés. Bogo.

NOUVELLE-GUINÉE.

90. — Belle hache polie en jadéite. Long., 0,180.

OCÉANIE.

226 — Grande et belle hache polie en jade océanien. Tranchant oblique. Long., 0,170.

93. — Hache polie en jade provenant des îles Sandwich.

AMÉRIQUE.

220. — Hache à gorge de l'Amérique du Nord.

94. — Hache polie en jade ascien. Amérique du Nord. Long., 0,160.

1103. — Pointe de flèche en silex à large pédoncule [3]. Texas (États-Unis). Long., 0,045.

994. — Moulin à broyer le grain en roche volcanique noire.

---

1. Sur les marteaux-haches perforés du Danemark, voir Mortillet. *Musée préhist.*, pl. LVIII, n°s 628 et 629.

2. *Musée préhistorique* de Mortillet, pl. LIII, n°s 568 et 569.

3. Voir des pointes de même type dans le *Musée préhistorique* de Mortillet, pl. XLVI, n° 469 et pl. XLVIII, n° 515.

Meule dormante tripode et molette fusiforme. Amérique centrale.

136. — Modèle en terre cuite d'un *Teocalli* (Maison des dieux). On voit, en haut de l'escalier, la pierre sacrée. Vallée de Mexico. Haut., 0,090.

708. — Petite tête humaine en terre cuite. Crâne bilobé. Mexique[1].

709-715. — Sept têtes humaines à déformations, en terre cuite. Mexique.

135. — Petite figurine de terre cuite à haute coiffure, ancienne divinité du Mexique. Haut., 0,110.

68-681. — Nucleus en obsidienne. Mexique[2].

1659. — Figurine de terre cuite, debout, les bras ouverts[3]. Tatouages peints en noir. Haut., 0,150. Bas-Pérou.

76. — Vase en terre rouge dont le col a été grossièrement façonné en tête humaine. Les bras, terminés par des mains rudimentaires, forment anses en rejoignant les oreilles ; deux autres anses sont placées plus bas, sur la panse. Haut., 0,190. Huallanca (département d'Huanuco, Pérou central).

78. — Vase de terre noirâtre. Panse sphérique. Le col orné d'une petite figure humaine en relief (face tatouée) ; l'un des bras repose sur l'épaulement du vase ; l'autre forme anse, la main faisant le geste d'abriter les yeux pour regarder au loin. Haut., 0,197. Huallanca.

75. — Vase de terre noirâtre à tête humaine grossièrement façonnée sur le col. Huallanca.

77. — Vase à une anse avec petite tête d'oiseau sculptée en haut relief sur le dessus de la panse. Huallanca.

74. — Vase de terre noire en forme d'oiseau. Huallanca.

83, 85, 86, 87, 131, 244, 420, 798, 799. — Poteries primitives du Pérou.

---

1. A comparer avec les crânes à déformation artificielle de Los Sacrificios (Golfe du Mexique). Voir musée du Trocadéro et musée d'Annecy.

2. L'obsidienne du Mexique est d'un beau noir lustré, à la différence de celle des îles grecques, qui est d'un noir terne.

3. Le même personnage figure au musée ethnographique du Trocadéro, n° 4368.

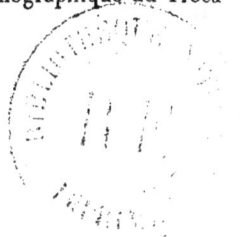

TABLE DES MATIÈRES

DEUXIÈME PARTIE

DESCRIPTION RAISONNÉE DE LA COLLECTION MORIN.

INDEX DES NUMÉROS

INDEX GÉNÉRAL ALPHABÉTIQUE

TABLE DES PLANCHES HORS TEXTE

CHARTRES. — IMPRIMERIE DURAND, RUE FULBERT.

FÉLIX ALCAN, Éditeur

LIBRAIRIES FÉLIX ALCAN ET GUILLAUMIN RÉUNIES

PHILOSOPHIE — HISTOIRE

CATALOGUE

DES

Livres de Fonds

On peut se procurer tous les ouvrages qui se trouvent dans ce Catalogue par l'intermédiaire des libraires de France et de l'Étranger.

On peut également les recevoir franco par la poste, sans augmentation des prix désignés, en joignant à la demande des TIMBRES-POSTE FRANÇAIS ou un MANDAT sur Paris.

108, BOULEVARD SAINT-GERMAIN, 108

PARIS, 6ᵉ

DECEMBRE 1907

Les titres précédés d'un *astérisque* sont recommandés par le Ministère de l'Instruction publique pour les Bibliothèques des élèves et des professeurs et pour les distributions de prix des lycées et collèges.

BIBLIOTHÈQUE DE PHILOSOPHIE CONTEMPORAINE

La *psychologie*, avec ses auxiliaires indispensables, l'*anatomie* et la *physiologie du système nerveux*, la *pathologie mentale*, la *psychologie des races inférieures et des animaux*, les *recherches expérimentales des laboratoires*; — la *logique*; — les *théories générales fondées sur les découvertes scientifiques*; — l'*esthétique*; — les *hypothèses métaphysiques*; — la *criminologie* et la *sociologie*; — l'*histoire des principales théories philosophiques*; tels sont les principaux sujets traités dans cette Bibliothèque. — Un catalogue spécial à cette collection, par ordre de matières, sera envoyé sur demande.

VOLUMES IN-16, BROCHÉS, A 2 FR. 50
Ouvrages parus en 1907 :

BOS (C.), docteur en philosophie. **Pessimisme, Féminisme, Moralisme.**
BOUGLÉ (C.), professeur à l'Université de Toulouse. **Qu'est-ce que la Sociologie?**
COIGNET (C.). L'évolution du protestantisme français au XIX᷒ siècle.
CRESSON (A.), professeur au lycée de Lyon. Les bases de la philosophie naturaliste.
LACHELIER (J.), de l'Institut. Etudes sur le syllogisme, suivies de l'observation de Platner et d'une note sur le « Philèbe ».
LODGE (Sir Oliver). **La Vie et la Matière**, trad. de l'anglais par J. MAXWELL.
PROAL (Louis), conseiller à la Cour d'appel de Paris. **L'éducation et le suicide des enfants.** Etude psychologique et sociologique.
RAGEOT (G.). **Les savants et la philosophie.**
REY (A.), agrégé de philosophie, docteur ès lettres. **L'énergétique et le mécanisme** au point de vue des conditions de la connaissance.
ROEHRICH (E.). **L'attention spontanée et volontaire.** Son fonctionnement, ses lois, son emploi dans la vie pratique. (Récompensé par l'Institut.)
ROGUES DE FURSAC (J.). **Un mouvement mystique contemporain.** Le réveil religieux au Pays de Galles (1904-1905).
SCHOPENHAUER. **Philosophie et philosophes,** trad. Dietrich.
SOLLIER (Dʳ P.). **Essai critique et théorique sur l'association en psychologie.**

Précédemment publiés :

ALAUX (V.). La philosophie de Victor Cousin.
ALLIER (R.). *La Philosophie d'Ernest Renan. 2ᵉ édit. 1903.
ARRÉAT (L.). *La Morale dans le drame, l'épopée et le roman. 3ᵉ édition.
— *Mémoire et imagination (Peintres, Musiciens, Poètes, Orateurs). 2ᵉ édit.
— Les Croyances de demain. 1898.
— Dix ans de philosophie. 1900.
— Le Sentiment religieux en France. 1903.
— Art et Psychologie individuelle. 1906.
BALLET (G.). Le Langage intérieur et les diverses formes de l'aphasie. 2ᵉ édit.
BAYET (A.). La morale scientifique. 2ᵉ édit. 1906.
BEAUSSIRE, de l'Institut. *Antécédents de l'hégél. dans la philos. française.
BERGSON (H.), de l'Institut, professeur au Collège de France. *Le Rire. Essai sur la signification du comique. 5ᵉ édition. 1908.
BERTAULD. De la Philosophie sociale.
BINET (A.), directeur du lab. de psych. physiol. de la Sorbonne. La Psychologie du raisonnement, expériences par l'hypnotisme. 4ᵉ édit. 1907.
BLONDEL. Les Approximations de la vérité. 1900.
BOS (C.), docteur en philosophie. *Psychologie de la croyance. 2ᵉ édit. 1905.
BOUCHER (M.). L'hyperespace, le temps, la matière et l'énergie. 2ᵉ édit. 1905.
BOUGLÉ, prof. à l'Univ. de Toulouse. Les Sciences sociales en Allemagne. 2ᵉ éd. 1902.
BOURDEAU (J.). Les Maîtres de la pensée contemporaine. 5ᵉ édit. 1906.
— Socialistes et sociologues. 2ᵉ éd. 1907.
BOUTROUX, de l'Institut. *De la contingence des lois de la nature. 6ᵉ éd. 1908.

Suite de la *Bibliothèque de philosophie contemporaine*, format in-16, à 2 fr. 50 le vol.

BRUNSCHVICG, professeur au lycée Henri IV, docteur ès lettres. *Introduction à la vie de l'esprit. 2ᵉ édit. 1906.
— *L'Idéalisme contemporain. 1905.
COSTE (Ad.). Dieu et l'âme. 2ᵉ édit. précédée d'une préface par R. Worms. 1903.
CRESSON (A.), docteur ès lettres. La Morale de Kant. 2ᵉ édit. (Cour. par l'Institut.)
— Le Malaise de la pensée philosophique. 1905.
DANVILLE (Gaston). Psychologie de l'amour. 4ᵉ édit. 1907.
DAURIAC (L.). La Psychologie dans l'Opéra français (Auber, Rossini, Meyerbeer).
DELVOLVÉ (J.), docteur ès lettres, agrégé de philosophie. *L'organisation de la conscience morale. *Esquisse d'un art moral positif. 1906.
DUGAS, docteur ès lettres. *Le Psittacisme et la pensée symbolique. 1896.
— La Timidité. 4ᵉ édit. augmentée 1907.
— Psychologie du rire. 1902.
— L'absolu. 1904.
DUMAS (G.), chargé de cours à la Sorbonne. *Le Sourire, avec 19 figures. 1906.
DUNAN, docteur ès lettres. La théorie psychologique de l'Espace.
DUPRAT (G -L.), docteur ès lettres. Les Causes sociales de la Folie. 1900.
— Le Mensonge. *Etude psychologique. 1903.
DURAND (de Gros). *Questions de philosophie morale et sociale. 1902.
DURKHEIM (Émile), professeur à la Sorbonne. *Les règles de la méthode sociologique. 4ᵉ édit. 1907.
D'EICHTHAL (Eug.) (de l'Institut). Les Problèmes sociaux et le Socialisme. 1899.
ENCAUSSE (Papus). L'occultisme et le spiritualisme. 2ᵉ édit. 1903.
ESPINAS (A.), de l'Institut. *La Philosophie expérimentale en Italie.
FAIVRE (E.). De la Variabilité des espèces.
FÉRÉ (Ch.). Sensation et Mouvement. Étude de psycho-mécanique, avec fig. 2ᵉ éd.
— Dégénérescence et Criminalité, avec figures. 4ᵉ édit. 1907.
FERRI (E.). *Les Criminels dans l'Art et la Littérature. 3ᵉ édit. 1908.
FIERENS-GEVAERT. Essai sur l'Art contemporain. 2ᵉ éd. 1903. (Cour. par l'Ac. fr.).
— La Tristesse contemporaine, essai sur les grands courants moraux et intellectuels du XIXᵉ siècle. 4ᵉ édit. 1904. (Couronné par l'Institut.)
— *Psychologie d'une ville. *Essai sur Bruges. 2ᵉ édit. 1902.
— Nouveaux essais sur l'Art contemporain. 1903.
FLEURY (Maurice de). L'Ame du criminel. 2ᵉ édit. 1907.
FONSEGRIVE, professeur au lycée Buffon. La Causalité efficiente. 1893.
FOUILLÉE (A.), de l'Institut. La propriété sociale et la démocratie.
FOURNIÈRE (E.). Essai sur l'individualisme. 1901.
FRANCK (Ad.), de l'Institut. *Philosophie du droit pénal. 5ᵉ édit.
GAUCKLER. Le Beau et son histoire.
GELEY (Dʳ G.). L'être subconscient. 2ᵉ édit. 1905.
GOBLOT (E.), professeur à l'Université de Lyon. Justice et liberté. 2ᵉ éd. 1907.
GODFERNAUX (G.), docteur ès lettres. Le Sentiment et la Pensée. 2ᵉ éd. 1906.
GRASSET (J.), professeur à la Faculté de médecine de Montpellier. Les limites de la biologie. 5ᵉ édit. 1907. Préface de Paul BOURGET.
GREEF (de). Les Lois sociologiques. 3ᵉ édit.
GUYAU. *La Genèse de l'idée de temps. 2ᵉ édit.
HARTMANN (E. de). La Religion de l'avenir. 5ᵉ édit.
— Le Darwinisme, ce qu'il y a de vrai et de faux dans cette doctrine. 6ᵉ édit.
HERBERT SPENCER. *Classification des sciences. 6ᵉ édit.
— L'Individu contre l'État. 5ᵉ édit.
HERCKENRATH. (C.-R.-C.) Problèmes d'Esthétique et de Morale. 1897.
JAELL (Mᵐᵉ). L'intelligence et le rythme dans les mouvements artistiques.
JAMES (W.). La théorie de l'émotion, préf. de G. DUMAS. 2ᵉ édition. 1906.
JANET (Paul), de l'Institut. *La Philosophie de Lamennais.
JANKELEWITCH (Dʳ). *Nature et Société. *Essai d'une application du point de vue finaliste aux phénomènes sociaux. 1906.
LACHELIER (J.), de l'Institut. Du fondement de l'induction, suivi de psychologie et métaphysique. 5ᵉ édit. 1907.
LAISANT (C.). L'Éducation fondée sur la science. Préface de A. NAQUET. 2ᵉ éd. 1905.

Suite de la *Bibliothèque de philosophie contemporaine*, format in-16, à 2 fr. 50 le vol.

LAMPÉRIÈRE (Mᵐᵉ A.). * Rôle social de la femme, son éducation. 1898.

LANDRY (A.), agrégé de philos., docteur ès lettres. La responsabilité pénale. 1902.

LANGE, professeur à l'Université de Copenhague. * Les Émotions, étude psycho-physiologique, traduit par G. Dumas. 2ᵉ édit. 1902.

LAPIE, professeur à l'Université de Bordeaux. La Justice par l'État. 1899.

LAUGEL (Auguste). L'Optique et les Arts.

LE BON (Dʳ Gustave). * Lois psychologiques de l'évolution des peuples. 7ᵉ édit.
— * Psychologie des foules. 13ᵉ édit.

LÉCHALAS. * Étude sur l'espace et le temps. 1895.

LE DANTEC, chargé du cours d'Embryologie générale à la Sorbonne. Le Détermi-nisme biologique et la Personnalité consciente. 3ᵉ édit. 1908.
— * L'Individualité et l'Erreur individualiste. 2ᵉ édit. 1905.
— * Lamarckiens et Darwiniens, 3ᵉ édit. 1908.

LEFÈVRE (G.), prof. à l'Univ. de Lille. Obligation morale et idéalisme. 1895

LIARD, de l'Inst., vice-rect. de l'Acad. de Paris. * Les Logiciens anglais contemp. 5ᵉ éd.
— Des définitions géométriques et des définitions empiriques. 3ᵉ édit.

LICHTENBERGER (Henri), maître de conférences à la Sorbonne. * La philosophie de Nietzsche. 9ᵉ édit. 1906.
— * Friedrich Nietzsche. Aphorismes et fragments choisis. 3ᵉ édit. 1905.

LOMBROSO. L'Anthropologie criminelle et ses récents progrès. 4ᵉ édit. 1901.

LUBBOCK (Sir John). * Le Bonheur de vivre. 2 volumes. 10ᵉ édit. 1907.
— * L'Emploi de la vie. 7ᵉ éd. 1908

LYON (Georges), recteur de l'Académie de Lille. * La Philosophie de Hobbes.

MARGUERY (E.). L'Œuvre d'art et l'évolution. 2ᵉ édit. 1905.

MAUXION, professeur à l'Université de Poitiers. * L'éducation par l'instruction et les *Théories pédagogiques de Herbart*. 1900.
— * Essai sur les éléments et l'évolution de la moralité. 1904.

MILHAUD (G.), professeur à l'Université de Montpellier. * Le Rationnel. 1898.
— * Essai sur les conditions et les limites de la Certitude logique. 2ᵉ édit. 1898.

MOSSO. * La Peur. Étude psycho-physiologique (avec figures). 3ᵉ édit.
— * La Fatigue intellectuelle et physique, trad. Langlois. 5ᵉ édit.

MURISIER (E.), professeur à la Faculté des lettres de Neuchâtel (Suisse). * Les Maladies du sentiment religieux. 2ᵉ édit. 1903.

NAVILLE (E.), prof. à la Faculté des lettres et sciences sociales de l'Université de Genève. Nouvelle classification des sciences. 2ᵉ édit. 1901.

NORDAU (Max). * Paradoxes psychologiques, trad. Dietrich. 6ᵉ édit. 1907.
— Paradoxes sociologiques, trad. Dietrich. 5ᵉ édit. 1907.
— * Psycho-physiologie du Génie et du Talent, trad. Dietrich. 4ᵉ édit. 1906.

NOVICOW (J.). L'Avenir de la Race blanche. 2ᵉ édit. 1903.

OSSIP-LOURIÉ, lauréat de l'Institut. Pensées de Tolstoï. 2ᵉ édit. 1902.
— * Nouvelles Pensées de Tolstoï. 1903.
— * La Philosophie de Tolstoï. 2ᵉ édit. 1903.
— * La Philosophie sociale dans le théâtre d'Ibsen. 1900.
— Le Bonheur et l'Intelligence. 1904.

PALANTE (G.), agrégé de l'Université. Précis de sociologie. 2ᵉ édit. 1903.

PAULHAN (Fr.). Les Phénomènes affectifs et les lois de leur apparition. 2ᵉ éd. 1901.
— * Joseph de Maistre et sa philosophie. 1893.
— * Psychologie de l'invention. 1900.
— * Analystes et esprits synthétiques. 1903.
— * La fonction de la mémoire et le souvenir affectif. 1904.

PHILIPPE (J.). * L'Image mentale, avec fig. 1903.

PHILIPPE (J.) et PAUL-BONCOUR (J.). Les anomalies mentales chez les écoliers. (*Ouvrage couronné par l'Institut*). 2ᵉ éd. 1907.

PILLON (F.). * La Philosophie de Ch. Secrétan. 1898.

PIOGER (Dʳ Julien). Le Monde physique, essai de conception expérimentale. 1893.

QUEYRAT, prof. de l'Univ. * L'Imagination et ses variétés chez l'enfant. 2ᵉ édit.
— * L'Abstraction, son rôle dans l'éducation intellectuelle. 2ᵉ édit. revue. 1907.
— * Les Caractères et l'éducation morale. 2ᵉ éd. 1901.
— * La logique chez l'enfant et sa culture. 3ᵉ édit. revue. 1907.
— * Les jeux des enfants. 1905.

Suite de la *Bibliothèque de philosophie contemporaine,* format in-16 à 2 fr. 50 le vol.

REGNAUD (P.), professeur à l'Université de Lyon. **Logique évolutionniste.** *L'Entendement dans ses rapports avec le langage.* 1897.
— **Comment naissent les mythes.** 1897.

RENARD (Georges), professeur au Collège de France. **Le régime socialiste,** *son organisation politique et économique.* 6ᵉ édit. 1907.

RÉVILLE (A.), professeur au Collège de France. **Histoire du dogme de la Divinité de Jésus-Christ.** 4ᵉ édit. 1907.

RIBOT (Th.), de l'Institut, professeur honoraire au Collège de France, directeur de la *Revue philosophique.* **La Philosophie de Schopenhauer.** 10ᵉ édition.
— * **Les Maladies de la mémoire.** 20ᵉ édit.
— * **Les Maladies de la volonté.** 24ᵉ édit.
— * **Les Maladies de la personnalité.** 13ᵉ édit.
— * **La Psychologie de l'attention.** 10ᵉ édit.

RICHARD (G.), prof. à l'Univ. de Bordeaux. * **Socialisme et Science sociale.** 2ᵉ édit.

RICHET (Ch.), prof. à l'Univ. de Paris. **Essai de psychologie générale.** 7ᵉ édit. 1907.

ROBERTY (E. de). **L'Inconnaissable, sa métaphysique, sa psychologie.**
— **L'Agnosticisme.** Essai sur quelques théories pessim. de la connaissance. 2 édit.
— **La Recherche de l'Unité.** 1893.
— * **Le Bien et le Mal.** 1896.
— **Le Psychisme social.** 1897.
— **Les Fondements de l'Ethique.** 1898.
— **Constitution de l'Éthique.** 1901.
— **Frédéric Nietzsche.** 3ᵉ édit. 1903.

ROISEL. **De la Substance.**
— **L'Idée spiritualiste.** 2ᵉ éd. 1901.

ROUSSEL-DESPIERRES. **L'Idéal esthétique.** *Philosophie de la beauté.* 1904.

SCHOPENHAUER. * **Le Fondement de la morale,** trad. par M. A. Burdeau. 7ᵉ édit.
— * **Le Libre arbitre,** trad. par M. Salomon Reinach, de l'Institut. 10ᵉ éd.
— **Pensées et Fragments,** avec intr. par M. J. Bourdeau. 21ᵉ édit.
— * **Écrivains et style.** Traduct. Dietrich. 1905.
— * **Sur la Religion.** Traduct. Dietrich. 1906.

SOLLIER (Dʳ P.). **Les Phénomènes d'autoscopie,** avec fig. 1903.

SOURIAU (P.), prof. à l'Université de Nancy. **La Rêverie esthétique.** *Essai sur la psychologie du poète.* 1906.

STUART MILL. * **Auguste Comte et la Philosophie positive.** 8ᵉ édit. 1907.
— * **L'Utilitarisme.** 5ᵉ édit. revue. 1908.
— **Correspondance inédite avec Gust. d'Eichthal (1828-1842)—(1864-1871).** 1898. Avant-propos et trad. par Eug. d'Eichthal.
— **La Liberté,** avant-propos, introduction et traduc. par DUPONT-WHITE. 3ᵉ édit.

SULLY PRUDHOMME, de l'Académie française. * **Psychologie du libre arbitre** suivi de *Définitions fondamentales des idées les plus générales et des idées les plus abstraites.* 1907.
— et Ch. RICHET. **Le problème des causes finales.** 4ᵉ édit. 1907.

SWIFT. **L'Éternel conflit.** 1901.

TANON (L.). * **L'Évolution du droit et la Conscience sociale.** 2ᵉ édit. 1905.

TARDE, de l'Institut. **La Criminalité comparée.** 6ᵉ édit. 1907.
— * **Les Transformations du Droit.** 5ᵉ édit. 1906.
— * **Les Lois sociales.** 5ᵉ édit. 1907.

THAMIN (R.), recteur de l'Acad. de Bordeaux. * **Éducation et Positivisme** 2ᵉ édit.

THOMAS (P. Félix). * **La suggestion, son rôle dans l'éducation.** 4ᵉ édit. 1907.
— * **Morale et éducation,** 2ᵉ édit. 1905.

TISSIÉ. * **Les Rêves,** avec préface du professeur Azam. 2ᵉ éd. 1898.

WUNDT. **Hypnotisme et Suggestion.** Étude critique, traduit par M. Keller. 3ᵉ édit. 1905.

ZELLER. **Christian Baur et l'École de Tubingue,** traduit par M. Ritter.

ZIEGLER. **La Question sociale est une Question morale,** trad. Palante. 3ᵉ édit.

———

Suite de la *Bibliothèque de philosophie contemporaine*, format in-8.

BIBLIOTHÈQUE DE PHILOSOPHIE CONTEMPORAINE

VOLUMES IN-8, BROCHÉS
à 3 fr. 75, 5 fr., 7 fr. 50, 10 fr., 12 fr. 50 et 15 fr.

Ouvrages parus en 1907.

BARDOUX (J.). Essai d'une psychologie de l'Angleterre contemporaine. *Les crises politiques. Protectionnisme et Radicalisme.* 5 fr.

BAZAILLAS (A.), professeur au lycée Condorcet. **Musique et inconscience.** *Introduction à la psychologie de l'inconscient.* 5 fr.

BELOT (G.), agrégé de philosophie. **Etudes de morale positive.** (*Récompensé par l'Institut.*) 7 fr. 50

BERGSON (H.), de l'Institut. **L'Evolution créatrice.** 3ᵉ édit. 7 fr. 50

DURKHEIM, professeur à la Sorbonne. **Année sociologique.** 10ᵉ Année (1905-1906). — P. HUVELIN : Magie et droit industriel. — R. HERTZ : Contribution à une étude sur la représentation collective de la mort. — C. BOUGLÉ : Note sur le droit et la caste en Inde. — *Analyses.* 12 fr. 50

EVELLIN (F.), inspecteur général honoraire de l'instruction publique. **La Raison pure et les antinomies.** Essai critique sur la philosophie kantienne. (*Couronné par l'Institut.*) 5 fr.

FOUILLÉE (A.), de l'Institut. **Morale des idées-forces.** 7 fr. 50

HAMELIN (O.), chargé de cours à la Sorbonne. **Essai sur les éléments principaux de la Représentation.** 7 fr. 50

HÖFFDING, prof. à l'Université de Copenhague. **Philosophes contemporains,** traduction Tremesaygues. 3 fr. 75

KEIM (A.), docteur ès lettres. **Helvétius,** *sa vie, son œuvre.* 10 fr.

LYON (G.), recteur à Lille. **Enseignement et religion.** Etudes philosophiques. 3 fr. 75

RENOUVIER (Ch.), de l'Institut. **Science de la morale.** Nouvelle édition. 2 vol. 15 fr.

REY (A.), docteur ès lettres, agrégé de philosophie. **La Théorie de la physique chez les physiciens contemporains.** 7 fr. 50

ROUSSEL-DESPIERRES (Fr.). **Hors du scepticisme. Liberté et beauté.** 1 vol. in-8. 7 fr. 50

WAYNBAUM (Dʳ I.). **La physionomie humaine.** 5 fr.

Précédemment publiés :

ADAM (Ch.), recteur de l'Académie de Nancy. * **La Philosophie en France** (première moitié du XIXᵉ siècle). 7 fr. 50

ALENGRY (Franck), docteur ès lettres, inspecteur d'académie. *Essai historique et critique sur la Sociologie chez Aug. Comte. 1900. 10 fr.

ARNOLD (Matthew). **La Crise religieuse.** 7 fr. 50

ARRÉAT. * **Psychologie du peintre.** 5 fr.

AUBRY (Dʳ P.). **La Contagion du meurtre.** 1896. 3ᵉ édit. 5 fr.

BAIN (Alex.). **La Logique inductive et déductive.** Trad. Compayré. 2 vol. 3ᵉ éd. 20 fr. — * **Les Sens et l'Intelligence.** Trad. Cazelles. 3ᵉ édit. 10 fr.

BALDWIN (Mark), professeur à l'Université de Princeton (États-Unis). **Le Développement mental chez l'enfant et dans la race.** Trad. Nourry. 1897. 7 fr. 50

BARDOUX (J.). *Essai d'une psychologie de l'Angleterre contemporaine. *Les crises belliqueuses.* (*Couronné par l'Académie française*). 1906. 7 fr. 50

BARTHÉLEMY-SAINT-HILAIRE, de l'Institut. **La Philosophie dans ses rapports avec les sciences et la religion.** 5 fr.

BARZELOTTI, prof. à l'Univ. de Rome. *La Philosophie de H. Taine. 1900. 7 fr. 50

BAZAILLAS (A.), docteur ès lettres, professeur au lycée Condorcet. *La Vie personnelle, *Étude sur quelques illusions de la perception extérieure.* 1905. 5 fr.

BERGSON (H.), de l'Institut. * **Matière et mémoire.** 5ᵉ édit. 1908. 5 fr. — **Essai sur les données immédiates de la conscience.** 6ᵉ édit. 1908. 3 fr. 75

BERTRAND, prof. à l'Université de Lyon. * **L'Enseignement intégral.** 1898. 5 fr. — **Les Études dans la démocratie.** 1900. 5 fr.

BINET (A.). *Les révélations de l'écriture, avec 67 grav. 5 fr.

BOIRAC (Émile), recteur de l'Académie de Dijon. * **L'Idée du Phénomène.** 5 fr.

BOUGLÉ, prof. à l'Univ. de Toulouse. * **Les Idées égalitaires.** 2ᵉ édit. 1908. 3 fr. 75

BOURDEAU (L.). **Le Problème de la mort.** 4ᵉ édition. 1904. 5 fr. — **Le Problème de la vie.** 1901. 7 fr. 50

Suite de la *Bibliothèque de philosophie contemporaine*, format in-8:

BOURDON, professeur à l'Université de Rennes. *L'Expression des émotions et des tendances dans le langage. 7 fr. 50

BOUTROUX (E.), de l'Inst. Études d'histoire de la philosophie. 2ᵉ éd. 1901. 7 fr. 50

BRAUNSCHVIG (M.), docteur ès lettres, prof. au lycée de Toulouse. Le sentiment du beau et le sentiment poétique. *Essai sur l'esthétique du vers*. 1904. 3 fr. 75

BRAY (L.). Du beau. 1902. 5 fr.

BROCHARD (V.), de l'Institut. De l'Erreur. 2ᵉ édit. 1897. 5 fr.

BRUNSCHVICG (E.), prof. au lycée Henri IV, doct. ès lett. La Modalité du jugement. 5 fr.
— *Spinoza. 2ᵉ édit. 1906. 3 fr. 75

CARRAU (Ludovic), prof. à la Sorbonne. Philosophie religieuse en Angleterre. 5 fr.

CHABOT (Ch.), prof. à l'Univ. de Lyon. *Nature et Moralité. 1897. 5 fr.

CLAY (R.). *L'Alternative, Contribution à la Psychologie. 2ᵉ édit. 10 fr.

COLLINS (Howard). *La Philosophie de Herbert Spencer, avec préface de Herbert Spencer, traduit par H. de Varigny. 4ᵉ édit. 1904. 10 fr.

COMTE (Aug.). La Sociologie, résumé par E. Rigolage. 1897. 7 fr. 50

COSENTINI (F.). La Sociologie génétique. *Pensées et vie sociale préhist*. 1905. 3 fr. 75

COSTE. Les Principes d'une sociologie objective. 3 fr. 75
— L'Expérience des peuples et les prévisions qu'elle autorise. 1900. 10 fr.

COUTURAT (L.). Les principes des mathématiques. 1906. 5 fr.

CRÉPIEUX-JAMIN. L'Écriture et le Caractère. 4ᵉ édit. 1897. 7 fr. 50

CRESSON, doct. ès lettres. La Morale de la raison théorique. 1903. 5 fr.

DAURIAC (L.). *Essai sur l'esprit musical. 1904. 5 fr.

DE LA GRASSERIE (R.), lauréat de l'Institut. Psychologie des religions. 1899. 5 fr.

DELBOS (V.), maître de conf. à la Sorbonne. *La philosophie pratique de Kant. 1905. (Ouvrage couronné par l'Académie française.) 12 fr. 50

DELVAILLE (J.), agr. de philosophie. La vie sociale et l'éducation. 1907. 3 fr. 75

DELVOLVE (J.), docteur ès lettres, agrégé de philosophie. *Religion, critique et philosophie positive chez Pierre Bayle. 1906. 7 fr. 50

DRAGHICESCO (D.), chargé de cours à l'Université de Bucarest. L'Individu dans le déterminisme social. 1904. 7 fr. 50
— Le problème de la conscience. 1907. 3 fr. 75

DUMAS (G.), chargé de cours à la Sorbonne. *La Tristesse et la Joie. 1900. 7 fr. 50
— Psychologie de deux messies. *Saint-Simon et Auguste Comte*. 1905. 5 fr.

DUPRAT (G. L.), docteur ès lettres. L'Instabilité mentale. 1899. 5 fr.

DUPROIX (P.), prof. à la Fac. des lettres de l'Univ. de Genève. *Kant et Fichte et le problème de l'éducation. 2ᵉ édit. 1897. (Ouv. cour. par l'Acad. franç.) 5 fr.

DURAND (de Gros). Aperçus de taxinomie générale. 1898. 5 fr.
— Nouvelles recherches sur l'esthétique et la morale. 1899. 5 fr.
— Variétés philosophiques. 2ᵉ édit. revue et augmentée. 1900. 5 fr.

DURKHEIM, prof. à la Sorbonne. *De la division du travail social. 2ᵉ édit. 1901. 7 fr. 50
— Le Suicide, *étude sociologique*. 1897. 7 fr. 50
— * L'année sociologique : 10 années parues.

1ʳᵉ Année (1896-1897). — Durkheim : La prohibition de l'inceste et ses origines. — G. Simmel : Comment les formes sociales se maintiennent. — Analyses des travaux de sociologie publiés du 1ᵉʳ Juillet 1896 au 30 Juin 1897. 10 fr.

2ᵉ Année (1897-1898). — Durkheim : De la définition des phénomènes religieux. — Hubert et Mauss : La nature et la fonction du sacrifice. — Analyses. 10 fr.

3ᵉ Année (1898-1899). — Ratzel : Le sol, la société, l'État. — Richard : Les crises sociales et la criminalité. — Steinmetz : Classif. des types sociaux. — Analyses. 10 fr.

4ᵉ Année (1899-1900). — Bouglé : Remarques sur le régime des castes. — Durkheim : Deux lois de l'évolution pénale. — Charmont : Notes sur les causes d'extinction de la propriété corporative. Analyses. 10 fr.

5ᵉ Année (1900-1901). — F. Simiand : Remarques sur les variations du prix du charbon au XIXᵉ siècle. — Durkheim : Sur le Totémisme. — Analyses. 10 fr.

6ᵉ Année (1901-1902). — Durkheim et Mauss : De quelques formes primitives de classification. Contribution à l'étude des représentations collectives. — Bouglé : Les théories récentes sur la division du travail. — Analyses. 12 fr. 5

7ᵉ Année (1902-1903). — Hubert et Mauss : Théorie générale de la magie. — Anal. 12 fr. 50

8ᵉ Année (1903-1904). — H. Bourgin : La boucherie à Paris au XIXᵉ siècle. — E. Durkheim : L'organisation matrimoniale australienne. — Analyses. 12 fr. 50

9ᵉ Année (1904-1905). — A. Meillet : Comment les noms changent de sens. — Mauss et Beuchat : Les variations saisonnières des sociétés eskimos. — Anal. 12 fr. 50

Suite de la *Bibliothèque de philosophie contemporaine*, format in-8.

EGGER (V.), prof. à la Fac. des lettres de Paris. La parole intérieure. 2ᵉ éd. 1904. 5 fr.

ESPINAS (A.), de l'Institut, professeur à la Sorbonne. *La Philosophie sociale du XVIIIᵉ siècle et la Révolution française. 1898.   7 fr. 50

FERRERO (G.). Les Lois psychologiques du symbolisme. 1895.   5 fr.

FERRI (Enrico). La Sociologie criminelle. Traduction L. TERRIER. 1905.   10 fr.

FERRI (Louis). La Psychologie de l'association, depuis Hobbes.   7 fr. 50

FINOT (J.). Le préjugé des races. 3ᵉ édit. 1908. (Récomp. par l'Institut).   7 fr. 50

— La philosophie de la longévité. 12ᵉ édit. refondue. 1908.   5 fr.

FONSEGRIVE, prof. au lycée Buffon. * Essai sur le libre arbitre. 2ᵉ édit. 1895. 10 fr.

FOUCAULT, maître de conf. à l'Univ. de Montpellier. La psychophysique. 1903. 7 fr. 50

— Le Rêve. 1906.   5 fr.

FOUILLÉE (Alf.), de l'Institut. *La Liberté et le Déterminisme. 4ᵉ édit.   7 fr. 50

— Critique des systèmes de morale contemporains. 5ᵉ édit.   7 fr. 50

— *La Morale, l'Art, la Religion, d'après GUYAU. 6ᵉ édit. augm.   3 fr. 75

— L'Avenir de la Métaphysique fondée sur l'expérience. 2ᵉ édit.   5 fr.

— *L'Évolutionnisme des idées-forces. 4ᵉ édit.   7 fr. 50

— *La Psychologie des idées-forces. 2 vol. 2ᵉ édit.   15 fr.

— *Tempérament et caractère. 3ᵉ édit.   7 fr. 50

— Le Mouvement positiviste et la conception sociol. du monde. 2ᵉ édit. 7 fr. 50

— Le Mouvement idéaliste et la réaction contre la science posit. 2ᵉ édit. 7 fr. 50

— *Psychologie du peuple français. 3ᵉ édit.   7 fr. 50

— *La France au point de vue moral. 3ᵉ édit.   7 fr. 50

— *Esquisse psychologique des peuples européens. 3ᵉ édit. 1903.   10 fr.

— *Nietzsche et l'immoralisme. 2ᵉ édit. 1903.   5 fr.

— *Le moralisme de Kant et l'amoralisme contemporain. 2ᵉ édit. 1905. 7 fr. 50

— *Les éléments sociologiques de la morale. 1905.   7 fr. 50

FOURNIÈRE (E.)., *Les théories socialistes au XIXᵉ siècle 1904.   7 fr. 50

FULLIQUET. Essai sur l'Obligation morale. 1898.   7 fr. 50

GAROFALO, prof. à l'Université de Naples. La Criminologie. 5ᵉ édit. refondue. 7 fr. 50

— La Superstition socialiste. 1895.   5 fr.

GÉRARD-VARET, prof. à l'Univ. de Dijon. L'Ignorance et l'Irréflexion. 1899. 5 fr.

GLEY (Dʳ E), professeur agrégé à la Faculté de médecine de Paris. Études de psychologie physiologique et pathologique, avec fig. 1903.   5 fr.

GOBLOT (E.), Prof. à l'Université de Lyon. *Classification des sciences. 1898. 5 fr.

GORY (G.). L'Immanence de la raison dans la connaissance sensible.   5 fr.

GRASSET (J.), professeur à l'Université de Montpellier. Demifous et demirespon-sables. 2ᵉ édit. 1908.   5 fr.

GREEF (de), prof. à l'Univ. nouvelle de Bruxelles. Le Transformisme social. 7 fr. 50

— La Sociologie économique. 1904.   3 fr. 75

GROOS (K.), prof. à l'Université de Bâle. *Les jeux des animaux. 1902.   7 fr. 50

GURNEY, MYERS et PODMORE. Les Hallucinations télépathiques, 4ᵉ édit. 7 fr. 50

GUYAU (M.). *La Morale anglaise contemporaine. 5ᵉ édit.   7 fr. 50

— Les Problèmes de l'esthétique contemporaine. 6ᵉ édit.   5 fr.

— Esquisse d'une morale sans obligation ni sanction. 8ᵉ édit.   5 fr.

— L'Irréligion de l'avenir, étude de sociologie. 11ᵉ édit.   7 fr. 50

— *L'Art au point de vue sociologique. 7ᵉ édit.   7 fr. 50

— *Éducation et Hérédité, étude sociologique. 9ᵉ édit.   5 fr.

HALÉVY (Élie), dᵣ ès lettres. Formation du radicalisme philosoph., 3 v., chacun 7 fr. 50

HANNEQUIN, prof. à l'Univ. de Lyon. L'hypothèse des atomes. 2ᵉ édit. 1899. 7 fr. 50

HARTENBERG (Dʳ Paul). Les Timides et la Timidité. 2ᵉ édit. 1904.   5 fr.

HÉBERT (Marcel), prof. à l'Université nouvelle de Bruxelles. L'Évolution de la foi catholique. 1905.   5 fr.

— *Le divin. *Expériences et hypothèses. Études psychologiques.* 1907.   5 fr.

HÉMON (G.), agrégé de philosophie. La philosophie de M. Sully Prudhomme. Préfac. de M. SULLY PRUDHOMME. 1907.   7 fr. 50

HERBERT SPENCER. *Les premiers Principes. Traduc. Cazelles. 9ᵉ édit.   10 fr.

— *Principes de biologie. Traduct. Cazelles. 4ᵉ édit. 2 vol.   20 fr.

— *Principes de psychologie. Trad. par MM. Ribot et Espinas. 2 vol.   20 fr.

— *Principes de sociologie. 5 vol. : Tome I. *Données de la sociologie.* 10 fr. — Tome II. *Inductions de la sociologie. Relations domestiques.* 7 fr. 50. — Tome III. *Institutions cérémonielles et politiques.* 15 fr. — Tome IV. *Institutions ecclésiastiques.* 3 fr. 75. — Tome V. *Institutions professionnelles.* 7 fr. 50.

Suite de la *Bibliothèque de philosophie contemporaine*, format in-8.

— HERBERT SPENCER. *Essais sur le progrès. Trad. A. Burdeau. 5ᵉ éd. 7 fr. 50
— Essais de politique. Trad. A. Burdeau. 4ᵉ édit.   7 fr. 50
— Essais scientifiques. Trad. A. Burdeau. 3ᵉ édit.   7 fr. 50
— * De l'Education physique, intellectuelle et morale. 13ᵉ édit.   5 fr.
— Justice. Traduc. Castelot.   7 fr. 50
— Le rôle moral de la bienfaisance. Trad. Castelot et Martin St-Léon. 7 fr. 50
— La Morale des différents peuples. Trad. Castelot et Martin St-Léon. 7 fr. 50
— Problèmes de morale et de sociologie. Trad. H. de Varigny.   7 fr. 50
— * Une Autobiographie. Trad. et adaptation par H. de Varigny.   10 fr.
HIRTH (G.). *Physiologie de l'Art. Trad. et introd. de L. Arréat.   5 fr.
HÖFFDING, prof. à l'Univ. de Copenhague. Esquisse d'une psychologie fondée
  sur l'expérience. Trad. L. POITEVIN. Préf. de Pierre JANET. 2ᵉ éd. 1903. 7 fr. 50
— *Histoire de laPhilosophie moderne.Traduit de l'allemand par M. BORDIER, préf.
  de M. V. DELBOS. 1906. 2 vol. Chacun   10 fr.
ISAMBERT(G.), dᵣès lettres. Les idées socialistes en France (1815-1848).1905.7fr.50
IZOULET, prof. au Collège de France. La Cité moderne. Nouvelle édit. 1 vol. 10 fr
JACOBY (Dʳ P.). Études sur la sélection chez l'homme. 2ᵉ édition. 1904. 10 fr.
JANET (Paul), de l'Institut. * Œuvres philosoph. de Leibniz. 2ᵉ édit. 2 vol. 20 fr.
JANET(Pierre),prof.auCollègedeFrance.*L'Automatisme psychologique.5ᵉéd.7fr.50
JAURÈS (J.), docteur ès lettres. De la réalité du monde sensible. 2ᵉ éd.1902. 7 fr.50
KARPPE (S.), doct.ès lettres. Essais de critique d'histoire et de philosophie. 3fr.75
LACOMBE(P.). Psychologie des individus et des sociétés chezTaue e. 1906. 7fr.50
LALANDE (A.), maître de conférences à la Sorbonne, *La Dissolution opposée à
  l'évolution, dans les sciences physiques et morales. 1899.   7 fr.50
LANDRY (A.), docteur ès lettres. * Principes de morale rationnelle. 1906. 5 fr.
LANESSAN (J.-L. de). *La Morale des religions. 1905.   10 fr.
LANG (A.). *Mythes, Cultes et Religions. Introduc. de Léon Marillier.1896. 10 fr.
LAPIE (P.), professeur à l'Univ. de Bordeaux. Logique de la volonté 1902. 7 fr 50
LAUVRIÈRE, docteur ès lettres, prof. au lycée Charlemagne. Edgar Poë. *Sa vie et
  son œuvre. Essai de psychologie pathologique. 1904.   10 fr.
LAVELEYE (de). *De la Propriété et de ses formes primitives. 5ᵉ édit.   10 fr.
— *Le Gouvernement dans la démocratie. 2 vol. 3ᵉ édit. 1896.   15 fr.
LE BON (Dʳ Gustave). *Psychologie du socialisme.5ᵉ éd. refondue.1907. 7 fr. 50
LECHALAS (G.).*Études esthétiques. 1902.   5 fr.
LECHARTIER (G.). David Hume, moraliste et sociologue. 1900.   5 fr.
LECLÈRE(A.), pr. à l'Univ. de Fribourg. Essai critique sur le droit d'affirmer. 5 fr.
LE DANTEC,chargé de cours à la Sorbonne. *L'unité dans l'être vivant. 1902. 7 fr. 50
— Les Limites du connaissable, *la vie et les phénom. naturels*. 2ᵉ éd. 1904. 3 fr. 75
LÉON (Xavier). *La philosophie de Fichte, *ses rapports avec la conscience contem-
  poraine*, Préface de E. BOUTROUX, de l'Institut.1902. (Couronné par l'Institut.) 10 fr.
LEROY (E. Bernard). Le Langage. *Sa fonction normale et pathol.* 1905.   5 fr.
LÉVY(A.), chargé de cours à l'Un. de Nancy. Laphilosophie de Feuerbach.1904 10 fr.
LÉVY-BRUHL (L.), prof. adjoint à la Sorbonne.*La Philosophie de Jacobi 1894. 5 fr.
— *Lettres inédites de J.-S. Mill à Auguste Comte, *publiées avec les réponses
  de Comte et une introduction*. 1899.   10 fr.
— *La Philosophie d'Auguste Comte. 2ᵉ édit. 1905.   7 fr. 50
— *La Morale et la Science des mœurs. 3ᵉ édit. 1907.   5 fr.
LIARD, de l'Institut, vice-recteur de l'Acad. de Paris. *Descartes, 2ᵉ éd. 1903. 5 fr.
— * La Science positive et la Métaphysique, 5ᵉ édit.   7 fr. 50
LICHTENBERGER (H.), maître de conférences à la Sorbonne. *Richard Wagner,
  poète et penseur. 4ᵉ édit. revue. 1907. (Couronné par l'Académie franç.) 10 fr.
— Henri Heine penseur. 1905.   3 fr. 75
LOMBROSO. * L'Homme criminel. 3ᵉ éd., 2 vol. et atlas. 1895.   36 fr.
— Le Crime. *Causes et remèdes*. 2ᵉ édit.   10 fr.
LOMBROSO et FERRERO. La femme criminelle et la prostituée.   15 fr.
LOMBROSO et LASCHI. Le Crime politique et les Révolutions 2 vol.   15 fr.
LUBAC, agrégé de philosophie. * Esquisse d'un système de psychologie ration-
  nelle. Préface de H. BERGSON. 1904.   3 fr. 75
LUQUET(G.-H.),agrégé de philosoph. *Idées générales de psychologie.1906. 5 fr.

F. ALCAN. — 10 —

Suite de la *Bibliothèque de philosophie contemporaine*, format in-8.

LYON (Georges), recteur de l'Académie de Lille. * **L'Idéalisme** en **Angleterre** au **XVIII**ᵉ siècle. 7 fr. 50

MALAPERT (P.), docteur ès lettres, prof. au lycée Louis-le-Grand. * **Les Éléments du caractère et leurs lois de combinaison.** 2ᵉ édit. 1906. 5 fr.

MARION (H.), prof. à la Sorbonne * **De la Solidarité morale.** 6ᵉ édit. 1907 5 fr.

MARTIN (Fr.). * **La Perception extérieure et la Science positive.** 1894. 5 fr.

MAXWELL (J.). **Les Phénomènes psychiques.** Préf. de Ch. RICHET. 3ᵉ édit. 1906. 5 fr.

MULLER (MAX), prof. à l'Univ. o Oxford.* **Nouvelles études de mythologie.** 1898 12 fr. 50

MYERS. **La personnalité humaine.** *Sa survivance après la mort, ses manifestations supra-normales.* Traduit par le docteur JANKÉLÉVITCH. 1905. 7 fr. 50

NAVILLE (E.), correspondant de l'Institut. **La Physique moderne.** 2ᵉ édit. 5 fr.
— * **La Logique de l'hypothèse.** 2ᵉ édit. 5 fr.
— * **La Définition de la philosophie.** 1894. 5 fr.
— **Le libre Arbitre.** 2ᵉ édit. 1898. 5 fr.
— **Les Philosophies négatives.** 1899. 5 fr.

NAYRAC (J.-P.). **Physiologie et Psychologie de l'attention.** Préface de M. Th. RIBOT. (Récompensé par l'Institut.) 1906. 3 fr. 75

NORDAU (Max). * **Dégénérescence**, 7ᵉ éd. 1907. 2 vol. Tome I. 7 fr. 50. Tome II. 10 fr.
— **Les Mensonges conventionnels de notre civilisation.** 7ᵉ édit. 1904. 5 fr.
— * **Vus du dehors.** *Essais de critique sur quelques auteurs français contemp.* 1903. 5 fr.

NOVICOW. **Les Luttes entre Sociétés humaines.** 3ᵉ édit. 10 fr.
— * **Les Gaspillages des sociétés modernes.** 2ᵉ édit. 1899. 5 fr.
— * **La Justice et l'expansion de la vie.** *Essai sur le bonheur des sociétés.* 1905. 7 fr. 50

OLDENBERG, professeur à l'Université de Kiel. * **Le Bouddha, sa Vie, sa Doctrine, sa Communauté,** trad. par P. FOUCHER, chargé de cours à la Sorbonne. Préface de SYLVAIN LÉVI, prof. au Collège de France. 2ᵉ éd. 1903. 7 fr. 50
— * **La religion du Véda.** Traduit par V. HENRY, prof. à la Sorbonne. 1903. 10 fr.

OSSIP-LOURIÉ. **La philosophie russe contemporaine.** 2ᵉ édit. 1905. 5 fr.
— * **La Psychologie des romanciers russes au XIX**ᵉ siècle. 1905. 7 fr. 50

OUVRÉ (H.), professeur à l'Université de Bordeaux. * **Les Formes littéraires de la pensée grecque.** 1900. (Couronné par l'Académie française.) 10 fr.

PALANTE (G.), agrégé de philos. **Combat pour l'individu.** 1904. 3 fr. 75

PAULHAN. **L'Activité mentale et les Éléments de l'esprit.** 10 fr.
— * **Les Caractères.** 2ᵉ édit. 5 fr.
— **Les Mensonges du caractère.** 1905. 5 fr.
— **Le mensonge de l'Art.** 1907. 5 fr.

PAYOT (J.), recteur de l'Académie d'Aix. **La croyance.** 2ᵉ édit. 1905. 5 fr.
— * **L'Éducation de la volonté.** 28ᵉ édit. 1908 5 fr.

PÉRÈS (Jean), professeur au lycée de Caen. * **L'Art et le Réel.** 1898. 3 fr. 75

PÉREZ (Bernard). **Les Trois premières années de l'enfant.** 5ᵉ édit. 5 fr.
— **L'Enfant de trois à sept ans.** 4ᵉ édit. 1907. 5 fr.
— **L'Éducation morale dès le berceau.** 4ᵉ édit. 1901. 5 fr.
— * **L'Éducation intellectuelle dès le berceau.** 2ᵉ éd. 1901. 5 fr.

PIAT (C.). **La Personne humaine.** 1898. (Couronné par l'Institut). 7 fr. 50
— * **Destinée de l'homme.** 1898. 5 fr.

PICAVET (F.), chargé de cours à la Sorb. * **Les Idéologues.** (Cour. par l'Acad. fr.). 10 fr.

PIDERIT. **La Mimique et la Physiognomonie.** Trad. par M. Girot. 5 fr.

PILLON (F.). * **L'Année philosophique**, 17 années : 1890 à 1906. 16 vol. Chac. 5 fr.

PIOGER (J.). **La Vie et la Pensée**, essai de conception expérimentale. 1894. 5 fr.
— **La Vie sociale, la Morale et le Progrès.** 1894. 5 fr.

PRAT (L.), doct. ès lettres. **Le caractère empirique et la personne.** 1906. 7 fr. 50

PREYER, prof. à l'Université de Berlin. **Éléments de physiologie.** 5 fr.

PROAL, conseiller à la Cour de Paris. * **La Criminalité politique.** 1895. 5 fr.
— * **Le Crime et la Peine.** 3ᵉ édit. (Couronné par l'Institut.) 10 fr.
— **Le Crime et le Suicide passionnels.** 1900. (Cour. par l'Ac. franç.). 10 fr.

RAGEOT (G.), prof. au Lycée St-Louis. * **Le Succès.** *Auteurs et Public.* 1906. 13 fr. 75

RAUH, chargé de cours à la Sorbonne. * **De la méthode dans la psychologie des sentiments.** 1899. (Couronné par l'Institut.) 5 fr.
— * **L'Expérience morale.** 1903. (Récompensé par l'Institut.) 3 fr. 75

RÉCÉJAC, doct. ès lett. **Les Fondements de la Connaissance mystique.** 1897 5 fr.

RENARD (G.), professeur au Collège de France. * **La Méthode scientifique de l'histoire littéraire.** 1900. 10 fr.

Suite de la *Bibliothèque de philosophie contemporaine*, format in-8.

RENOUVIER (Ch.) de l'Institut. *Les Dilemmes de la métaphysique pure. 1900. 5 fr.
— *Histoire et solution des problèmes métaphysiques. 1901. 7 fr. 50
— Le personnalisme, avec une étude sur la *perception externe et la force*, 1903. 10 fr.
— *Critique de la doctrine de Kant. 1906. 7 fr. 50
RIBERY, doct. ès lett. Essai de classification naturelle des caractères, 1903. 3 fr. 75
RIBOT (Th.), de l'Institut. * L'Hérédité psychologique. 8ᵉ édit. 7 fr. 50
— *La Psychologie anglaise contemporaine. 3ᵉ édit. 7 fr. 50
— *La Psychologie allemande contemporaine, 6ᵉ édit. 7 fr. 50
— La Psychologie des sentiments. 6ᵉ édit. 1906. 7 fr. 50
— L'Évolution des idées générales. 2ᵉ édit. 1904. 5 fr.
— * Essai sur l'Imagination créatrice. 3ᵉ édit. 1908. 5 fr.
— *La logique des sentiments. 2ᵉ édit. 1907. 3 fr. 75
— * Essai sur les passions. 1907. 3 fr. 75
RICARDOU (A.), docteur ès lettres. * De l'Idéal. (Couronné par l'Institut.) 5 fr.
RICHARD (G.), chargé du cours de sociologie à l'Univ. de Bordeaux. * L'idée d'évo-
lution dans la nature et dans l'histoire. 1903. (Couronné par l'Institut.) 7 fr. 50
RIEMANN (H.), prof. à l'Univ. de Leipzig. Esthétique musicale. 1906. 5 fr.
RIGNANO (E.). Sur la transmissibilité des caractères acquis, 1906. 5 fr.
RIVAUD (A.), chargé de cours à l'Université de Poitiers. Les notions d'essence et
d'existence dans la philosophie de Spinoza. 1906. 3 fr. 75
ROBERTY (E. de). L'Ancienne et la Nouvelle philosophie. 7 fr. 50
— *La Philosophie du siècle (positivisme, criticisme, évolutionnisme). 5 fr.
— Nouveau Programme de sociologie. 1904. 5 fr.
ROMANES. * L'Évolution mentale chez l'homme. 7 fr. 50
RUYSSEN (Th.), pr. à l'Univ. de Dijon.*L'évolution psychologique du jugement. 5 fr.
SABATIER (A.), doyen honoraire de la Faculté des sciences de Montpellier. Philo-
sophie de l'effort. *Essais philosoph. d'un naturaliste.* 2ᵉ édit. 1908. 7 fr. 50
SAIGEY (E.). * Les Sciences au XVIIIᵉ siècle. La Physique de Voltaire. 5 fr.
SAINT-PAUL (Dʳ G.). * Le Langage intérieur et les paraphasies. 1904. 5 fr.
SANZ Y ESCARTIN. L'Individu et la Réforme sociale, trad. Dietrich. 7 fr. 50
SCHOPENHAUER. Aphor. sur la sagesse dans la vie. Trad. Cantacuzène. 9ᵉ éd. 5 fr.
— *Le Monde comme volonté et comme représentation. 5ᵉ éd. 3 vol., chac. 7 fr. 50
SÉAILLES (G.), prof. à la Sorbonne. Essai sur le génie dans l'art. 2ᵉ édit. 5 fr.
— *La Philosophie de Ch. Renouvier. *Introduction au néo-criticisme.* 1905. 7 fr. 50
SIGHELE (Scipio). La Foule criminelle. 2ᵉ édit. 1901. 5 fr.
SOLLIER. Le Problème de la mémoire. 1900. 3 fr. 75
— Psychologie de l'idiot et de l'imbécile, avec 12 pl. hors texte. 2ᵉ éd. 1902. 5 fr.
— Le Mécanisme des émotions. 1905. 5 fr.
SOURIAU (Paul), prof. à l'Univ. de Nancy. L'Esthétique du mouvement. 5 fr.
— * La Beauté rationnelle. 1904. 10 fr.
STAPFER (P.). * Questions esthétiques et religieuses. 1906. 3 fr. 75
STEIN (L.), professeur à l'Université de Berne. * La Question sociale au point de
vue philosophique. 1900. 10 fr.
STUART MILL. * Mes Mémoires. Histoire de ma vie et de mes idées. 5ᵉ éd. 5 fr.
— *Système de Logique déductive et inductive. 4ᵉ édit. 2 vol. 20 fr.
— * Essais sur la Religion. 3ᵉ édit. 5 fr.
— Lettres inédites à Aug. Comte et réponses d'Aug. Comte. 1899. 10 fr.
SULLY (James). Le Pessimisme. Trad. Bertrand. 2ᵉ édit. 7 fr. 50
— *Études sur l'Enfance. Trad. A. Monod, préface de G. Compayré. 1898. 10 fr.
— Essai sur le rire. Trad. Terrier. 1904. 7 fr. 50
SULLY PRUDHOMME, de l'Acad. franç. La vraie religion selon Pascal. 1905. 7 fr. 50
TARDE (G.), de l'Institut.* La Logique sociale. 3ᵉ édit. 1898. 7 fr. 50
— * Les Lois de l'imitation. 5ᵉ édit. 1907. 7 fr. 50
— L'Opposition universelle. *Essai d'une théorie des contraires.* 1897. 7 fr. 50
— *L'Opinion et la Foule. 2ᵉ édit. 1904. 5 fr.
— *Psychologie économique. 1902. 2 vol. 15 fr.
TARDIEU (E.). L'Ennui. *Étude psychologique.* 1903. 5 fr.
THOMAS (P.-F.), docteur ès lettres. *Pierre Leroux, sa philosophie. 1904. 5 fr.
— * L'Éducation des sentiments. (Couronné par l'Institut.) 4ᵉ édit. 1907. 5 fr.
VACHEROT (Et.), de l'Institut. *Essais de philosophie critique. 7 fr. 50
— La Religion. 7 fr. 50
WEBER (L.). *Vers le positivisme absolu par l'idéalisme. 1903. 7 fr. 50

COLLECTION HISTORIQUE DES GRANDS PHILOSOPHES

PHILOSOPHIE ANCIENNE

ARISTOTE. **La Poétique d'Aristote**, par HATZFELD (A.), et M. DUFOUR. 1 vol. in-8. 1900. 6 fr.

— **Physique, II**, traduction et commentaire par O. HAMELIN. 1907. 1 vol. in-8 .... 3 fr.

SOCRATE. **Philosophie de Socrate**, par A. FOUILLÉE. 2 v. in-8. 16 fr.

— **Le Procès de Socrate**, par G. SOREL. 1 vol. in-8 ..... 3 fr. 50

PLATON. **La Théorie platonicienne des Sciences**, par ÉLIE HALÉVY. In-8. 1895 .... 5 fr.

— **Œuvres**, traduction VICTOR COUSIN revue par J. BARTHÉLEMY-SAINT-HILAIRE : *Socrate et Platon ou le Platonisme — Euthyphron — Apologie de Socrate — Criton — Phédon.* 1 vol. in-8. 1896. 7 fr. 50

ÉPICURE. **La Morale d'Épicure et ses rapports avec les doctrines contemporaines**, par M. GUYAU. 1 volume in-8. 5e édit. ..... 7 fr. 50

BÉNARD. **La Philosophie ancienne, ses systèmes.** *La Philosophie et la Sagesse orientales. — La Philosophie grecque avant Socrate. Socrate et les socratiques. — Les sophistes grecs.* 1 v. in-8 ... 9 fr.

FAVRE (Mme Jules), née VELTEN. **La Morale de Socrate.** In-18. 3 50

— **Morale d'Aristote.** In-18. 3 fr. 50

OUVRÉ (H.) **Les formes littéraires de la pensée grecque.** In-8. 10 fr.

GOMPERZ. **Les penseurs de la Grèce.** Trad. REYMOND. (*Trad, cour. par l'Acad. franç.*).

I. *La philosophie antésocratique.* 1 vol. gr. in-8 .... 10 fr.

II. *Athènes, Socrate et les Socratiques.* 1 vol. gr. in-8 .... 12 fr.

III. (*Sous presse*).

RODIER (G.). **La Physique de Straton de Lampsaque.** In-8. 3 fr.

TANNERY (Paul). **Pour la science hellène.** In-8 .... 7 fr. 50

MILHAUD (G.). **Les philosophes géomètres de la Grèce.** In-8. 1900. (*Couronné par l'Inst.*). 6 fr.

FABRE (Joseph). **La Pensée antique** *De Moïse à Marc-Aurèle.* 2e éd. In-8. 5 fr.

— **La Pensée chrétienne. Des Evangiles à l'Imitation de J.-C.** In-8. 9 fr.

LAFONTAINE (A.). **Le Plaisir,** *d'après Platon et Aristote.* In-8 6 fr.

RIVAUD (A.), chargé de cours à l'Un. de Poitiers **Le problème du devenir et la notion de la matière, des origines jusqu'à Théophraste.** In-8. 1906 10 fr.

GUYOT (H.), docteur ès lettres. **L'Infinité divine** *depuis Philon le Juif jusqu'à Plotin.* In-8. 1906. 5 fr.

— **Les réminiscences de Philon le Juif chez Plotin.** *Etude critique.* Broch. in-8 .... 2 fr.

PHILOSOPHIES MÉDIÉVALE ET MODERNE

DESCARTES, par L. LIARD, de l'Institut 2e éd. 1 vol. in-8. 5 fr.

— **Essai sur l'Esthétique de Descartes,** par E. KRANTZ. 1 vol. in-8. 2e éd. 1897 .... 6 fr.

— **Descartes, directeur spirituel,** par V. de SWARTE. Préface de E. BOUTROUX. 1 vol. in-16 avec pl. (*Couronné par l'Institut*). 4 fr. 50

LEIBNIZ. **Œuvres philosophiques,** pub. par P. JANET. 2 vol. in-8. 20 fr.

— **La logique de Leibniz,** par L. COUTURAT. 1 vol. in-8. 12 fr.

— **Opuscules et fragments inédits de Leibniz,** par L. COUTURAT. 1 vol. in-8 .... 25 fr.

— **Leibniz et l'organisation religieuse de la Terre,** *d'après des documents inédits,* par JEAN BARUZI. 1 vol. in-8 (*Couronné par l'Institut*) .... 10 fr.

PICAVET, chargé de cours à la Sorbonne. **Histoire générale et comparée des philosophies médiévales.** In-8. 2e éd. 7 fr. 50

WULF (M. de) **Histoire de la philos. médiévale.** 2e éd. In-8. 10 fr.

FABRE (JOSEPH). **L'imitation de Jésus-Christ.** Trad. nouvelle avec préface. In-8 .... 7 fr.

— **La pensée moderne.** *De Luther à Leibniz.* 1908. 1 vol. in-8. 8 fr.

SPINOZA. **Benedicti de Spinoza opera,** quotquot reperta sunt, recognoverunt J. Van Vloten et J.-P.-N. Land. 2 forts vol. in-8 sur papier de Hollande .... 45 fr.

Le même en 3 volumes. 18 fr.

— **Sa philosophie,** par M.-E. BRUNSCHVICG. 1 vol. in-8. 2e éd. 3 fr. 75

FIGARD (L.), docteur ès lettres. **Un**

Médecin philosophe au XVI° siècle. *La Psychologie de Jean Fernel*. 1 v. in-8. 1903. 7 fr. 50

GASSENDI. La Philosophie de Gassendi, par P.-F. THOMAS. In-8 1889 .... 6 fr.

MALEBRANCHE. * La Philosophie de Malebranche, par OLLÉ-LAPRUNE, de l'Institut. 2 v. in-8. 16 fr.

PASCAL. Le scepticisme de Pascal, par DROZ. 1 vol. in-8 .... 6 fr.

VOLTAIRE. Les Sciences au XVIII° siècle. Voltaire physicien, par Em. SAIGEY. 1 vol. in-8. 5 fr.

DAMIRON. Mémoires pour servir à l'histoire de la philosophie au XVIII° siècle. 3 vol. in-8. 15 fr.

J.-J. ROUSSEAU. Du Contrat social, édition comprenant avec le texte définitif les versions primitives de l'ouvrage d'après les manuscrits de Genève et de Neuchâtel, avec introduction par EDMOND DREYFUS-BRISAC. 1 fort volume grand in-8. 12 fr.

ERASME. Stultitiae laus des. Erasmi Rot. declamatio. Publié et annoté par J.-B. KAN, avec les figures de HOLBEIN. 1 v. in-8. 6 fr. 75

PHILOSOPHIE ANGLAISE

DUGALD STEWART. * Éléments de la philosophie de l'esprit humain. 3 vol. in-16 .... 9 fr.

BACON. * Philosophie de François Bacon, par CH. ADAM. (Cour. par l'Institut). In-8 ...... 7 fr. 50

BERKELEY. Œuvres choisies. *Essai d'une nouvelle théorie de la vision. Dialogues d'Hylas et de Philonoüs.* Trad. de l'angl. par MM. BEAULAVON (G.) et PARODI (D.). In-8. 5 fr.

PHILOSOPHIE ALLEMANDE

FEUERBACH. Sa philosophie, par A. LÉVY. 1 vol. in-8 .... 10 fr.

JACOBI. Sa Philosophie, par L. LÉVY-BRUHL. 1 vol. in-8 ...... 5 fr.

KANT. Critique de la raison pratique, traduction nouvelle avec introduction et notes, par M. PICAVET. 2° édit. 1 vol. in-8. 6 fr.

— * Critique de la raison pure, traduction nouvelle par MM. PACAUD et TREMESAYGUES. Préface de M. HANNEQUIN. 1 vol. in-8.. 12 fr.

— Éclaircissements sur la Critique de la raison pure, trad. TISSOT. 1 vol. in-8...... 6 fr.

— Doctrine de la vertu, traduction BARNI. 1 vol. in-8 .... 8 fr.

— * Mélanges de logique, traduction TISSOT. 1 v. in-8 ..... 6 fr.

— * Prolégomènes à toute métaphysique future qui se présentera comme science, traduction TISSOT. 1 vol. in-8 .... 6 fr.

— *Essai critique sur l'Esthétique de Kant, par V. BASCH. 1 vol. in-8. 1896 .... 10 fr.

— Sa morale, par CRESSON. 2° éd. 1 vol. in-12 .... 2 fr. 50

— L'Idée ou critique du Kantisme, par C. PIAT, Dr ès lettres. 2° édit. 1 vol. in-8 .... 6 fr.

KANT et FICHTE et le problème de l'éducation, par PAUL DUPROIX. 1 vol. in-8. 1897 ...... 5 fr.

SCHELLING. Bruno, ou du principe divin. 1 vol. in-8 ...... 3 fr. 50

HEGEL. * Logique. 2 vol. in-8. 14 fr.

— * Philosophie de la nature. 3 vol. in-8 .... 25 fr.

— * Philosophie de l'esprit. 2 vol. in-8 .... 18 fr.

— * Philosophie de la religion. 2 vol. in-8 .... 20 fr.

— La Poétique, trad. par M. Ch. BÉNARD. Extraits de Schiller, Gœthe, Jean-Paul, etc., 2 v. in-8. 12 fr.

— Esthétique. 2 vol. in-8, trad. BÉNARD .... 16 fr.

— Antécédents de l'hégélianisme dans la philos. franç., par E. BEAUSSIRE. in-18. 2 fr. 50

— Introduction à la philosophie de Hegel, par VÉRA. in-8. 6 fr. 50

— * La logique de Hegel, par EUG. NOËL. In-8. 1897 .... 3 fr.

HERBART. * Principales œuvres pédagogiques, trad. A. PINLOCHE. In-8. 1894 .... 7 fr. 50

— La métaphysique de Herbart et la critique de Kant, par M. MAUXION. 1 vol. in-8 ... 7 fr. 50

MAUXION (M.). L'éducation par l'instruction *et les théories pédagogiques de Herbart.* 2° éd. In-12. 1906 .... 2 fr. 50

SCHILLER. Sa Poétique, par V. BASCH. 1 vol. in-8. 1902 ... 4 fr.

Essai sur le mysticisme spéculatif en Allemagne au XIV° siècle, par DELACROIX (H.), professeur à l'Université de Caen. 1 vol. in-8. 1900 ...... 5 fr.

PHILOSOPHIE ANGLAISE CONTEMPORAINE
(Voir *Bibliothèque de philosophie contemporaine*, pages 2 à 11.)

PHILOSOPHIE ALLEMANDE CONTEMPORAINE
(Voir *Bibliothèque de philosophie contemporaine*, pages 2 à 11.)

PHILOSOPHIE ITALIENNE CONTEMPORAINE
(Voir *Bibliothèque de philosophie contemporaine*, pages 2 à 11.)

LES MAITRES DE LA MUSIQUE

Études d'histoire et d'esthétique,
Publiées sous la direction de M. JEAN CHANTAVOINE

Chaque volume in-16 de 250 pages environ....................... 3 fr. 50
*Collection honorée d'une souscription du Ministre de l'Instruction publique
et des Beaux-Arts.*

Volumes parus :

* J.-S. BACH, par André PIRRO (2e édition).
* CÉSAR FRANCK, par Vincent D'INDY (3e édition).
* PALESTRINA, par Michel BRENET (2e édition).
* BEETHOVEN, par Jean CHANTAVOINE (3e édition).
MENDELSSOHN, par CAMILLE BELLAIGUE.
SMETANA, par WILLIAM RITTER.
RAMEAU, par LOUIS LALOY.

En préparation : Grétry, par PIERRE AUBRY. — Moussorgsky, par J.-D. CALVOCORESSI. — Orlande de Lassus, par HENRY EXPERT. — Wagner, par HENRI LICHTENBERGER. — Berlioz, par ROMAIN ROLLAND. — Gluck, par JULIEN TIERSOT. — Schubert, par A. SCHWEITZER. — Haydn, par MICHEL BRENET, etc., etc.

LES GRANDS PHILOSOPHES
Publié sous la direction de M. C. PIAT
Agrégé de philosophie, docteur ès lettres, professeur à l'École des Carmes.

Chaque étude forme un volume in-8° carré de 300 pages environ, dont le prix varie de 5 francs à 7 fr. 50.

*Kant, par M. RUYSSEN, chargé de cours à l'Université de Dijon. 2e édition. 1 vol. in-8 (*Couronné par l'Institut.*) 7 fr. 50
*Socrate, par l'abbé C. PIAT. 1 vol. in-8. 5 fr.
*Avicenne, par le baron CARRA DE VAUX. 1 vol. in-8. 5 fr.
*Saint Augustin, par l'abbé JULES MARTIN. 2e édition. 1 vol. in-8. 7 fr. 50
*Malebranche, par Henri JOLY, de l'Institut. 1 vol. in-8. 5 fr.
*Pascal, par A. HATZFELD. 1 vol. in-8. 5 fr.
*Saint Anselme, par DOMET DE VORGES. 1 vol. in-8. 5 fr.
Spinoza. par P.-L. COUCHOUD, agrégé de l'Université. 1 vol. in-8. (*Couronné par l'Académie Française*). 5 fr.
Aristote, par l'abbé C. PIAT. 1 vol. in-8. 5 fr.
Gazali, par le baron CARRA DE VAUX. 1 vol. in-8. (*Couronné par l'Académie Française*). 5 fr.
*Maine de Biran, par Marius COUAILHAC. 1 vol. in-8. (*Récompensé par l'Institut*). 7 fr. 50
Platon, par l'abbé C. PIAT. 1 vol. in-8. 7 fr. 50
Montaigne, par F. STROWSKI, professeur à l'Université de Bordeaux. 1 vol. in-8. 6 fr.
Philon, par l'abbé JULES MARTIN. 1 vol. in-8. 5 fr.

MINISTRES ET HOMMES D'ÉTAT
Henri WELSCHINGER, de l'Institut. — *Bismarck. 1 v. in-16. 1900. 2 fr. 50
H. LÉONARDON. — *Prim. 1 vol. in-16. 1901. .... 2 fr. 50
M. COURCELLE. — *Disraëli. 1 vol. in-16. 1901 .... 2 fr. 50
M. COURANT. — Okoubo. 1 vol. in-16, avec un portrait. 1904 .. 2 fr. 50
A. VIALLATE. — Chamberlain. Préface de E. BOUTMY. 1 vol. in-16. 2 fr. 50

BIBLIOTHÈQUE GÉNÉRALE
des
SCIENCES SOCIALES

SECRÉTAIRE DE LA RÉDACTION : DICK MAY, Secrétaire général de l'École des Hautes Études sociales.
Chaque volume in-8 de 300 pages environ, cartonné à l'anglaise, 6 fr.

1. **L'Individualisation de la peine**, par R. SALEILLES, professeur à la Faculté de droit de l'Université de Paris.
2. **L'Idéalisme social**, par Eugène FOURNIÈRE.
3. *** Ouvriers du temps passé** (xv⁰ et xvi⁰ siècles), par H. HAUSER, professeur à l'Université de Dijon. 2⁰ édit.
4. *** Les Transformations du pouvoir**, par G. TARDE, de l'Institut.
5. **Morale sociale**, par MM. G. BELOT, MARCEL BERNÈS, BRUNSCHVICG, F. BUISSON, DARLU, DAURIAC, DELBET, CH. GIDE, M. KOVALEVSKY, MALAPERT, le R. P. MAUMUS, DE ROBERTY, G. SOREL, le PASTEUR WAGNER. Préface de M. E. BOUTROUX.
6. *** Les Enquêtes**, pratique et théorie, par P. DU MAROUSSEM. (*Ouvrage couronné par l'Institut.*)
7. *** Questions de Morale**, par MM. BELOT, BERNÈS, F. BUISSON, A. CROISET, DARLU, DELBOS, FOURNIÈRE, MALAPERT, MOCH, PARODI, G. SOREL (*École de morale*). 2⁰ édit.
8. **Le développement du Catholicisme social** depuis l'encyclique *Rerum novarum*, par Max TURMANN.
  *** Le Socialisme sans doctrines**. *La Question ouvrière et la Question agraire en Australie et en Nouvelle-Zélande*, par Albert MÉTIN, agrégé de l'Université, professeur à l'École Coloniale.
10. *** Assistance sociale**. *Pauvres et mendiants*, par PAUL STRAUSS, sénateur.
11. *** L'Éducation morale dans l'Université**. (*Enseignement secondaire.*) Par MM. LÉVY-BRUHL, DARLU, M. BERNÈS, KORTZ, CLAIRIN, ROCAFORT, BIOCHE, Ph. GIDEL, MALAPERT, BELOT. (*Ecole des Hautes Etudes sociales*, 1900-1901).
12. *** La Méthode historique appliquée aux Sciences sociales**, par Charles SEIGNOBOS, professeur à l'Université de Paris.
13. *** L'Hygiène sociale**, par E. DUCLAUX, de l'Institut, directeur de l'instit. Pasteur.
14. **Le Contrat de travail**. *Le rôle des syndicats professionnels*, par P. BUREAU, prof. à la Faculté libre de droit de Paris.
15. *** Essai d'une philosophie de la solidarité**, par MM. DARLU, RAUH, F. BUISSON, GIDE, X LÉON, LA FONTAINE, E. BOUTROUX (*Ecole des Hautes Etudes sociales*). 2⁰ édit.
16. *** L'exode rural et le retour aux champs**, par E. VANDERVELDE, professeur à l'Université nouvelle de Bruxelles.
17. *** L'Éducation de la démocratie**, par MM. E. LAVISSE, A. CROISET, Ch. SEIGNOBOS, P. MALAPERT, G. LANSON, J. HADAMARD (*Ecole des Hautes Etudes soc.*) 2⁰ édit.
18. *** La Lutte pour l'existence et l'évolution des sociétés**, par J.-L. DE LANNESSAN, député, prof. agr. à la Fac. de méd. de Paris.
19. *** La Concurrence sociale et les devoirs sociaux**, par le MÊME.
20. *** L'Individualisme anarchiste, Max Stirner**, par V. BASCH, chargé de cours à la Sorbonne.
21. *** La démocratie devant la science**, par C. BOUGLÉ, prof. de philosophie sociale à l'Université de Toulouse. (*Récompensé par l'Institut.*)
22. *** Les Applications sociales de la solidarité**, par MM. P. BUDIN, Ch. GIDE, H. MONOD, PAULET, ROBIN, SIEGFRIED, BROUARDEL. Préface de M. Léon BOURGEOIS (*Ecole des Hautes Etudes soc.*, 1902-1903).
23. **La Paix et l'enseignement pacifiste**, par MM. Fr. PASSY, Ch. RICHET, d'ESTOURNELLES DE CONSTANT, E. BOURGEOIS, A. WEISS, H. LA FONTAINE, G. LYON (*Ecole des Hautes Etudes soc.*, 1902-1903).
24. *** Etudes sur la philosophie morale au XIXᵉ siècle**, par MM. BELOT, A. DARLU, M. BERNÈS, A. LANDRY, Ch. GIDE, E. ROBERTY, R. ALLIER, H. LICHTENBERGER, L. BRUNSCHVICG (*Ecole des Hautes Etudes soc.*, 1902-1903).
25. *** Enseignement et démocratie**, par MM. APPELL, J. BOITEL, A. CROISET, A. DEVINAT, Ch.-V. LANGLOIS, G. LANSON, A. MILLERAND, Ch. SEIGNOBOS (*Ecole des Hautes Etudes soc.*, 1903-1904).
26. *** Religions et Sociétés**, par MM. TH. REINACH, A. PUECH, R. ALLIER, A. LEROY-BEAULIEU, le baron CARRA DE VAUX, H. DREYFUS (*Ecole des Hautes Etudes soc.*, 1903-1904).
27. *** Essais socialistes**. *La religion, l'art, l'alcool*, par E. VANDERVELDE.
28. *** Le surpeuplement et les habitations à bon marché**, par H. TUROT. conseiller municipal de Paris, et H. BELLAMY.
29. **L'individu, l'association et l'état**, par E. FOURNIÈRE.

BIBLIOTHÈQUE
D'HISTOIRE CONTEMPORAINE
Volumes in-12 brochés à 3 fr. 50. — Volumes in-8 brochés de divers prix

Volumes parus en 1907

CHARMES (P.), LEROY-BEAULIEU (A.), MILLET (R.), RIBOT (A.), VAN-DAL (A.), de CAIX (R.), HENRY (R.), Louis-JARAY (G.), PINON (R.), TARDIEU (A.). Les questions actuelles de la politique étrangère en Europe. *La politique anglaise. La politique allemande. La question d'Autriche-Hongrie. La question de Macédoine et des Balkans. La question russe.* 1 vol. in-16, avec 3 cartes hors texte et 6 cartes dans le texte. 3 fr. 50

TARDIEU (A.), secrétaire honoraire d'ambassade. La Conférence d'Algésiras. *Histoire diplomatique de la crise marocaine* (15 janvier-7 avril 1906). 2ᵉ édit. 1 vol. in-8. 10 fr.

GAFFAREL (P.), professeur à l'Université d'Aix-Marseille. La politique coloniale en France (1789-1830). 1 vol. in-8. 7 fr.

MATTER (P.), substitut au tribunal de la Seine. Bismarck et son temps. III. *Triomphe, splendeur et déclin* (1870-1896). 1 vol. in-8. 10 fr.

DRIAULT (E.), agrégé d'histoire. La question d'Extrême-Orient. 1 vol. in-8. 7 fr.

EUROPE

DEBIDOUR, professeur à la Sorbonne, * Histoire diplomatique de l'Europe, de 1845 à 1878. 2 vol. in-8. (*Ouvrage couronné par l'Institut.* 18 fr.

DOELLINGER (I. de). La papauté, ses origines au moyen âge, son influence jusqu'en 1870. Traduit par A. GIRAUD-TEULON, 1904. 1 vol. in-8. 7 fr.

SYBEL (H. de). * Histoire de l'Europe pendant la Révolution française, traduit de l'allemand par Mˡˡᵉ DOSQUET. Ouvrage complet en 6 vol. in-8. 42 fr.

TARDIEU (A.). *Questions diplomatiques de l'année 1904. 1 vol. in-12. (*ouvrage couronné par l'Académie française*). 3 fr. 50.

FRANCE
Révolution et Empire

AULARD, professeur à la Sorbonne. *Le Culte de la Raison et le Culte de l'Être suprême, exposé historique (1793-1794). 2ᵉ édit. 1 vol. in-12. 3 fr. 50

— *Études et leçons sur la Révolution française. 5 v. in-12. Chacun. 3 fr. 50

BONDOIS (P.), agrégé d'histoire. * Napoléon et la société de son temps (1793-1821). 1 vol. in-8. 7 fr.

GARNOT (H.), sénateur. * La Révolution française, résumé historique. In-16. Nouvelle édit. 3 fr. 50

DRIAULT (E.), professeur au lycée de Versailles. La politique orientale de Napoléon. SÉBASTIANI et GARDANE (1806-1808). 1 vol. in-8. (*Récompensé par l'Institut.*) 7 fr.

— *Napoléon en Italie (1800-1812). 1 vol. in-8. 1906. 10 fr.

DUMOULIN (Maurice).*Figures du temps passé. 1 vol. in-16. 1906. 3 fr. 50

MOLLIEN (Cᵗᵉ). Mémoires d'un ministre du trésor public (1780-1815), publiés par M. Ch. GOMEL. 3 vol. in-8. 15 fr.

BOITEAU (P.). État de la France en 1789. Deuxième éd. 1 vol. in-8. 10 fr.

BORNAREL (E.), doc. ès lettres. Cambon et la Révolution française. In-8. 7 fr.

CAHEN (L.), agrégé d'histoire, docteur ès lettres. * Condorcet et la Révolution française. 1 vol. in-8. (*Récompensé par l'Institut.*) 10 fr.

DESPOIS (Eug.). * Le Vandalisme révolutionnaire. Fondations littéraires, scientifiques et artistiques de la Convention. 4ᵉ édit. 1 vol. in-12. 3 fr. 50

DEBIDOUR, professeur à la Sorbonne. *Histoire des rapports de l'Église et de l'État en France (1789-1870). 1 fort vol. in-8. 1898. (*Couronné par l'Institut.*) 12 fr.

— *L'Église catholique et l'État en France sous la troisième République (1870-1906). — I. (1870-1889), 1 vol. in-8. 1906. 7 fr. — II. (1889-1906), paraîtra en 1908.

GOMEL (G.). Les causes financières de la Révolution française. Les ministères de Turgot et de Necker. 1 vol. in-8. 8 fr.

— Les causes financières de la Révolution française ; les derniers contrôleurs généraux. 1 vol. in-8. 8 fr.

— Histoire financière de l'Assemblée Constituante (1789-1791). 2 vol. in-8, 16 fr. — Tome I : (1789), 8 fr. ; tome II : (1790-1791), 8 fr.

— Histoire financière de la Législative et de la Convention. 2 vol. in-8, 15 fr. — Tome I : (1792-1793), 7 fr. 50 ; tome II : (1793-1795), 7 fr. 50

ISAMBERT (G.). *La vie à Paris pendant une année de la Révolution (1791-1792). In-16. 1896.　　　　　　　　　3 fr. 50
MATHIEZ (A.), agrégé d'histoire, docteur ès lettres. *La théophilanthropie et le culte décadaire, 1796-1801. 1 vol. in-8.　　　　　　12 fr.
— *Contributions à l'histoire religieuse de la Révolution française. In-16. 1906.　　　　　　　　　　　　3 fr. 50
MARCELLIN PELLET, ancien député. Variétés révolutionnaires. 3 vol. in-12, précédés d'une préface de A. RANC. Chaque vol. séparém.　3 fr. 50
SILVESTRE, professeur à l'École des sciences politiques. De Waterloo à Sainte-Hélène (20 Juin-16 Octobre 1815). 1 vol. in-16.　　3 fr. 50
SPULLER (Eug.). Hommes et choses de la Révolution. 1 vol. in-18. 3 fr 50.
STOURM, de l'Institut. Les finances de l'ancien régime et de la Révolution. 2 vol. in-8.　　　　　　　　　　16 fr.
— Les finances du Consulat. 1 vol. in-8.　　　　　　7 fr. 50
VALLAUX (C.). *Les campagnes des armées françaises (1792-1815). In-16, avec 17 cartes dans le texte.　　　　　　　　3 fr. 50

Epoque contemporaine

BLANC (Louis). *Histoire de Dix ans (1830-1840). 5 vol. in-8.　25 fr.
DELORD (Taxile). *Histoire du second Empire (1848-1870). 6 vol. in-8. 42 fr.
DUVAL (J.). L'Algérie et les colonies françaises, avec une notice biographique sur l'auteur, par J. LEVASSEUR, de l'Institut. 1 vol. in-8.　7 fr. 50
GAFFAREL (P.), professeur à l'Université d'Aix. * Les Colonies françaises. 1 vol. in-8. 6ᵉ édition revue et augmentée.　　5 fr.
GAISMAN (A.). * L'Œuvre de la France au Tonkin. Préface de M. J.-L. de LANESSAN. 1 vol. in-16 avec 4 cartes en couleurs. 1906.　3 fr. 50
LANESSAN (J.-L. de). *L'Indo-Chine française. Étude économique, politique et administrative. 1 vol. in-8 avec 5 cartes en couleurs hors texte. 15 fr.
— *L'Etat et les Eglises de France. *Histoire de leurs rapports, des origines jusqu'à la Séparation.* 1 vol. in-16. 1906.　　3 fr. 50
— *Les Missions et leur protectorat. 1 vol. in-16. 1907.　3 fr. 50
LAPIE (P.), professeur à l'Université de Bordeaux. · Les Civilisations tunisiennes (Musulmans, Israélites, Européens). In-16. 1898. (*Couronné par l'Académie française.*)　　　　　　　　3 fr. 50
LAUGEL (A.). * La France politique et sociale. 1 vol. in-8.　5 fr.
LEBLOND (Marius-Ary). La société française sous la troisième République. 1905. 1 vol. in-8.　　　　　　　　　5 fr.
NOEL (O.). Histoire du commerce extérieur de la France depuis la Révolution. 1 vol. in-8.　　　　　　　　　6 fr.
PIOLET (J.-B.). La France hors de France, notre émigration, sa nécessité, ses conditions. 1 vol. in-8. 1900 (*Couronné par l'Institut.*)　10 fr.
SCHEFER (Ch.), professeur à l'Ecole des sciences politiques. *La France moderne et le problème colonial. I. (1815-1830). 1 vol. in-8.　7 fr.
SPULLER (E.), ancien ministre de l'Instruction publique. *Figures disparues, portraits contemp., littér. et politiq. 3 vol. in-16. Chacun.　3 fr. 50
TCHERNOFF (J.). Associations et Sociétés secrètes sous la deuxième République (1848-1851). 1 vol. in-8. 1905.　　　7 fr.
VIGNON (L.), professeur à l'Ecole coloniale. La France dans l'Afrique du nord. 2ᵉ édition. 1 vol. in-8. (*Récompensé par l'Institut.*)　7 fr.
— Expansion de la France. 1 vol. in-18.　　　　　3 fr. 50
— LE MÊME. Édition in-8.　　　　　　　　　7 fr.
WAHL, inspect. général, A. BERNARD, professeur à la Sorbonne. *L'Algérie. 1 vol. in-8. 5ᵉ édit., 1908. (*Ouvrage couronné par l'Institut.*)　5 fr.
WEILL (G.), maître de conf. à l'Université de Caen. Histoire du parti républicain en France, de 1814 à 1870. 1 vol in-8. 1900. (*Récompensé par l'Institut.*)　　　　　　　　　　10 fr.
— *Histoire du mouvement social en France (1852-1902). 1 v. in-8. 1905. 7 fr.
— L'Ecole saint-simonienne, son histoire, son influence jusqu'à nos jours In-16. 1896.　　　　　　　　　3 fr. 50
ZÉVORT (E.), recteur de l'Académie de Caen. Histoire de la troisième République :
　　Tome I. *La présidence de M. Thiers. 1 vol. in-8. 3ᵉ édit.　7 fr.
　　Tome II. *La présidence du Maréchal. 1 vol. in-8. 2ᵉ édit.　7 fr.
　　Tome III. *La présidence de Jules Grévy. 1 vol. in-8. 2ᵉ édit.　7 fr.
　　Tome IV. La présidence de Sadi Carnot. 1 vol. in-8.　7 fr.

ANGLETERRE

MÉTIN (Albert), prof. à l'Ecole Coloniale. * Le Socialisme en Angleterre. In-16.　　　　　　　　　　　　3 fr. 50

ALLEMAGNE

ANDLER (Ch.), prof. à la Sorbonne. *Les origines du socialisme d'État en Allemagne. 1 vol. in-8. 1897.   7 fr.

GUILLAND (A.), professeur d'histoire à l'Ecole polytechnique suisse. *L'Allemagne nouvelle et ses historiens. (NIEBUHR, RANKE, MOMMSEN, SYBEL, TREITSCHKE.) 1 vol. in-8. 1899.   5 fr.

MATTER (P.), doct. en droit, substitut au tribunal de la Seine. *La Prusse et la révolution de 1848. In-16. 1903.   3 fr. 50

— *Bismarck et son temps. I. La préparation (1815-1863). 1 vol. in-8. 10 fr.
II. *L'action (1863-1870). 1 vol. in-8.   10 fr.

MILHAUD (E.), professeur à l'Université de Genève. *La Démocratie socialiste allemande. 1 vol. in-8. 1903.   10 fr.

SCHMIDT (Ch.), docteur ès lettres. Le grand-duché de Berg (1806-1813). 1905. 1 vol. in-8.   10 fr.

VERON (Eug.). * Histoire de la Prusse, depuis la mort de Frédéric II. In-16. 6° édit.   3 fr. 50

— * Histoire de l'Allemagne, depuis la bataille de Sadowa jusqu'à nos jours. In-16. 3° éd., mise au courant des événements par P. BONDOIS.   3 fr. 50

AUTRICHE-HONGRIE

AUERBACH, professeur à l'Université de Nancy. *Les races et les nationalités en Autriche-Hongrie. In-8. 1898.   5 fr.

BOURLIER (J.). * Les Tchèques et la Bohême contemporaine. In-16. 1897.   3 fr. 50

*RECOULY (R.), agrégé de l'Univ. Le pays magyar. 1903. In-16.   3 fr. 50

RUSSIE

COMBES DE LESTRADE (Vte). La Russie économique et sociale à l'avènement de Nicolas II. 1 vol. in-8.   6 fr.

ITALIE

BOLTON KING (M. A.). *Histoire de l'unité italienne. Histoire politique de l'Italie, de 1814 à 1871, traduit de l'anglais par M. MACQUART; introduction de M. Yves GUYOT. 1900. 2 vol. in-8.   15 fr.

COMBES DE LESTRADE (Vte). La Sicile sous la maison de Savoie. 1 vol. in-18.   3 fr. 50

GAFFAREL (P.), professeur à l'Université d'Aix. * Bonaparte et les Républiques italiennes (1796-1799). 1895. 1 vol. in-8.   5 fr.

SORIN (Élie). *Histoire de l'Italie, depuis 1815 jusqu'à la mort de Victor-Emmanuel. In-16. 1888.   3 fr. 50

ESPAGNE

REYNALD (H.). * Histoire de l'Espagne, depuis la mort de Charles II. In-16.   3 fr. 50

ROUMANIE

DAMÉ (Fr.). * Histoire de la Roumanie contemporaine, depuis l'avènement des princes indigènes jusqu'à nos jours. 1 vol. in-8. 1900.   7 fr.

SUISSE

DAENDLIKER. *Histoire du peuple suisse. Trad. de l'allem. par Mme Jules FAVRE et précédé d'une Introduction de Jules FAVRE. 1 vol. in-8.   5 fr.

SUÈDE

SCHEFER (C.). * Bernadotte roi (1810-1818-1844). 1 vol. in-8. 1899. 5 fr.

GRÈCE, TURQUIE, ÉGYPTE

BÉRARD (V.), docteur ès lettres. * La Turquie et l'Hellénisme contemporain. (Ouvrage cour. par l'Acad. française). In-16. 5° éd.   3 fr. 50

DRIAULT (G.). * La question d'Orient, préface de G. MONOD, de l'Institut. 1 vol. in-8. 3° édit. 1905. (Ouvrage couronné par l'Institut).   7 fr.

MÉTIN (Albert), professeur à l'École coloniale. *La Transformation de l'Egypte. In-16. 1903. (Cour. par la Soc. de géogr. comm.)   3 fr. 50

RODOCANACHI (E.). *Bonaparte et les îles Ioniennes (1797-1816). 1 volume in-8. 1899.   5 fr.

INDE

PIRIOU (E.), agrégé de l'Université. * L'Inde contemporaine et le mouvement national. 1905. 1 vol. in-16.   3 fr. 50

CHINE

CORDIER (H.), professeur à l'École des langues orientales. *Histoire des relations de la Chine avec les puissances occidentales (1860-1902), avec cartes. 3 vol. in-8, chacun séparément.   10 fr.

— *L'Expédition de Chine de 1857-58. Histoire diplomatique, notes et documents. 1905. 1 vol. in-8.   7 fr.

CORDIER (H.), prof. à l'Ecole des langues orientales. * L'Expédition de Chine de 1860. Histoire diplomatique, notes et documents. 1906. 1 vol. in-8.   7 fr.
COURANT (M.), maître de conférences à l'Université de Lyon. En Chine. Mœurs et institutions. Hommes et faits. 1 vol. in-16.   3 fr. 50

AMÉRIQUE

ELLIS STEVENS. Les Sources de la constitution des États-Unis. 1 vol. in-8.   7 fr. 50
DEBERLE (Alf.). * Histoire de l'Amérique du Sud, in-16. 3° éd. 3 fr. 50

QUESTIONS POLITIQUES ET SOCIALES

BARNI (Jules). * Histoire des idées morales et politiques en France au XVIII° siècle. 2 vol. in-16. Chaque volume.   3 fr. 50
— * Les Moralistes français au XVIII° siècle. In-16.   3 fr. 50
BEAUSSIRE (Émile), de l'Institut. La Guerre étrangère et la Guerre civile. In-16.   3 fr. 50
LOUIS BLANC. Discours politiques (1848-1881). 1 vol. in-8.   7 fr. 50
BONET-MAURY. * Histoire de la liberté de conscience (1598-1870). In-8. 2° édit.   (Sous presse.)
BOURDEAU (J.). * Le Socialisme allemand et le Nihilisme russe. In-16. 2° édit. 1894.   3 fr. 50
— * L'évolution du Socialisme. 1901. 1 vol. in-16.   3 fr. 50
D'EICHTHAL (Eug.). Souveraineté du peuple et gouvernement. In-16. 1895.   3 fr. 50
DESCHANEL (É.), sénateur, professeur au Collège de France. *Le Peuple et la Bourgeoisie. 1 vol. in-8. 2° édit.   5 fr.
DEPASSE (Hector), député. Transformations sociales. 1894. In-16.   3 fr. 50
— Du Travail et de ses conditions (Chambres et Conseils du travail). In-16. 1895.   3 fr. 50
DRIAULT (E.), prof. agr. au lycée de Versailles. * Problèmes politiques et sociaux. In-8. 2° édit. 1906.   7 fr.
GUÉROULT (G.). * Le Centenaire de 1789. In-16. 1889.   3 fr. 50
LAVELEYE (E. de), correspondant de l'Institut. Le Socialisme contemporain. In-16. 11° édit. augmentée.   3 fr. 50
LICHTENBERGER (A.). * Le Socialisme utopique, étude sur quelques précurseurs du Socialisme. In-16. 1898.   3 fr. 50
— * Le Socialisme et la Révolution française. 1 vol. in-8.   5 fr.
MATTER (P.). La dissolution des assemblées parlementaires, étude de droit public et d'histoire. 1 vol. in-8. 1898.   5 fr.
NOVICOW. La Politique internationale. 1 vol. in-8.   7 fr.
PAUL LOUIS. L'ouvrier devant l'État. Etude de la législation ouvrière dans les deux mondes. 1904. 1 vol. in-8.   7 fr.
— Histoire du mouvement syndical en France (1789-1906). 1 vol in-16. 1907.   3 fr. 50
REINACH (Joseph), député. Pages républicaines. In-16.   3 fr. 50
— * La France et l'Italie devant l'histoire. 1 vol. in-8.   5 fr.
SPULLER (E.). * Éducation de la démocratie. In-16 1892.   3 fr. 50
— L'Évolution politique et sociale de l'Église. 1 vol. in-12. 1893. 3 fr. 50

PUBLICATIONS HISTORIQUES ILLUSTRÉES

*DE SAINT-LOUIS A TRIPOLI PAR LE LAC TCHAD, par le lieutenant-colonel MONTEIL. 1 beau vol. in-8 colombier, précédé d'une préface de M. DE VOGÜÉ, de l'Académie française, illustrations de RIOU. 1895. Ouvrage couronné par l'Académie française (Prix Montyon), broché 20 fr., relié amat.,   28 fr.
*HISTOIRE ILLUSTRÉE DU SECOND EMPIRE, par Taxile DELORD. 6 vol. in-8. avec 500 gravures. Chaque vol. broché.   8 fr.

TRAVAUX DE L'UNIVERSITÉ DE LILLE

PAUL FABRE. La polyptyque du chanoine Benoît. In-8.   3 fr. 50
A. PINLOCHE. * Principales œuvres de Herbart.   7 fr. 50
A. PENJON. Pensée et réalité, de A. SPIR, trad. de l'allem. In-8.   10 fr.
— L'énigme sociale. 1902. 1 vol. in-8.   2 fr. 50
G. LEFÈVRE *Les variations de Guillaume de Champeaux et la question des Universaux. Étude suivie de documents originaux. 1898.   3 fr.
J. DEROCQUIGNY. Charles Lamb. Sa vie et ses œuvres. 1 vol. in-8 12 fr.

BIBLIOTHÈQUE DE LA FACULTÉ DES LETTRES
DE L'UNIVERSITÉ DE PARIS

HISTOIRE et LITTÉRATURE ANCIENNES

*De l'authenticité des épigrammes de Simonide, par M. le Professeur H. HAUVETTE. 1 vol. in-8.   5 fr.

*Les Satires d'Horace, par M. le Prof. A. CARTAULT. 1 vol. in-8.   11 fr.

*De la flexion dans Lucrèce, par M. le Prof. A. CARTAULT. 1 vol. in-8.   4 fr.

*La main-d'œuvre industrielle dans l'ancienne Grèce, par M. le Prof. GUIRAUD. 1 vol. in-8.   7 fr.

*Recherches sur le Discours aux Grecs de Tatien, suivies d'une *traduction française du discours*, avec notes, par A. PUECH, professeur adjoint à la Sorbonne. 1 vol. in-8. 1903.   6 fr.

*Les « Métamorphoses » d'Ovide et leurs modèles grecs, par A. LAFAYE, professeur adjoint à la Sorbonne. 1 vol. in-8. 1904.   8 fr. 50

MOYEN AGE

*Premiers mélanges d'histoire du Moyen Âge, par MM. le Prof. A. LUCHAIRE, de l'Institut, DUPONT-FERRIER et POUPARDIN. 1 vol. in-8.   3 fr. 50

Deuxièmes mélanges d'histoire du Moyen Âge, publiés sous la direct. de M. le Prof. A. LUCHAIRE, par MM. LUCHAIRE, HALPHEN et HUCKEL. 1 vol. in-8.   6 fr.

Troisièmes mélanges d'histoire du Moyen âge, par MM. le Prof. LUCHAIRE, BEYSSIER, HALPHEN et CORDEY. 1 vol. in-8.   8 fr. 50

Quatrièmes mélanges d'histoire du Moyen âge, par MM. JACQUEMIN, FARAL, BEYSSIER. 1 vol. in-8.   7 fr. 50

*Essai de restitution des plus anciens Mémoriaux de la Chambre des Comptes de Paris, par MM. J. PETIT, GAVRILOVITCH, MAURY et TÉODORU, préface de M. CH.-V. LANGLOIS, prof. adjoint. 1 vol. in-8.   9 fr.

Constantin V, empereur des Romains (740-775). *Étude d'histoire byzantine*, par A. LOMBARD, licencié ès lettres. Préface de M. le Prof. Ch. DIEHL. 1 vol. in-8.   6 fr.

Étude sur quelques manuscrits de Rome et de Paris, par M. le Prof. A. LUCHAIRE. 1 vol. in-8.   6 fr.

Les archives de la cour des comptes, aides et finances de Montpellier, par L. MARTIN-CHABOT, archiviste-paléographe. 1 vol. in-8. 8 fr.

PHILOLOGIE et LINGUISTIQUE

*Le dialecte alaman de Colmar (Haute-Alsace) en 1870, grammaire et lexique, par M. le Prof. VICTOR HENRY. 1 vol. in-8.   8 fr.

*Études linguistiques sur la Basse-Auvergne, phonétique historique du patois de Vinzelles (Puy-de-Dôme), par ALBERT DAUZAT. Préface de M. le Prof. A. THOMAS. 1 vol. in-8.   6 fr.

*Antinomies linguistiques, par M. le Prof. VICTOR HENRY. 1 v. in-8. 2 fr.

Mélanges d'étymologie française, par M. le Prof. A. THOMAS. In-8. 7 fr.

*A propos du corpus Tibullianum. *Un siècle de philologie latine classique*, par M. le Prof. A. CARTAULT. 1 vol. in-8.   18 fr.

PHILOSOPHIE

L'imagination et les mathématiques selon Descartes, par P. BOUTROUX, licencié ès lettres. 1 vol. in-8.   2 fr.

GÉOGRAPHIE

La rivière Vincent-Pinzon. *Étude sur la cartographie de la Guyane*, par M. le Prof. VIDAL DE LA BLACHE, de l'Institut. In-8, avec grav. et planches hors texte.   6 fr.

LITTÉRATURE MODERNE

*Mélanges d'histoire littéraire, par MM. FREMINET, DUPIN et DES COGNETS. Préface de M. le prof. LANSON. 1 vol. in-8.   6 fr. 50

HISTOIRE CONTEMPORAINE

*Le treize vendémiaire an IV, par HENRY ZIVY. 1 vol. in-8.   4 fr.

ANNALES DE L'UNIVERSITÉ DE LYON

Lettres intimes de J.-M. Alberoni adressées au comte J. Rocca, par Emile BOURGEOIS. 1 vol. in-8.   10 fr.

La républ. des Provinces-Unies, France et Pays-Bas espagnols, de 1630 à 1650, par A. WADDINGTON. 2 vol. in-8.   12 fr.

Le Vivarais, essai de géographie régionale, par BURDIN. 1 vol. in-8.   6 fr.

---

*RECUEIL DES INSTRUCTIONS
DONNÉES AUX AMBASSADEURS ET MINISTRES DE FRANCE
DEPUIS LES TRAITÉS DE WESTPHALIE JUSQU'A LA RÉVOLUTION FRANÇAISE

Publié sous les auspices de la Commission des archives diplomatiques
au Ministère des Affaires étrangères.

Beaux vol. in-8 rais., imprimés sur pap. de Hollande, avec Introduction et notes.

I. — AUTRICHE, par M. Albert SOREL, de l'Académie française. *Épuisé.*

II. — SUÈDE, par M. A. GEFFROY, de l'Institut....................   20 fr.

III. — PORTUGAL, par le vicomte DE CAIX DE SAINT-AYMOUR.....   20 fr.

IV et V. — POLOGNE, par M. Louis FARGES. 2 vol...........   30 fr.

VI. — ROME, par M. G. HANOTAUX, de l'Académie française.....   20 fr.

VII. — BAVIÈRE, PALATINAT ET DEUX-PONTS, par M. André LEBON.   25 fr.

VIII et IX. — RUSSIE, par M. Alfred RAMBAUD, de l'Institut. 2 vol.
Le 1er vol. 20 fr. Le second vol....................   25 fr.

X. — NAPLES ET PARME, par M. Joseph REINACH, député.......   20 fr.

XI. — ESPAGNE (1649-1750), par MM. MOREL-FATIO, professeur au Collège de France et LÉONARDON (t. I)...................   20 fr.

XII et XII bis. — ESPAGNE (1750-1789) (t. II et III), par les mêmes....   40 fr.

XIII. — DANEMARK, par M. A. GEFFROY, de l'Institut...........   14 fr.

XIV et XV. — SAVOIE-MANTOUE, par M. HORRIC de BEAUCAIRE. 2 vol.   40 fr.

XVI. — PRUSSE, par M A. WADDINGTON, professeur à l'Univ. de Lyon.
1 vol. (Couronné par l'Institut.)...................   28 fr.

---

*INVENTAIRE ANALYTIQUE
DES ARCHIVES DU MINISTÈRE DES AFFAIRES ÉTRANGÈRES

Publié sous les auspices de la Commission des archives diplomatiques

Correspondance politique de MM. de CASTILLON et de MARILLAC, ambassadeurs de France en Angleterre (1537-1542), par M. JEAN KAULEK, avec la collaboration de MM. Louis Farges et Germain Lefèvre-Pontalis. 1 vol. in-8 raisin.............   15 fr.

Papiers de BARTHÉLEMY, ambassadeur de France en Suisse, de 1792 à 1797 par M. Jean KAULEK. 4 vol. in-8 raisin.
I. Année 1792, 15 fr. — II. Janvier-août 1793, 15 fr. — III. Septembre 1793 à mars 1794, 18 fr. — IV. Avril 1794 à février 1795, 20 fr. — V. Septembre 1794 à Septembre 1796...................   26 fr.

Correspondance politique de ODET DE SELVE, ambassadeur de France en Angleterre (1546-1549), par M. G. LEFÈVRE-PONTALIS. 1 vol in-8 raisin...................   15 fr.

Correspondance politique de GUILLAUME PELLICIER, ambassadeur de France à Venise (1540-1542), par M. Alexandre TAUSSERAT-RADEL. 1 fort vol. in-8 raisin...................   40 fr.

Correspondance des Deys d'Alger avec la Cour de France (1759-1833), recueillie par Eug. PLANTET. 2 vol. in-8 raisin.   30 fr.

Correspondance des Beys de Tunis et des Consuls de France avec la Cour (1577-1830), recueillie par Eug. PLANTET. 3 vol. in-8. TOME I (1577-1700). *Épuisé.* — T. II (1700-1770). 20 fr. — T. III (1770-1830). 20 fr.

Les Introducteurs des Ambassadeurs (1589-1900). 1 vol. in-4, avec figures dans le texte et planches hors texte.   20 fr.

*REVUE PHILOSOPHIQUE
DE LA FRANCE ET DE L'ÉTRANGER
Dirigée par Th. RIBOT, Membre de l'Institut, Professeur honoraire au Collège de France.
(32ᵉ année, 1907.) — Paraît tous les mois.
Abonnement du 1ᵉʳ janvier : Un an : Paris, **30 fr.** — Départements et Etranger, **33 fr.**
La livraison, **3 fr.**
Les années écoulées, chacune **30** francs, et la livraison, **3 fr.**

*REVUE GERMANIQUE (ALLEMAGNE — ANGLETERRE) (ÉTATS-UNIS — PAYS SCANDINAVES)
Troisième année, 1907. — Paraît tous les deux mois (*Cinq numéros par an*).
Secrétaire général : M. PIQUET, professeur à l'Université de Lille.
Abonnement du 1ᵉʳ janvier : Paris, **14 fr.** — Départements et Etranger, **16 fr.**
La livraison, **4 fr.**

*Journal de Psychologie Normale et Pathologique
DIRIGÉ PAR LES DOCTEURS
Pierre JANET   et   Georges DUMAS
Professeur au Collège de France.   Chargé de cours à la Sorbonne.
(4ᵉ année, 1907.) — Paraît tous les deux mois.
Abonnement du 1ᵉʳ janvier : France et Etranger, **14 fr.** — La livraison, **2 fr. 60.**
Le prix d'abonnement est de 12 fr. pour les abonnés de la Revue philosophique.

*REVUE HISTORIQUE
Dirigée par MM. G. MONOD, Membre de l'Institut, et Ch. BÉMONT.
(32ᵉ année, 1907.) — Paraît tous les deux mois.
Abonnement du 1ᵉʳ janvier : Un an : Paris, **30 fr.** — Départements et Etranger, **33 fr.**
La livraison, **6 fr.**
Les années écoulées, chacune 30 fr.; le fascicule, **6 fr.** Les fascicules de la 1ʳᵉ année, **9 fr.**

*ANNALES DES SCIENCES POLITIQUES
Revue bimestrielle publiée avec la collaboration des professeurs
et des anciens élèves de l'Ecole libre des Sciences politiques
(22ᵉ année, 1907.)
Rédacteur en chef : M. A. VIALLATE, Prof. à l'Ecole.
Abonnement du 1ᵉʳ janvier : Un an : Paris, **16 fr.** ; Départements et Etranger, **19 fr.**
La livraison, **3 fr. 50.**

*JOURNAL DES ÉCONOMISTES
Revue mensuelle de la science économique et de la statistique
Paraît le 15 de chaque mois par fascicules grand in-8 de 10 à 12 feuilles
Rédacteur en chef : G. DE MOLINARI, correspondant de l'Institut
Abonnement : Un an, France, **36 fr.** Six mois, **19 fr.**
Union postale : Un an, **38 fr.** Six mois, **20 fr.** — Le numéro, **3 fr. 50**
Les abonnements partent de janvier ou de juillet.

*Revue de l'École d'Anthropologie de Paris
Recueil mensuel publié par les professeurs. — (17ᵉ année, 1907.)
Abonnement du 1ᵉʳ janvier : France et Étranger, **10 fr.** — Le numéro, **1 fr.**

REVUE ÉCONOMIQUE INTERNATIONALE
(4ᵉ année, 1907) Mensuelle
Abonnement : Un an, France et Belgique, **50 fr.** ; autres pays, **56 fr.**

Bulletin de la Société libre pour l'Étude psychologique de l'Enfant
10 numéros par an. — Abonnement du 1ᵉʳ octobre : **3 fr.**

LES DOCUMENTS DU PROGRÈS
Revue mensuelle internationale (1ʳᵉ année, 1907)
Dʳ R. BRODA, Directeur.
Abonnement : 1 an : France, **10 fr.** — Étranger, **12 fr.** La livraison, **1 fr.**

F. ALCAN.

BIBLIOTHÈQUE SCIENTIFIQUE
INTERNATIONALE
Publiée sous la direction de M. Émile ALGLAVE

Les titres marqués d'un astérisque * sont adoptés par le *Ministère de l'Instruction publique de France* pour les bibliothèques des lycées et des collèges.

LISTE PAR ORDRE D'APPARITION
109 VOLUMES IN-8, CARTONNÉS A L'ANGLAISE, OUVRAGES A 6, 9 ET 12 FR.

Volumes parus en 1907

108. CONSTANTIN (Capitaine). Le rôle sociologique de la guerre et le sentiment national. Suivi de la traduction de *La guerre, moyen de sélection collective*, par le Dr STEINMETZ. 1 vol. 6 fr.

109. LŒB, professeur à l'Université Berkeley. La dynamique des phénomènes de la vie. Traduit de l'allemand par MM. DAUDIN et SCHAEFFER, préf. de M. le Prof. GIARD, de l'Institut. 1 vol. avec fig. 9 fr.

1. TYNDALL (J.). * Les Glaciers et les Transformations de l'eau, avec figures. 1 vol. in-8. 7e édition. 6 fr.

2. BAGEHOT. * Lois scientifiques du développement des nations. 1 vol. in-8. 6e édition. 6 fr.

3. MAREY, de l'Institut. * La Machine animale. *Épuisé.*

4 BAIN. * L'Esprit et le Corps. 1 vol. in-8. 6e édition. 6 fr.

5 PETTIGREW. * La Locomotion chez les animaux, marche, natation et vol. 1 vol. in-8 avec figures. 2e édit. 6 fr.

6. HERBERT SPENCER. * La Science sociale. 1 v. in-8. 14e édit. 6 fr.

7. SCHMIDT (O.). * La Descendance de l'homme et le Darwinisme. 1 vol. in-8, avec fig 6e édition. 6 fr.

8. MAUDSLEY. * Le Crime et la Folie. 1 vol. in-8. 7e édit. 6 fr.

9. VAN BENEDEN. * Les Commensaux et les Parasites dans le règne animal. 1 vol. in-8, avec figures. 4e édit. 6 fr.

10. BALFOUR STEWART. * La Conservation de l'énergie, avec figures. 1 vol. in-8. 6e édition. 6 fr.

11. DRAPER. Les Conflits de la science et de la religion. 1 vol. in-8. 10e édition. 6 fr.

12. L. DUMONT. * Théorie scientifique de la sensibilité. Le plaisir et la douleur. 1 vol. in-8. 4e édition. 6 fr.

13. SCHUTZENBERGER. * Les Fermentations. In-8 6e édit. 6 fr.

14. WHITNEY. * La Vie du langage. 1 vol. in-8. 4e sol 6 fr.

15. COOKE et BERKELEY. * Les Champignons. In-8 av. fig., 4e éd. 6 fr.

16. BERNSTEIN. * Les Sens. 1 vol. in-8, avec 91 fig. 5e édit. 6 f.

17. BERTHELOT, de l'Institut. * La Synthèse chimique. 1 vol. in-8, 8e édit. 6 fr.

18. NIEWENGLOWSKI (H.). * La photographie et la photochimie. 1 vol. in-8, avec gravures et une planche hors texte. 6 fr.

19. LUYS. * Le Cerveau et ses fonctions. *Épuisé.*

20. STANLEY JEVONS. * La Monnaie. *Épuisé.*

21. FUCHS. * Les Volcans et les Tremblements de terre. 1 vol. in-8, avec figures et une carte en couleurs. 5e édition. 6 fr.

22. GÉNÉRAL BRIALMONT. * Les Camps retranchés. *Épuisé.*

23. DE QUATREFAGES, de l'Institut. * L'Espèce humaine. 1 v. in-8. 13e édit. 6 fr.

24. BLASERNA et HELMHOLTZ. * Le Son et la Musique. 1 vol. in-8. avec figures. 5e édition. 6 fr.

25. ROSENTHAL. * Les Nerfs et les Muscles. *Épuisé.*

26. BRUCKE et HELMHOLTZ. * Principes scientifiques des beaux-
arts. 1 vol. in-8, avec 39 figures. 4° édition.   5 fr.
27. WURTZ, de l'Institut * La Théorie atomique. 1 vol. in-8. 9° éd. 6 fr.
28-29. SECCHI (le père). * Les Étoiles. 2 vol. in-8, avec 63 figures dans le
texte et 17 pl. en noir et en couleurs hors texte. 3° édit.   12 fr.
30. JOLY. * L'Homme avant les métaux. Épuisé.
31 A. BAIN. * La Science de l'éducation. 1 vol. in-8. 9° édit.   6 fr.
32-33. THURSTON (R.). * Histoire de la machine à vapeur. 2 vol.
in-8, avec 140 fig. et 16 planches hors texte. 3° édition.   12 fr.
34 HARTMANN (R.). * Les Peuples de l'Afrique. Épuisé.
35. HERBERT SPENCER. * Les Bases de la morale évolutionniste.
1 vol. in-8. 6° édition.   6 fr.
36. HUXLEY. * L'Écrevisse, introduction à l'étude de la zoologie. 1 vol.
in-8, avec figures. 2° édition.   6 fr.
37. DE ROBERTY. * La Sociologie. 1 vol. in-8. 3° édition.   6 fr.
38. ROOD. * Théorie scientifique des couleurs. 1 vol. in-8, avec
figures et une planche en couleurs hors texte. 2° édition.   6 fr.
39. DE SAPORTA et MARION. * L'Évolution du règne végétal (les Cryp-
togames). Épuisé.
40-41. CHARLTON BASTIAN. * Le Cerveau, organe de la pensée chez
l'homme et chez les animaux. 2 vol. in-8, avec figures. 2° éd. 12 fr.
42. JAMES SULLY. * Les Illusions des sens et de l'esprit. 1 vol. in-8,
avec figures. 3° édit.   6 fr.
43. YOUNG. * Le Soleil. Épuisé.
44. DE CANDOLLE. * L'Origine des plantes cultivées. 4° éd. 1 v in-8. 6 fr.
45-46 SIR JOHN LUBBOCK. * Fourmis, abeilles et guêpes. Épuisé.
47 PERRIER (Edm.), de l'Institut. La Philosophie zoologique
avant Darwin. 1 vol. in-8. 3° édition.   6 fr.
48 STALLO. * La Matière et la Physique moderne. 1 vol. in-8. 3° éd.,
précédé d'une Introduction par Ch. Friedel.   6 fr.
49. MANTEGAZZA. La Physionomie et l'Expression des sentiments.
1 vol. in-8. 3° édit., avec huit planches hors texte.   6 fr.
50 DE MEYER. * Les Organes de la parole et leur emploi pour
la formation des sons du langage. In-8, avec 51 fig.   6 fr.
51. DE LANESSAN. * Introduction à l'Étude de la botanique (le Sapin).
1 vol. in-8. 2° édit., avec 143 figures.   6 fr.
52-53. DE SAPORTA et MARION. * L'Évolution du règne végétal (les
Phanérogames). 2 vol. Épuisé.
54 TROUESSART, prof au Muséum. * Les Microbes, les Ferments et
les Moisissures. 1 vol. in-8. 2° édit., avec 107 figures.   6 fr.
55 HARTMANN (R.). * Les Singes anthropoïdes. Épuisé.
56. SCHMIDT (O.). * Les Mammifères dans leurs rapports avec leurs
ancêtres géologiques. 1 vol. in-8, avec 51 figures   6 fr.
57. BINET et FÉRÉ. Le Magnétisme animal. 1 vol. in-8. 4° édit.   6 fr.
58-59. ROMANES. * L'Intelligence des animaux. 2 v. in-8 3° édit. 12 fr.
60. LAGRANGE (F.). Physiol. des exerc. du corps. 1 v. in-8. 7° éd. 6 fr.
61. DREYFUS. * Évolution des mondes et des sociétés. 1 v. in-8.   6 fr.
62. DAUBRÉE, de l'Institut * Les Régions invisibles du globe et des
espaces célestes. 1 v. in-8, avec 85 fig. dans le texte. 2 édit.   6 fr.
63-64. SIR JOHN LUBBOCK. * L'Homme préhistorique 2 vol. Épuisé.
65 RICHET (Ch.), professeur à la Faculté de médecine de Paris. La Cha-
leur animale 1 vol. in-8, avec figures.   6 fr.
66 FALSAN (A.) * La Période glaciaire. Épuisé.
67. BEAUNIS (H.). Les Sensations internes. 1 vol. in-8.   6 fr.
68. CARTAILHAC (E.). La France préhistorique, d'après les sépultures
et les monuments. 1 vol. in-8, avec 162 figures. 2° édit.   6 fr.
69. BERTHELOT, de l'Institut. * La Révol. chimique, Lavoisier. 1 vol.
in-8 2° éd.   6 fr.
70. SIR JOHN LUBBOCK. * Les Sens et l'instinct chez les animaux,
principalement chez les insectes. 1 vol. in-8, avec 150 figures.   6 fr.

71. STARCKE. *La Famille primitive. 1 vol. in-8. 6 fr.
72. ARLOING, prof. à l'Ecole de méd. de Lyon. *Les Virus. 1 vol. in-8, avec figures. 6 fr.
73. TOPINARD. *L'Homme dans la Nature. 1 vol. in-8, avec fig. 6 fr.
74. BINET (Alf.). *Les Altérations de la personnalité. In-8, 2 éd. 6 fr.
75. DE QUATREFAGES (A.). *Darwin et ses précurseurs français. 1 vol. in-8. 2ª édition refondue. 6 fr.
76. LEFÈVRE (A.). * Les Races et les langues. Épuisé.
77-78. DE QUATREFAGES (A.), de l'Institut. *Les Émules de Darwin. 2 vol. in-8, avec préfaces de MM. Edm. Perrier et Hamy. 12 fr.
79. BRUNACHE (P.). *Le Centre de l'Afrique. Autour du Tchad. 1 vol. in-8, avec figures. 6 fr.
80. ANGOT (A.), directeur du Bureau météorologique. *Les Aurores polaires. 1 vol. in-8, avec figures. 6 fr.
81. JACCARD. * Le pétrole, le bitume et l'asphalte au point de vue géologique. 1 vol. in-8, avec figures. 6 fr.
82. MEUNIER (Stan.), prof. au Muséum. *La Géologie comparée. 2ᵉ éd. in-8, avec fig. 6 fr.
83. LE DANTEC, chargé de cours à la Sorbonne. *Théorie nouvelle de la vie. 4ª éd. 1 v. in-8, avec fig. 6 fr.
84. DE LANESSAN. * Principes de colonisation. 1 vol. in-8. 6 fr.
85. DEMOOR, MASSART et VANDERVELDE. * L'évolution régressive en biologie et en sociologie. 1 vol. in-8, avec gravures. 6 fr.
86. MORTILLET (G. de). * Formation de la Nation française. 2ᵉ édit. 1 vol. in-8, avec 150 gravures et 18 cartes. 6 fr.
87. ROCHÉ (G.). *La Culture des Mers (piscifacture, pisciculture, ostréiculture). 1 vol. in-8, avec 81 gravures. 6 fr.
88. COSTANTIN (J.), prof. au Muséum. *Les Végétaux et les Milieux cosmiques (adaptation, évolution). 1 vol. in-8, avec 171 gra. 6 fr.
89. LE DANTEC. L'évolution individuelle et l'hérédité. 1 vol. in-8. 6 fr.
90. GUIGNET et GARNIER. * La Céramique ancienne et moderne. 1 vol., avec grav. 6 fr.
91. GELLÉ (E.-M.). *L'audition et ses organes. 1 v. in-8, avec grav. 6 fr.
92. MEUNIER (St.). *La Géologie expérimentale. 2ᵉ éd. in-8, av. gr. 6 fr.
93. COSTANTIN (J.). *La Nature tropicale. 1 vol. in-8, avec grav. 6 fr.
94. GROSSE (E.). *Les débuts de l'art. Introduction de L. Marillier. 1 vol. in-8, avec 32 gravures dans le texte et 3 pl. hors texte. 6 fr.
95. GRASSET (J.), prof. à la Faculté de méd. de Montpellier. Les Maladies de l'orientation et de l'équilibre. 1 vol. in-8, avec grav. 6 fr.
96. DEMENŸ (G.). *Les bases scientifiques de l'éducation physique. 1 vol. in-8, avec 198 gravures. 3ᵉ édit. 6 fr.
97. MALMÉJAC (F.). *L'eau dans l'alimentation. 1 v. in-8, avec grav. 6 fr.
98. MEUNIER (Stan.). *La géologie générale. 1 v. in-8, avec grav. 6 fr.
99. DEMENŸ (G.). Mécanisme et éducation des mouvements. 2ª édit. 1 vol. in-8, avec 565 gravures. 9 fr.
100. BOURDEAU (L.). Histoire de l'habillement et de la parure. 1 vol. in-8. 6 fr.
101. MOSSO (A.). *Les exercices physiques et le développement intellectuel. 1 vol. in-8. 6 fr.
102. LE DANTEC (F.). Les lois naturelles. 1 vol. in-8, avec grav. 6 fr.
103. NORMAN LOCKYER. *L'évolution inorganique. 1 vol. in-8, avec 42 gravures. 6 fr.
104. COLAJANNI (N.). *Latins et Anglo-Saxons. 1 vol. in-8. 9 fr.
105. JAVAL (E.), de l'Académie de médecine. *Physiologie de la lecture et de l'écriture. 1 vol. in-8, avec 96 gr. 2ᵉ éd. 6 fr.
106. COSTANTIN (J.). *Le Transformisme appliqué à l'agriculture. 1 vol. in-8, avec 105 gravures. 6 fr.
107. LALOY (L.). *Parasitisme et mutualisme dans la nature. Préface du Pʳ A. Giard. 1 vol. in-8, avec 82 gravures. 6 fr.

RÉCENTES PUBLICATIONS

HISTORIQUES, PHILOSOPHIQUES ET SCIENTIFIQUES
qui ne se trouvent pas dans les collections précédentes.

Volumes parus en 1907

ARMINJON (P.), prof. à l'École Khédiviale de Droit du Caire. L'enseignement, la doctrine et la vie dans les universités musulmanes
d'Égypte. 1 vol. in-8.   6 fr. 50

BRASSEUR. Psychologie de la force. 1 vol. in-8.   3 fr. 75

DANTU (G.), docteur ès lettres. Opinions et critiques d'Aristophane
sur le mouvement politique et intellectuel à Athènes. 1 vol.
gr. in-8.   3 fr.

— L'éducation d'après Platon. 1 vol. gr. in-8.   6 fr.

DICRAN ASLANIAN. Les principes de l'évolution sociale. 1 vol.
in-8.   5 fr.

HARTENBERG (Dr P.). Sensations palennes. 1 vol. in-16.   3 fr.

HÖFFDING (H.), prof. à l'Université de Copenhague. Morale. Essai sur les
principes théoriques et leur application aux circonstances particulières de
la vie, traduit d'après la 2e éd. allemande par L. POITIEVIN, prof. de philos.
au Co lége de Nantua. 2e édit. 1 vo . in-8.   10 fr.

JAMES (W.). * Causeries pédagogiques, trad. par L. PIDOUX, préface de
M. PAYOT, recteur de l'Académie de Chambéry. 1 vol. in-16. 2 fr. 10

KEIM (A) Notes de la main d'Helvétius, publiées d'après un manuscrit
inédit avec une introduction et des commentaires. 1 v, in-8. 3 fr.

LABROUE (H.), prof., agrégé d'histoire au Lycée de Toulon. Le conventionnel Pinet, d'après ses mémoires inédits. Broch. in-8. 3 fr.

— Le Club Jacobin de Toulon (1390-1396). Broch. gr. in-8. 2 fr.

LANESSAN (de). L'éducation de la femme moderne. 1 volume
in-16.   3 fr. 50

LALANDE (A.), agrégé de philosophie. * Précis raisonné de morale
pratique par questions et réponses. 1 vol. in-18.   1 fr.

LAZARD (R.). Michel Goudchaux (1797-1862), ministre des Finances en
1848. Son œuvre et sa vie politique. 1 vol. gr. in-8.   10 fr.

NORMAND (Ch.), docteur ès lettres, prof , agrégé d'histoire au lycée Condorcet.
La Bourgeoisie française au XVIIe siècle. La vie publique. Les
idées et les actions politiques (1604-1661). Études sociales. 1 vol.
gr. in-8, avec 8 pl. hors texte.   12 r.

PIAT (C.). De la croyance en Dieu. 1 vol in-18.   3 fr. 50

PILASTRE (E.) Vie et caractère de Madame de Maintenon, d'après
les œuvres du duc de Saint Simon et des documents anciens ou récents,
avec une introduction et des notes. 1 vol. in-8, avec portraits, vues
et autographe.   5 fr.

Protection légale des travailleurs (La). (3e série, 1905-1906).
1 vol. in-18.   3 fr. 50

WYLM (Dr). La morale sexuelle. 1 vol. in-8.   5 fr.

Précédemment parus :

ALAUX. Esquisse d'une philosophie de l'être. In-8.   1 fr.

— Les Problèmes religieux au XIXe siècle. 1 vol. in-8.   7 fr. 50

— Philosophie morale et politique. In-8. 1893.   7 fr. 50

— Théorie de l'Âme humaine. 1 vol. in-8. 1895.   10 fr.

— Dieu et le Monde. Essai de phil. première. 1901. 1 vol. in-12. 2 fr. 50

AMIABLE (Louis). Une loge maçonnique d'avant 1789. 1 v. in-8. 6 fr.

ANDRÉ (L.), docteur ès lettres. Michel Le Tellier et l'organisation de
l'armée monarchique. 1 vol. in-8 (couronné par l'Institut). 1906. 14 fr.

— Deux mémoires inédits de Claude Le Pelletier. In-8. 1906. 3 fr. 50

ARNAUNE (A.), conseiller maître à la cour des Comptes. La monnaie, le
crédit et le change, 3e édition, revue et augmentée. 1 vol. in-8.
1906.   8 fr.

ARRÉAT. **Une Éducation intellectuelle.** 1 vol. in-18. 2 fr. 50
— **Journal d'un philosophe.** 1 vol. in-18. 3 fr. 50 (Voy. p. 2 et 6).
*Autour du monde, par les BOURSIERS DE VOYAGE DE L'UNIVERSITÉ DE PARIS.
 (*Fondation Albert Kahn*). 1 vol. gr. in-8. 1904. 5 fr.
ASLAN (G.). **La Morale selon Guyau.** 1 vol. in-16. 1906. 2 fr.
ATGER (F.). **Hist. des doctrines du Contrat social.** 1 v. in-8. 1906. 8 fr.
BACHA (E.). **Le Génie de Tacite.** 1 vol. in-18. 4 fr.
BALFOUR STEWART et TAIT. **L'Univers invisible.** 1 vol. in-8. 7 fr
BELLANGER, (A.), docteur ès lettres. **Les concepts de cause et l'activité
 intentionnelle de l'esprit.** 1 vol. in-8. 1905. 5 fr.
BENOIST-HANAPPIER (L.), docteur ès lettres. **Le drame naturaliste en
 Allemagne.** In-8. *Couronné par l'Académie française.* 1905. 7 fr. 50
BERNATH (de). **Cléopâtre.** *Sa vie, son règne.* 1 vol in-8. 1903. 8 fr.
BERTON (H.), docteur en droit. **L'évolution constitutionnelle du
 second empire.** Doctrines, textes, histoire. 1 fort vol. in-8. 1900. 12 fr.
BOURDEAU (Louis). **Théorie des sciences.** 2 vol. in-8. 20 fr.
— **La Conquête du monde animal.** In-8. 5 fr
— **La Conquête du monde végétal.** In-8. 1893. 5 fr.
— **L'Histoire et les historiens.** 1 vol. in-8. 7 fr. 50
— *** Histoire de ent'alimentation.** 1894. 1 vol. in-8. 5 fr.
BOUTROUX (Em.), de l'Institut. ***De l'idée de loi naturelle.**
 1 vol. in-8. 2 fr. 50.
BRANDON-SALVADOR (Mme). **A travers les moissons.** *Ancien Test. Talmud.
 Apocryphes. Poètes et moralistes juifs du moyen âge.* In-16. 1903. 4 fr.
BRASSEUR. **La question sociale.** 1 vol. in-8 1900. 7 fr. 50
BROOKS ADAMS. **Loi de la civilisation et de la décadence.** In-8. 7 fr. 50
BROUSSEAU (K.). **Éducation des nègres aux États-Unis.** In-8. 7 fr. 50
BUCHER (Karl). **Études d'histoire et d'économie polit.** In-8. 1901 6 fr.
BUDÉ (E. de). **Les Bonaparte en Suisse.** 1 vol. in-12. 1905. 3 fr. 50
BUNGE (C.-O.). **Psychologie individuelle et sociale.** In-16. 1904. 3 fr.
CANTON (G.). **Napoléon antimilitariste.** 1902. In-16. 3 fr. 50
CARDON (G.). ***La Fondation de l'Université de Douai.** In-8. 10 fr.
CHARRIAUT (H.). **Après la séparation.** In-12. 1905. 3 fr. 50
CLAMAGERAN. **La Réaction économique et la démocratie.** In-18. 1 fr. 25
— **La lutte contre le mal.** 1 vol. in-18. 1897. 3 fr. 50
— **Études politiques, économiques et administratives.** Préface de
 M. BERTHELOT. 1 vol gr. in-8. 1904. 10 fr.
— **Philosophie religieuse.** *Art et voyages.* 1 vol. in-12. 1904. 3 fr. 50
— **Correspondance (1849-1902).** 1 vol. gr. in-8. 1905. 10 fr.
COLLIGNON (A.). **Diderot** 2e édit. 1907. In-12. 3 fr. 50
COMBARIEU (J.), chargé de cours au Collège de France. ***Les rapports
 de la musique et de la poésie.** 1 vol. in-8. 1893. 7 fr. 50
Congrès de l'Éducation sociale, Paris 1900. 1 vol. in-8. 1901. 10 fr.
IVe **Congrès international de Psychologie, Paris 1900.** In-8. 20 fr.
Ve **Congrès international de Psychologie, Rome 1905.** In-8. 20 fr.
COSTE. **Économie polit. et physiol. sociale.** In-18. 3 fr. 50 (V. p. 3 et 7).
COUBERTIN (P de). **La gymnastique utilitaire.** 2e édit. In-12. 2 fr. 50
COUTURAT (Louis). ***De l'infini mathématique.** In-8. 1896. 12 fr.
DANY (G.), docteur en droit. ***Les idées politiques en Pologne à la
 fin du XVIIIe siècle.** *La Constit. du 3 mai 1793.* In-8. 1901. 6 fr.
DAREL(Th.). **Le peuple-roi.** *Essai de sociologie universaliste.* In-8. 1904. 3 fr. 50
DAURIAC. **Croyance et réalité.** 1 vol. in-18. 1889. 3 fr. 50
— **Le Réalisme de Reid.** In-8. 1 fr.
DEFOURNY (M.). **La sociologie positiviste.** *Auguste Comte.* In-8. 1902. 6 fr.
DERAISMES (Mlle Maria). **Œuvres complètes.** 4 vol. Chacun. 3 fr. 50
DESCHAMPS. **Principes de morale sociale.** 1 vol. in-8. 1903. 3 fr. 50
DESPAUX. **Genèse de la matière et de l'énergie.** In-8. 1900. 4 fr.
— **Causes des énergies attractives.** 1 vol. in-8. 1902. 5 fr.
— **Explication mécanique de la matière, de l'électricité et du
 magnétisme.** 1 vol. in-8. 1905. 4 fr.

DOLLOT (R.), docteur en droit. **Les origines de la neutralité de la Belgique** (1609-1830). 1 vol. in-8. 1902. 10 fr.
DUBUC (P.). *Essai sur la méthode en métaphysique. 1 vol. in-8. 5 fr.
DUGAS (L.). *L'amitié antique. 1 vol. in-8. 7 fr. 50
DUNAN. *Sur les formes a priori de la sensibilité. 1 vol. in-8. 5 fr.
DUNANT (E.). **Les relations diplomatiques de la France et de la République helvétique** (1798-1803). 1 vol. in-8. 1902. 20 fr.
DU POTET. **Traité complet de magnétisme.** 5ᵉ éd. 1 vol. in-8. 8 fr.
— **Manuel de l'étudiant magnétiseur.** 6ᵉ éd., gr. in-18, avec fig. 3 fr. 50
— **Le magnétisme opposé à la médecine.** 1 vol. in-8. 6 fr.
DUPUY (Paul). **Les fondements de la morale.** In-8. 1900. 5 fr.
— **Méthodes et concepts.** 1 vol. in-8. 1903. 5 fr.
*Entre Camarades, par les anciens élèves de l'Université de Paris. *Histoire, littérature, philologie, philosophie.* 1901. In-8. 10 fr.
ESPINAS (A.), de l'Institut *Les Origines de la technologie. 1 vol. in 8. 1897. 5 fr.
FERRÈRE (F.). **La situation religieuse de l'Afrique romaine** depuis la fin du ivᵉ siècle jusqu'à l'invasion des Vandales. 1 v. in-8. 1898. 7 fr. 50
Fondation universitaire de Belleville (La). Ch. GIDE. *Travail intellect. et travail manuel;* J BARDOUX. *Prem. efforts et prem. année.* In-16. 1 fr. 50
GELEY (G.). **Les preuves du transformisme.** In-8. 1901. 6 fr.
GILLET (M). **Fondement intellectuel de la morale.** In-8. 3 fr. 75
GIRAUD-TEULON. **Les origines de la papauté.** In-12. 1905. 2 fr.
GOURD Le Phénomène. 1 vol. in-8. 7 fr. 50
GREEF (Guillaume de). **Introduction à la Sociologie.** 2 vol. in-8. 10 fr.
— **L'évol. des croyances et des doctr. polit.** In-12. 1895. 4 fr. (V.p.3 et 8.)
GRIVEAU (M.). **Les Éléments du beau.** In-18. 4 fr. 50
— **La Sphère de beauté,** 1901. 1 vol. in-8. 10 fr.
GUEX (F.), professeur à l'Université de Lausanne. **Histoire de l'Instruction et de l'Éducation** In-8 avec gravures, 1906. 6 fr.
GUYAU. **Vers d'un philosophe.** In-18 3ᵉ édit. 3 fr. 50
HALLEUX (J.). **L'Évolutionnisme en morale** (*H. Spencer*). In-12. 3 fr. 50
HALOT (C.). **L'Extrême-Orient.** In-16. 1905. 4 fr.
HOCQUART (E.). **L'Art de juger le caractère des hommes sur leur écriture,** préface de J. CRÉPIEUX-JAMIN Br. in-8. 1898. 1 fr.
HORVATH, KARDOS et ENDRODI. *Histoire de la littérature hongroise, adapté du hongrois par J. KONT. Gr. in-8, avec gr. 1900. 10 fr.
ICARD. **Paradoxes ou vérités.** 1 vol. in-12. 1895. 3 fr. 50
JAMES (W.). **L'Expérience religieuse;** traduit par F. ABAUZIT, agrégé de philosophie. 1 vol. in-8°. 2ᵉ éd 1907. Cour. par l'Acad. française. 10 fr.
JANSSENS E.). **Le néo criticisme de Ch. Renouvier.** In-16. 1904. 3 fr. 50
— **La philosophie et l'apologétique de Pascal.** 1 vol in 16. 4 fr.
JOURDY (Général). **L'instruction de l'armée française,** de 1815 à 1902. 1 vol. in-16. 1903. 3 fr. 50
JOYAU. **De l'invention dans les arts et dans les sciences.** 1 v. in-8. 5 fr.
— **Essai sur la liberté morale.** 1 vol. in-18. 3 fr. 50
KARPPE (S), docteur ès lettres. **Les origines et la nature du Zohar,** précédé d'une *Étude sur l'histoire de la Kabbale.* 1901. In-8. 7 fr. 50
KAUFMANN. **La cause finale et son importance.** In-12. 2 fr. 50
KINGSFORD (A.) et MAITLAND (E.). **La Voie parfaite ou le Christ ésotérique,** précédé d'une préface d'Edouard SCHURÉ. 1 vol. in-8. 1892 6 fr.
KOSTYLEFF. **Évolution dans l'histoire de la philosophie.** In-16. 2 fr. 50
— **Les substituts de l'âme dans la psychologie moderne.** In-8. 1906. 4 fr.
LACOMBE (Cl de). **La maladie contemporaine.** *Examen des principaux problèmes sociaux au point de vue positiviste.* 1 vol. in-8. 1906. 3 fr. 50
LAFONTAINE. **L'art de magnétiser.** 7ᵉ édit 1 vol. in-8. 5 fr.
— **Mémoires d'un magnétiseur.** 2 vol. gr. in-18. 7 fr.
LANESSAN (de), ancien ministre de la Marine. **Le Programme maritime de 1900-1906.** In-12. 2ᵉ éd. 1903. 3 fr. 50

LASSERRE (A.). **La participation collective des femmes à la Révolution française.** In-8. 1905. **5 fr.**

LA VELEYE (Em. de). **De l'avenir des peuples catholiques.** In-8. **25 c.**

LEMAIRE (P.). **Le cartésianisme chez les Bénédictins.** In-8. **6 fr. 50**

LEMAITRE (J.), professeur au Collège de Genève. **Audition colorée et phénomènes connexes observés chez des écoliers.** In-12. 1900. **4 fr.**

LETAINTURIER (J.). **Le socialisme devant le bon sens.** In-18. **1 fr. 50**

LEVI (Eliphas). **Dogme et rituel de la haute magie.** 2 vol. in-8. **18 fr.**
— **Histoire de la magie.** Nouvelle édit. 1 vol. in-8, avec 90 fig. **12 fr.**
— **La clef des grands mystères.** 1 vol. in-8, avec 22 pl. **12 fr.**
— **La science des esprits.** 1 vol. **7 fr.**

LEVY (L.-G.), docteur ès lettres. **La famille dans l'antiquité israélite.** 1 vol. in-8. 1905. Couronné par l'Académie française. **5 fr.**

LÉVY-SCHNEIDER (L.), professeur à l'Université de Nancy. **Le conventionnel Jeanbon Saint-André (1749-1813).** 1901. 2 vol. in-8. **15 fr.**

LICHTENBERGER (A.). **Le socialisme au XVIII° siècle.** In-8. **7 fr. 50**

MABILLEAU (L.).*Histoire de la philos. atomistique. In-8. 1895. **12 fr.**

MAGNIN (E.). **L'art et l'hypnose.** In-8 avec grav. et pl. 1906. **20 fr.**

MAINDRON (Ernest). *L'Académie des sciences. In-8 cavalier, 53 grav., portraits, plans. 8 pl. hors texte et 2 autographes. **6 fr.**

MANDOUL (J.) **Un homme d'État italien : Joseph de Maistre.** In-8. **8 fr.**

MARGUERY (E.). **Le droit de propriété et le régime démocratique** 1 vol. in-16. 1905. **2 fr. 50**

MARIÉTAN (J.). **La classification des sciences, d'Aristote à saint Thomas.** 1 vol. in-8. 1901 **3 fr.**

MATAGRIN. **L'esthétique de Lotze.** 1 vol. in-12. 1900. **2 fr.**

MERCIER (Mgr). **Les origines de la psych. contemp.** In-12. 1898. **5 fr.**

MICHOTTE (A.). **Les signes régionaux** (répartition de la sensibilité tactile). 1 vol. in-8 avec planches. 1905. **5 fr.**

MILHAUD (G.).*Le positiv. et le progrès de l'esprit. In-16 1902. **2 fr. 50**

MILLERAND, FAGNOT, STROHL. **La durée légale du travail.** In-12. 1906. **2 fr. 50**

MODESTOV (B.). *Introduction à l'Histoire romaine. *L'ethnologie préhistorique, les influences civilisatrices à l'époque préromaine et les commencements de Rome,* traduit du russe sur MICHEL DELINES. Avant-propos de M SALOMON REINACH, de l'Institut. 1 vol. in-4 avec 36 planches hors texte et 27 figures dans le texte. 1907. **15 fr.**

MONNIER (Marcel). *Le drame chinois. 1 vol. in-16. 1900. **2 fr. 50**

NEPLUYEFF (N. de). **La confrérie ouvrière et ses écoles,** in-12. **2 fr.**

NODET (V.). **Les agnosies, la cécité psychique.** In-8. 1899. **4 fr.**

NOVICOW (J.). **La Question d'Alsace-Lorraine.** In-8. 1 fr. (V. p. 4, 10 et 19.)
— **La Fédération de l'Europe.** 1 vol. in-18. 2° édit. 1901. **3 fr. 50**
— **L'affranchissement de la femme.** 1 vol. in-16. 1903. **3 fr.**

OVERBERGH. **La réforme de l'enseignement.** 2 vol. in-4. 1906. **10 fr.**

PARIS (Comte de) **Les Associations ouvrières en Angleterre** (Trades-unions). 1 vol. in-18. 7° édit. 1 fr. — Édition sur papier fort. **2 fr. 50**

PARISET (G.), professeur à l'Université de Nancy. **La Revue germanique de Dollfus et Nefftzer.** In-8 1906. **2 fr.**

PAUL-BONCOUR (J.). **Le fédéralisme économique,** préf. de WALDECK-ROUSSEAU. 1 vol. in-8. 2° édition. 1901. **6 fr.**

PAULHAN (Fr.). **Le Nouveau mysticisme.** 1 vol. in-18. **2 fr. 50**

PELLETAN (Eugène). *La Naissance d'une ville (Royan). In-18. **2 fr.**
— *Jarousseau, le pasteur du désert. 1 vol. in-18. **2 fr.**
— *Un Roi philosophe. *Frédéric le Grand.* In-18. **3 fr. 50**
— **Droits de l'homme.** In-16. **3 fr. 50**
— **Profession de foi du XIX° siècle.** In-16. **3 fr. 50**

PEREZ (Bernard). **Mes deux chats** In-12, 2° édition. **1 fr. 50**
— **Jacotot et sa Méthode d'émancipation intellect.** In-18. **3 fr.**
— **Dictionnaire abrégé de philosophie.** 1893. in-12. 1 fr. 50 (V. p. 10).

PHILBERT (Louis). **Le Rire.** In-8. (Cour. par l'Académie française.) 7 fr. **50**

PHILIPPE (J.) **Lucrèce dans la théologie chrétienne.** In-8. 2 fr. 50
PHILIPPSON (J.). **L'autonomie et la centralisation du système nerveux des animaux.** 1 vol. in-8 avec planches. 1905. 5 fr.
PIAT (C.). **L'intellect actif.** 1 vol. in-8. 4 fr.
— **L'idée ou critique du Kantisme.** 2ᵉ édition 1901. 1 vol. in-8. 6 fr.
PICARD (Ch.). **Sémites et Aryens** (1893). In-18. 1 fr. 50
PICTET (Raoul). **Étude critique du matérialisme et du spiritualisme par la physique expérimentale.** 1 vol. gr. in-8. 10 fr.
PINLOCHE (A.), professeur honᵣ de l'Univ. de Lille. ***Pestalozzi et l'éducation populaire moderne.** In-16. 1902. (*Cour. par l'Institut.*) 2 fr. 50
POËY. **Littré et Auguste Comte.** 1 vol. in-18. 3 fr. 50
PRAT (Louis), docteur ès lettres. **Le mystère de Platon.** 1 vol. in-8. 1900. 4 fr.
— **L'Art et la beauté.** 1 vol. in-8. 1903. 5 fr.
— **Protection légale des travailleurs (La).** 1 vol. in-12. 1904. 3 fr. 50
Les dix conférences composant ce volume se vendent séparées chacune. 0 fr. 60
REGNAUD (P.). **L'origine des idées et la science du langage.** In-12. 1 fr. 50
RENOUVIER, de l'Inst. **Uchronie.** *Utopie dans l'Histoire.* 2ᵉ éd. 1901. In-8. 7 50
ROBERTY (J.-E.) **Auguste Bouvier,** pasteur et théologien protestant. 1826-1893. 1 fort vol. in-12. 1901. 3 fr. 50
ROISEL. **Chronologie des temps préhistoriques.** In-12. 1900. 1 fr.
ROTT (Ed.). **La représentation diplomatique de la France auprès des cantons suisses confédérés.** T. I (1498-1559). Gr. in-8. 1900. 12 fr. — T. II (1559-1610). Gr. in-8. 1902. T. III (1610-1626). Gr. in-8. 1906. 20 fr. (*Récompensé par l'Institut.*)
SABATIER (C.). **Le Duplicisme humain.** 1 vol. in-18. 1906. 2 fr. 50
SAUSSURE (L. de). **Psychol. de la colonisation franç.** In-12. 3 fr. 50
SAYOUS (E.). ***Histoire des Hongrois.** 2ᵉ édit. ill. Gr. in-8. 1900. 15 fr.
SCHILLER (Études sur), par MM. SCHMIDT, FAUCONNET, ANDLER, XAVIER LÉON, SPENLÉ, BALDENSPERGER, DRESCH, TIBAL, EHRHARD, Mᵐᵉ TALAYRACH D'ECKARDT, H. LICHTENBERGER, A. LÉVY. In-8. 1906. 4 fr.
SCHINZ. **Problème de la tragédie en Allemagne.** In-8. 1903. 1 fr. 25
SECRÉTAN (H.). **La Société et la morale.** 1 vol. in-12. 1897. 3 fr. 50
SEIPPEL (P.), professeur à l'École polytechnique de Zurich. **Les deux Frances et leurs origines historiques.** 1 vol. in-8. 1906. 7 fr. 50
SICOGNE (E.). **Socialisme et monarchie.** In-16. 1906. 2 fr. 50
SKARZYNSKI (L.). ***Le progrès social à la fin du XIXᵉ siècle.** Préface de M. LÉON BOURGEOIS. 1901. 1 vol. in-12. 4 fr. 50
SOREL (Albert), de l'Acad. franç. **Traité de Paris de 1815.** In-8. 4 fr. 50
TARDE (G.), de l'Institut. **Fragment d'histoire future.** In-8. 5 fr.
VALENTINO (Dʳ Ch.). **Notes sur l'Inde.** In-16. 1906. 4 fr.
VAN BIERVLIET (J.-J.). **Psychologie humaine.** 1 vol. in-8. 8 fr.
— **La Mémoire.** Br. in-8. 1893. 2 fr.
— **Études de psychologie.** 1 vol. in-8. 1901. 4 fr.
— **Causeries psychologiques.** 2 vol. in-8. Chacun. 3 fr.
— **Esquisse d'une éducation de la mémoire.** 1904. In-16. 2 fr.
VERMALE (F). **La répartition des biens ecclésiastiques nationalisés dans le département du Rhône.** In-8. 1906. 2 fr. 50
VITALIS. **Correspondance politique de Dominique de Gabre.** 1904. In-8. 12 fr. 50
ZAPLETAL. **Le récit de la création dans la Genèse.** In-8. 3 fr. 50
ZOLLA (D.). **Les questions agricoles.** 1894, 1895. 2 vol. in-12. Chacun. 3 fr. 50

TABLE ALPHABÉTIQUE DES AUTEURS

TABLE DES AUTEURS ÉTUDIÉS

5879. — Imp. Motteroz et Martinet, rue Saint-Benoît, 7, Paris.

www.ingramcontent.com/pod-product-compliance
Lightning Source LLC
Chambersburg PA
CBHW070245200326
41518CB00010B/1692